はじめての人も
イチからわかる

やさしい
高校数学

（数学C）

きさらぎ ひろし 著

JN050409

はじめに

　みなさんのなかにも「なにか今までになかった新しいものを作りたい」という思いを持っている人がいるかもしれません。新しいものを多くの人に受け入れてもらうには，他より質を高くすることが絶対に不可欠です。

　「誰にも負けない，誰にも似てない。」

　この言葉を心に秘めて，このシリーズの執筆を始めました。企画して出版社に持ち込みをした当初，全編を会話形式で進めるというスタイルは，異端児的な存在に映っていたかもしれません。「既存の参考書よりもわかりやすいものにする。そうしないと多くの人に受け入れてもらえないんだ。」と言い聞かせ，何度も書き直しながら，多くの時間を執筆に費やしました。その努力が実を結んだのか，『やさしい高校数学』は発売当初から多くの人に支持をしていただけました。

　そして今回，『やさしい中学数学』『やさしい高校数学』のシリーズ最終作を迎えることができたことを嬉しく思っております。「もし，タイムマシンがあれば，高校時代の私に会って，この本をプレゼントしたい。」そう思えるほどのものにできた自負があります。現実にタイムマシンはないので，高校時代の私は救われませんが（笑），読者のみなさんはいま頑張れば，未来を変えることができます。そしてこの本が，1人でも多くの方の未来を変える助けになってくれることを願ってやみません。

　最後に，イラストを描いていただいたあきばさやかさま，素敵なデザインの本に仕上げていただいたスタジオ・ギブのみなさま，編集をしていただいたアポロ企画および学研編集部の方々，この本の製作に携わっていただいたすべての方に，御礼申し上げます。そして何より，数学Ⅰ・A編，数学Ⅱ・B編に厚い支持をいただき，数学Ⅲ・C編，数学C編の実現に導いてくださった読者の方々に心より感謝します。

きさらぎ　ひろし

本書の使いかた

　本書は，高校数学（数学C）をやさしく，しっかり理解できるように編集された参考書です。また，定期試験や大学入試でよく出題される問題を収録しているので，良質な試験対策問題集としてもお使いいただけます。以下の例から，ご自身に合う使いかたを選んで学習してください。

1 最初から通して全部読む

　オーソドックスで，いちばん数学の力をつけられる使いかたです。特に，「数学Cを初めて学ぶ方」や「数学に苦手意識のある方」には，この使いかたをお勧めします。キャラクターの掛け合いを見ながら読み進め，例題にあたったら，まずチャレンジしてみましょう。その後，本文の解説を読み進めると，つまずくところがわかり理解が深まります。

2 自信のない単元を読む

　数学Cを多少勉強し，苦手な単元がはっきりしている人は，そこを重点的に読んで鍛えるのもよいでしょう。Pointやコツをおさえ，例題をこなして，苦手なところを克服しましょう。

3 別冊の問題集でつまずいたところを本冊で確認する

　ひと通り数学Cを学んだことがあり，実戦力を養いたい人は，別冊の問題集を中心に学んでもよいかもしれません。解けなかったところ，間違えたところは，本冊の解説を読んで理解してください。ご自身の弱点を知ることもできます。

登場キャラクター紹介

ハルト

ミサキの双子の兄。スポーツが好きな高校3年生。数学が苦手でなんとかしたいと思っている。数学Ⅱ・Bの内容を少し忘れている。

ミサキ

ハルトの双子の妹。しっかり者で明るい女の子。中学までは数学が得意だったが，高校に入ってからちょっと数学がわからなくなってきた。

先生（きさらぎひろし）

数学が苦手な生徒を長年指導している数学界の救世主。ハルトとミサキの家庭教師として，奮闘。

4

もくじ

2章 複素数平面 153

3章 平面上の曲線 …………………………… 247

※解説中にある『数学Ⅰ・A編』，『数学Ⅱ・B編』というのは，2022年3月に発刊された『やさしい高校数学(数学Ⅰ・A)改訂版』，2022年12月に発刊された『やさしい高校数学(数学Ⅱ・B)改訂版』のことを指しています。

ベクトル

「ベクトルって何ですか？」

　例えば，『東に向かって速さ4km/hで歩く』ということばは，東という"向き"と速さ4km/hという"大きさ"の両方を含んでいるよね。"向き"と"大きさ"を同時に表す量がベクトルなんだ。

「あっ，物理の授業でも出てきました！」

　それに対して，『速さ4km/hで歩く』とか『水が2L』とか『面積が50m²』ということばは，"大きさ"だけを表している。これはスカラーというよ。

ベクトルとは？

新しい単元を習うときは，毎度のことながら，基本知識や用語をいっぱい覚えることになる。たいへんだけど，あとで「何だっけ？」とならないためにもしっかり押さえておこう。

　ベクトルは，矢印の形で表す。このような向きのついた線分を**有向線分**という。矢印の向きが"向き"を表し，矢印の長さが"大きさ"を表すんだ。

　AからBへ向かうベクトルは$\overrightarrow{AB}$で表し，スタート地点のAを**始点**，ゴール地点のBを**終点**という。

　また，$\overrightarrow{AB}$の長さを**大きさ**といい，$|\overrightarrow{AB}|$で表す。

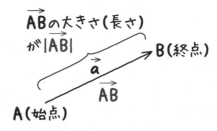

　ちなみに，始点や終点がはっきりわかるように$\overrightarrow{AB}$と表す以外に，1つの文字に矢印をつけて，$\vec{a}$と表すこともあるよ。このとき，$\vec{a}$の大きさは，$|\vec{a}|$と表すよ。

　さて，ベクトルには，次の3つの特徴がある。

その1　ベクトルの相等

ベクトルは，"向き"と"大きさ（長さ）"の両方が等しいとき，同じベクトルとみなす。場所は関係ない。

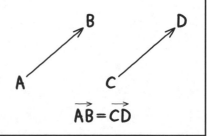

　$\overrightarrow{AB}$と$\overrightarrow{CD}$が等しいときは，$\overrightarrow{AB}=\overrightarrow{CD}$と表すよ。

「向きだけ同じとか、大きさ（長さ）だけ同じじゃ、同じベクトルじゃないんですね。」

そういうことだね。別のいいかたをすると、向きと長さを変えなければ、自由に移動できるともいえるよ。

その2　ベクトルの実数倍・逆ベクトル・零ベクトル

k（$k > 0$）倍したベクトルは、同じ向きで大きさがk倍。

ベクトルは－1倍すれば、逆向きで大きさが同じ。

$k = 0$のとき、大きさ0のベクトルで、向きはない。

例えば、$2\vec{a}$は$\vec{a}$と比べて向きは同じで、"大きさ（長さ）が2倍"ということだ。

（$\vec{a}$の実数倍）

また、$-\vec{a}$は$\vec{a}$と比べて"逆向き"になる。大きさ（長さ）は同じだよ。

これを"$\vec{a}$の逆ベクトル"という。

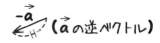

（$\vec{a}$の逆ベクトル）

「じゃあ、$-2\vec{a}$なら、$\vec{a}$と比べて、逆向きで、しかも大きさ（長さ）が2倍ということですね。」

その通り。また、0倍すると大きさ（長さ）が0になってしまう。まあ、ただの点になってしまうのだけど、一応これもベクトルの仲間なんだ。これを零ベクトルといい、$\vec{0}$と表すよ。

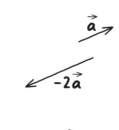

その3　ベクトルの加法と減法

ベクトルどうしは足したり，引いたりできる。

　例えば，$\vec{a}$ がAからBへ向かうベクトル（$\vec{a}=\overrightarrow{AB}$）で，$\vec{b}$ がBからCへ向かうベクトル（$\vec{b}=\overrightarrow{BC}$）なら，$\vec{a}+\vec{b}$ はAからCへ向かうベクトルを表すんだ。$\vec{a}+\vec{b}=\overrightarrow{AC}$ ということだね。

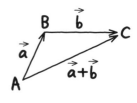

「AからBを経由してCに行くのも，Aから直接Cに行くのも同じなんですか？」

　うん。ベクトルでは遠回りしても，ストレートに進んでも同じなんだ。始点Aと終点Cが同じだから同じベクトルだよ。

　次に，$\vec{a}$ と $\vec{b}$ の始点が同じとき，つまり，同じ場所からスタートしているとき，$\vec{a}$ と $\vec{b}$ の和は，ひとつにつながるように一方をずらして足せばいい。右の図のようにね。

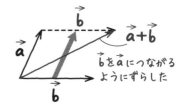

　ずらすのが面倒なら，$\vec{a}$ と $\vec{b}$ をとなり合う2辺とする平行四辺形をかいてもいい。その対角線が $\vec{a}+\vec{b}$ になるからね。

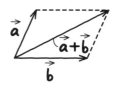

　また，ベクトル $\vec{a}$，$\vec{b}$ において，差 $\vec{a}-\vec{b}$ は次のように定められているんだ。
$$\vec{a}+(-\vec{b})$$

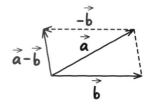

「$-\vec{b}$ を足すんですね。」

うん，そうだね。じゃあ，ちょっと練習してみようか。

数C
1章

例題 1-1　　定期テスト 出題度 **❶❶❶**　　共通テスト 出題度 **❶❶❶**

　　ADとBCが平行で，AD＝3，BC＝5である台形ABCDにおいて，辺BC上にBE＝2になるように点Eをとる。$\overrightarrow{AB}=\vec{b}$，$\overrightarrow{AD}=\vec{d}$とするとき，次のベクトルを$\vec{b}$，$\vec{d}$を用いて表せ。

(1) $\overrightarrow{DB}$　　　(2) $\overrightarrow{AE}$　　　(3) $\overrightarrow{CA}$

図をかいてみよう。

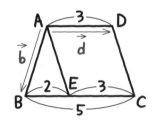

　まず，(1)だが，回り道をして考えればいいね。どんなコースをたどってもいいんだよ。DからBへ行くということは，DからAへ行ってから，AからBへ行くということなので，
$\overrightarrow{DB}=\overrightarrow{DA}+\overrightarrow{AB}$になる。

「$\overrightarrow{DA}$は$\vec{d}$と同じだから……。」

同じじゃないよ！　大きさ（長さ）は同じだけど，向きは逆だよ。

「あっ，"逆ベクトル"か。じゃあ，$\overrightarrow{DA}$は$-\vec{d}$だ。

　　解答　(1)　$\overrightarrow{DB}=\overrightarrow{DA}+\overrightarrow{AB}$
　　　　　　　　　　$=-\vec{d}+\vec{b}$　◁**答え**　**例題 1-1** (1)」

そうだね。正解だ。(2)も解いてみようか。

「どう回ってもいいんですよね。

　　じゃあ，AからBを通って回ると，

　　　$\overrightarrow{AE}=\overrightarrow{AB}+\overrightarrow{BE}$

　　で，$\overrightarrow{AB}$は$\vec{b}$で，$\overrightarrow{BE}$は……？」

AD//BCだから$\overrightarrow{BE}$は$\vec{d}$と同じ向きということだ。そして，大きさ（長さ）

が $\dfrac{2}{3}$ 倍だから，$\dfrac{2}{3}\vec{d}$ になるよ。

「あっ，そうか。じゃあ，

> 解答 (2) AD//BC，BE $=\dfrac{2}{3}$AD より
>
> $$\overrightarrow{AE} = \overrightarrow{AB} + \overrightarrow{BE} = \underline{\vec{b} + \dfrac{2}{3}\vec{d}}$$ ⇦ 答え 例題 1-1 (2)」

その通り。じゃあ，ハルトくん，(3)の $\overrightarrow{CA}$ を解いてみて。

「CからEを通ってぐるっと回ると

$$\underset{\llcorner \overrightarrow{CE}=-\overrightarrow{EC}=-\vec{d}}{\overrightarrow{CA} = \overrightarrow{CE} + \overrightarrow{EA}} = -\vec{d} + \cdots\cdots$$

あれっ？　$\overrightarrow{EA}$ は？」

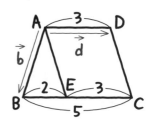

(2)で $\overrightarrow{AE} = \vec{b} + \dfrac{2}{3}\vec{d}$ と求めているよね。

$\overrightarrow{EA}$ はその逆ベクトルなので，$-\vec{b} - \dfrac{2}{3}\vec{d}$ になるね。

ベクトルの計算は多項式の文字式の計算と同じようにやればいいよ。

「あっ，そうか……ということは……

> 解答 (3) $\overrightarrow{CA} = \overrightarrow{CE} + \overrightarrow{EA}$
>
> $$= -\vec{d} + \left(-\vec{b} - \dfrac{2}{3}\vec{d}\right)$$
>
> $$= \underline{-\vec{b} - \dfrac{5}{3}\vec{d}}$$ ⇦ 答え 例題 1-1 (3)」

そうだね。このように前の問題の結果を使うこともけっこう多いよ。

「CからBを通ってAまでで
$\overset{\llcorner \overrightarrow{CB}は\overrightarrow{AD}の逆向き，大きさは\frac{5}{3}倍}{\overrightarrow{CA} = \overrightarrow{CB} + \overrightarrow{BA} = -\dfrac{5}{3}\vec{d} - \vec{b}}$　としてはダメなんですか？」

いいよ。$\overrightarrow{CA} = \overrightarrow{CD} + \overrightarrow{DA}$ でもいい。$\overrightarrow{CD} = \overrightarrow{EA}$，$\overrightarrow{DA} = \overrightarrow{CE}$ だから 解答 と同じ

式になるね。

ベクトルの成分

こんどは，ベクトルを座標平面上で考えてみよう。

例題 1-2

定期テスト 出題度 **❗❗❗**　　共通テスト 出題度 **❗❗❗**

　　点 A，B，C の座標が，A$(3, -7)$，B$(-1, 4)$，C$(5, 8)$ である
とき，次のベクトルを成分で表せ。
(1) $\overrightarrow{AB}$　　(2) $\overrightarrow{AC}$　　(3) $3\overrightarrow{AB} - \overrightarrow{AC}$

　　右の図のような座標平面上でベクトル $\vec{a}$ を
考えてみよう。$\vec{a} = \overrightarrow{OA}$ で，A の座標は
(a_1, a_2) だ。このとき
　　$\vec{a} = (a_1, a_2)$
と表すことができる。この a_1，a_2 をベクトル

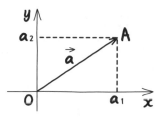

の成分というんだ。a_1 を x 成分，a_2 を y 成分といい，この表しかたを**成分表
示**というよ。

　$\overrightarrow{AB}$ の成分というのは，『**A から B まで座標がいくつ増えるか？**』という
ことだ。図で考えると右下の図のようになるよ。

　A(a_1, a_2)，B(b_1, b_2) とすると，
$\overrightarrow{AB} = (b_1 - a_1, b_2 - a_2)$ ということだ。

「B の座標から A の座標を引けば，増
えた分がわかるんですね。」

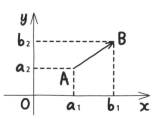

そうなんだ。

成分の表しかたがわかったから，(1)をやってみよう。

解答 (1)　x 座標の増加分は，$(-1)-3=-4$

　　　　y 座標の増加分は，$4-(-7)=11$ だから

　　　　$\overrightarrow{AB}=\underline{(-4,\ 11)}$　⇦ 答え　例題 1-2 (1)

になるね。ハルトくん，(2)はどうなる？

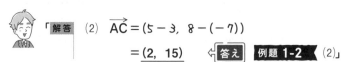

「解答 (2)　$\overrightarrow{AC}=(5-3,\ 8-(-7))$

　　　　　　$=\underline{(2,\ 15)}$　⇦ 答え　例題 1-2 (2)」

そうだね。また，"成分どうし"を足したり，引いたり，実数倍したりもできるんだよ。

Point

① 成分によるベクトルの演算

$\vec{a}=(a_1,\ a_2)$，$\vec{b}=(b_1,\ b_2)$ なら

　　$\vec{a}\pm\vec{b}=(a_1\pm b_1,\ a_2\pm b_2)$　（複号同順）

　　$k\vec{a}=k(a_1,\ a_2)=(ka_1,\ ka_2)$　（k は実数）

足したいときは x 成分どうし，y 成分どうし足せばいいし，引きたいときも同じものどうしを引けばいい。また，実数倍したいなら，両方とも実数倍すればいい。じゃあミサキさん，(3)はどうなる？

「解答 (3)　$3\overrightarrow{AB}-\overrightarrow{AC}=3(-4,\ 11)-(2,\ 15)$

　　　　　　　　　　　$=(-12,\ 33)-(2,\ 15)$

　　　　　　　　　　　$=\underline{(-14,\ 18)}$　⇦ 答え　例題 1-2 (3)」

うん。正解だよ。

数C 1章

例題 **1-3**

定期テスト 出題度 **❗❗❗**   共通テスト 出題度 **❗❗❗**

$\vec{a} = (5, -2)$, $\vec{b} = (4, 1)$, $\vec{c} = (-7, -5)$ とするとき, $\vec{c}$ を $\vec{a}$, $\vec{b}$ を用いて表せ。

『$\vec{c}$ を $\vec{a}$, $\vec{b}$ を用いて表す』ということは, 『$\vec{c}$ を $m\vec{a} + n\vec{b}$（m, n は実数）の形で表す』ということなんだ。代入して両辺を比較するだけだよ。

ミサキさん, やってみて。

「解答 $\vec{c} = m\vec{a} + n\vec{b}$（$m$, n は実数）とおくと

$(-7, -5) = m(5, -2) + n(4, 1)$

$\qquad\qquad = (5m, -2m) + (4n, n)$

$\qquad\qquad = (5m + 4n, -2m + n)$

$5m + 4n = -7$ ……① ←x成分

$-2m + n = -5$ ……② ←y成分

①−②×4 より

$13m = 13$

$m = 1$

これを②に代入すると

$n = -3$

よって, $\underline{\vec{c} = \vec{a} - 3\vec{b}}$ ←答え 例題 **1-3** 」

そうだね。

成分から大きさを求める

大きさを求める式は，忘れる人が多いんだ。『成分から大きさを求めるときは，$\sqrt{2乗+2乗}$』と呪文のように覚えてほしい。そのくらい重要な式だよ。

 例題 1-4　　定期テスト 出題度 **!!!**　　共通テスト 出題度 **!!!**

$\vec{a}=(-7,\ 4)$, $\vec{b}=(2,\ 1)$, $\vec{c}=\vec{a}+t\vec{b}$ とするとき，$|\vec{c}|$ の最小値とそのときの t の値を求めよ。

成分からベクトルの大きさを求めることができるよ。

Point 2 ベクトルの大きさ

$\vec{a}=(a_1,\ a_2)$ なら
$$|\vec{a}|=\sqrt{a_1{}^2+a_2{}^2}$$

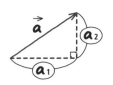

 「$\vec{a}=(a_1,\ a_2)$ ということは，x 軸方向に a_1，y 軸方向に a_2 増えるということなので，$\vec{a}$ の大きさは，図でいうと斜めの長さだから，三平方の定理を使って求めているんですね。」

うん。そうなんだ。でも，いちいち図をかくのは面倒だ。公式として覚えておくべきだね。さて，問題を解いてみよう。

成分がわかっているなら，問題文で登場するベクトル（ここでは $\vec{c}=\vec{a}+t\vec{b}$）も成分を求めるのがルールなんだ。

数C
1章

「解答 $\vec{c} = (-7, 4) + t(2, 1)$　←$\vec{c} = \vec{a} + t\vec{b}$に

$\qquad = (-7, 4) + (2t, t)$　　$\vec{a}, \vec{b}$の成分を代入

$\qquad = (2t - 7, t + 4)$」

そうだね。$|\vec{c}|$ は？　ミサキさん，わかる？

「　　$|\vec{c}| = \sqrt{(2t-7)^2 + (t+4)^2}$　　←$\vec{c} = (c_1, c_2)$ のとき

$\qquad = \sqrt{4t^2 - 28t + 49 + t^2 + 8t + 16}$　$|\vec{c}| = \sqrt{c_1{}^2 + c_2{}^2}$

$\qquad = \sqrt{5t^2 - 20t + 65}$」

その通り。そして，この最小値を求めるわけだが，$\sqrt{}$ の中が2次式になっているよね。ということは，どうやって求める？

「平方完成ですね！　じゃあ，

$|\vec{c}| = \sqrt{5\{t^2 - 4t\} + 65}$

$\qquad = \sqrt{5\{(t-2)^2 - 4\} + 65}$

$\qquad = \sqrt{5(t-2)^2 - 20 + 65}$

$\qquad = \sqrt{5(t-2)^2 + 45}$

$\underline{t = 2}$ のとき，最小値 $\sqrt{45} = 3\sqrt{5}$　⇐答え　**例題 1-4**」

それでいい。さて，$\sqrt{}$ を1つひとつ書くのが面倒だという人は，まず2乗して，$|\vec{c}|^2$の最小値を求め，最後に $\sqrt{}$ をつけてもいい。

解答　$|\vec{c}|^2 = (2t-7)^2 + (t+4)^2$

$\qquad = 4t^2 - 28t + 49 + t^2 + 8t + 16$

$\qquad = 5t^2 - 20t + 65$

$\qquad = 5\{t^2 - 4t\} + 65$

$\qquad = 5\{(t-2)^2 - 4\} + 65$

$\qquad = 5(t-2)^2 - 20 + 65$

$\qquad = 5(t-2)^2 + 45$

$\underline{t = 2}$ のとき，$|\vec{c}|^2$の最小値45，$|\vec{c}|$ の**最小値$3\sqrt{5}$**　⇐答え　**例題 1-4**

ベクトルの平行

電車が同じ向きに走っていても，逆向きに走っていても，「平行に走っている」というよね。
ベクトルも同じように考えるよ。

例題 1-5

定期テスト 出題度 **!!!**　　共通テスト 出題度 **!!!**

$\vec{a} = (-5, 12)$ について，次の問いに答えよ。

(1) $\vec{a}$ と同じ向きで大きさが4のベクトルを求めよ。

(2) $\vec{a}$ に平行な単位ベクトルを求めよ。

(1)では『ベクトルを求めよ。』となっているね。**成分が書いてある問題では，『ベクトルを求めよ。』ということは，『ベクトルの成分を求めよ。』ということ** なんだ。まず，ミサキさん，$\vec{a}$ の大きさ（長さ）はいくつ？

「$|\vec{a}| = \sqrt{(-5)^2 + 12^2} = \sqrt{169} = 13$　←$\vec{a} = (a_1, a_2)$ のとき
　　　　　　　　　　　　　　　　　　　$|\vec{a}| = \sqrt{a_1{}^2 + a_2{}^2}$
です。」

そうだね。それと同じ向きで，大きさ（長さ）が4ということは，何倍なの？

$\vec{a}$（大きさ13）

（大きさ4）

「$\dfrac{4}{13}$ 倍ですか？」

その通り。つまり，$\dfrac{4}{13}\vec{a}$ というわけだ。

これを成分表示にして答えるんだ。

解答　(1) $\dfrac{4}{13}\vec{a} = \left(-5 \times \dfrac{4}{13},\ 12 \times \dfrac{4}{13}\right)$

　　　　　　 $= \left(-\dfrac{20}{13},\ \dfrac{48}{13}\right)$　　答え　例題 1-5　(1)

数C 1章

「……あっ，簡単ですね。」

そうだね。じゃあ，(2)だけど……。

「"単位ベクトル"ってなんですか？」

大きさ（長さ）が1のベクトルのことだよ。

「じゃあ，$\frac{1}{13}$ 倍ですか？」

いや，ここで注意してほしい。

"平行"なベクトルは『同じ向き』と『逆向き』の両方のベクトルをさすよ。

同じ向きなら $\frac{1}{13}\vec{a}$ で，

逆向きなら $-\frac{1}{13}\vec{a}$ というわけだ。

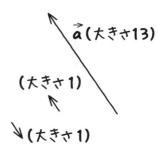

$\vec{a}$（大きさ13）

（大きさ1）

（大きさ1）

解答 (2)　(1)より $|\vec{a}|=13$ だから，単位ベクトルは $\pm\frac{1}{13}\vec{a}$

$$\frac{1}{13}\vec{a}=\left(-\frac{5}{13},\ \frac{12}{13}\right),\quad -\frac{1}{13}\vec{a}=\left(\frac{5}{13},\ -\frac{12}{13}\right)$$

◁**答え**　例題 **1-5**　(2)

(2)のように"平行な"といわれたら，同じ向きと逆向きがあるってことを忘れないでね。

例題 **1-6**

定期テスト 出題度 ❗❗❗　　共通テスト 出題度 ❗❗❗

$\vec{a}=(8,\ -2),\ \vec{b}=(x,\ 3)$ が平行なとき，定数 x の値を求めよ。

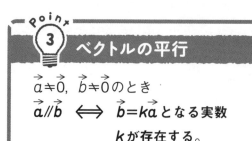

さらに，$\vec{a}=(a_1,\ a_2)$，$\vec{b}=(b_1,\ b_2)$なら
$\vec{a}/\!/\vec{b} \iff a_1:b_1=a_2:b_2$　ただし，$a_1\ne0$，$a_2\ne0$

$\vec{a}$に平行ということは，$\vec{a}$と同じ向きと，逆向きが考えられるね。そして，$\vec{a}$と$\vec{b}$が平行なら，一方が他方の何倍かになっているね。だから，$\vec{a}=k\vec{b}$と表せるよ。さらに，成分が$\vec{a}=(a_1,\ a_2)$，$\vec{b}=(b_1,\ b_2)$とわかっているなら，x成分，y成分どうしの比が等しいということだ。だから$a_1:b_1=a_2:b_2$と表せる。じゃあ，これで計算してみて。

「解答」$\vec{a}/\!/\vec{b}$より

$8:x=(-2):3$ ←$a_1:b_1=a_2:b_2$

$-2x=24$

$\underline{x=-12}$ ←答え 例題 1-6

あっ，解けた。簡単ですね。」

正解だね。次のようにして解いてもいいよ。

解答 $\vec{b}=k\vec{a}$とおくと

$(x,\ 3)=(8k,\ -2k)$

$x=8k,\ 3=-2k$

よって，$k=-\dfrac{3}{2}$, $x=8\times\left(-\dfrac{3}{2}\right)=-12$より

$\underline{x=-12}$ ←答え 例題 1-6

3点が同じ直線上にある

1-4 の内容をちょっと応用して解く問題だよ。

例題 1-7

定期テスト 出題度 ❶❶❶　　共通テスト 出題度 ❶❶❶

3点 A$(-4, 2)$, B$(-1, -3)$, C$(x, 7)$ が同じ直線上にあるとき, 定数 x の値を求めよ。

3点 A, B, C が同じ直線上にあるときは, 2つのベクトルで考えるんだ。例えば, 図のように, $\overrightarrow{AB}$, $\overrightarrow{AC}$ で考えると, 2つは平行になるよね。1-4 の ③ の公式が使える。

「3点A, B, Cの並びが違っていたら?」

それは関係ないよ。どんな順番だろうが, 絶対に2つのベクトルは平行になるんだ。

④ 同じ直線上にある3点

異なる3点A, B, Cについて, $\overrightarrow{AB} = (a_1, a_2)$, $\overrightarrow{AC} = (b_1, b_2)$ とすると

3点A, B, Cが同じ直線上にある

$\iff$ $\overrightarrow{AB} = k\overrightarrow{AC}$ **となる実数kが存在する。**

$\iff$ $a_1 : b_1 = a_2 : b_2$

「2つのベクトルを作り平行なら，3点が同じ直線上にあるということ
ですね。」

うん。そういうことだね。じゃあ，ミサキさん， 例題 **1-7** を解いてみて。

「解答　$\overrightarrow{AB}=(-1-(-4),\ -3-2)=(3,\ -5)$,

$\overrightarrow{AC}=(x-(-4),\ 7-2)=(x+4,\ 5)$ より

$\overrightarrow{AB}/\!/\overrightarrow{AC}$ だから

$3:(x+4)=(-5):5$

$-5(x+4)=15$

$x+4=-3$

$\underline{x=-7}$　答え 例題 **1-7**」

正解。次のように解いてもいいよ。

解答　$\overrightarrow{AB}=(3,\ -5)$, $\overrightarrow{AC}=(x+4,\ 5)$

$\overrightarrow{AB}=k\overrightarrow{AC}$ より

$3=k(x+4)$　……①

$-5=5k$　……②

②より $k=-1$ なので①に代入して

$3=-(x+4)$

$\underline{x=-7}$　答え 例題 **1-7**

また，今回はたまたま $\overrightarrow{AB}$ と $\overrightarrow{AC}$ でやったけど，**3点を
使った2つのベクトルなら，どんな組合せでもいい。**
$\overrightarrow{CB}$ と $\overrightarrow{AC}$ でも，$\overrightarrow{BC}$ と $\overrightarrow{CA}$ でもなんでもいいんだ。一方
が他方の何倍かになるよ。

平行四辺形

新たに公式を覚えると，過去にやった問題が，実はもっとラクに解けることに気づくんだ。

例題 1-8　　定期テスト 出題度 ❗❗　　共通テスト 出題度 ❗❗

4点 A$(-3, 7)$，B$(-2, -5)$，C$(9, 1)$，D を頂点とする四角形が平行四辺形になるとき，点 D の座標を求めよ。

実はこの問題は『数学Ⅱ・B編』の **例題 3-3** (2)で扱った問題なんだが，ここではベクトルを使って解いてみよう。今回は，次の性質を使って考えるよ。

四角形 ABCD が平行四辺形
$$\iff \quad \overrightarrow{\mathrm{AD}} = \overrightarrow{\mathrm{BC}}$$

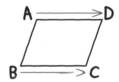

これは$\overrightarrow{\mathrm{BA}} = \overrightarrow{\mathrm{CD}}$，$\overrightarrow{\mathrm{CB}} = \overrightarrow{\mathrm{DA}}$，$\overrightarrow{\mathrm{DC}} = \overrightarrow{\mathrm{AB}}$ など何でもいいよ。

「$\overrightarrow{\mathrm{AD}} = \overrightarrow{\mathrm{BC}}$　かつ　$\overrightarrow{\mathrm{BA}} = \overrightarrow{\mathrm{CD}}$ というふうに2組いうんですか？」

いや，平行四辺形となるための条件の1つ「1組の向かい合う辺の長さが等しくて平行である」がいえればいいから，**向かい合わせの1組が同じベクトルであれば，平行四辺形になるよ。** さて，問題のほうだが，以前もやったように，点DがA，B，Cのどの点の向かいにあるかわからないからね。分けて考えるんだったね。

解答　D(x, y) とすると，4点A，B，C，Dが平行四辺形の頂点になるためには，次の(ⅰ)～(ⅲ)の3通りが考えられる。

(ⅰ)　DがBの向かいにあるとき

$\overrightarrow{AD}=\overrightarrow{BC}$

$(x+3, y-7)=(11, 6)$

$x+3=11$ より，$x=8$

$y-7=6$ より，$y=13$

D$(8, 13)$

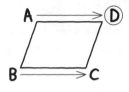

(ⅱ)　DがAの向かいにあるとき

$\overrightarrow{AB}=\overrightarrow{CD}$

$(1, -12)=(x-9, y-1)$

$x-9=1$ より，$x=10$

$y-1=-12$ より，$y=-11$

D$(10, -11)$

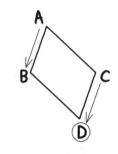

(ⅲ)　DがCの向かいにあるとき

$\overrightarrow{AD}=\overrightarrow{CB}$

$(x+3, y-7)=(-11, -6)$

$x+3=-11$ より，$x=-14$

$y-7=-6$ より，$y=1$

D$(-14, 1)$

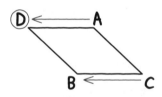

(ⅰ)，(ⅱ)，(ⅲ)より，点Dの座標は

(8, 13)，(10, -11)，(-14, 1)　　←答え　 例題 1-8

ベクトルの内積

"正"にはまっすぐという意味もあるんだ。「まっすぐに光を射ると映る影」なので正射影だよ。

　昔の人はベクトルの掛け算をやりたいと思った。でも，例えば$\vec{a}$と$\vec{b}$を掛けたくても，ベクトルには大きさの他にも，"向き"があるよね。そこで向きをそろえるために，$\vec{a}$の影を使って考えたんだ。

　$\vec{b}$に垂直な光を当てたとき，$\vec{b}$を含む直線の上に映る$\vec{a}$の影を正射影というんだ。なす角がθなら，その影の長さは$|\vec{a}|\cos\theta$になる。

　$\vec{a}$は$\vec{b}$方向に関しては$|\vec{a}|\cos\theta$だけ進んでいるということだ。

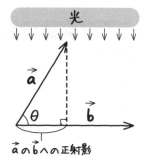

光

$\vec{a}$の$\vec{b}$への正射影

「どうして影の長さが$|\vec{a}|\cos\theta$になるんですか？」

　$\cos\theta=\dfrac{底辺}{斜辺}$だよ。つまり，**底辺＝斜辺×$\cos\theta$**だ。斜辺の長さは$|\vec{a}|$なので，影の長さは$|\vec{a}|\cos\theta$だね。

「あっ，そうか……はい。」

　これで向きがそろったので大きさどうしを掛けると，$|\vec{a}||\vec{b}|\cos\theta$になる。

　ちなみにθが鈍角なら影の長さは$|\vec{a}\cos(\pi-\theta)|$，つまり$-|\vec{a}|\cos\theta$になる。でも，その場合は，$\vec{b}$と逆向きだから，大きさどうしを掛けて$-1$倍ということで同じ結果になるよ。これを$\vec{a}$と$\vec{b}$の**内積**といい，$\vec{a}\cdot\vec{b}$と表すんだ。$(\vec{a},\ \vec{b})$と書くこともあるよ。$\vec{a}\times\vec{b}$とは絶対に書かないんだ。

Point 5　内積の定義

2つのベクトル$\vec{a}$, $\vec{b}$のなす角をθとすると
$$\vec{a}\cdot\vec{b}=|\vec{a}||\vec{b}|\cos\theta\quad(0°\leqq\theta\leqq180°)$$

　ベクトルのなす角を考えるときは，ちょっと注意が必要だ。$\vec{0}$でない$\vec{a}$と$\vec{b}$という2つのベクトルの始点を合わせたときにできる角を，なす角というんだ。始点がそろっていないとダメだ。

　また，ベクトルでは，なす角θは0°$\leqq\theta\leqq$180°で考えるよ。

　「あっ，そうか。小さいほうの角度を答えるんですもんね。」

　ちなみに，『数学Ⅱ・B編』の**お役立ち話 ⑩**でやったけど，直線のなす角は0°$\leqq\theta\leqq$90°になるんだったよね。

例題 1-9　　定期テスト 出題度 ❗❗❗　　共通テスト 出題度 ❗❗❗

　1辺の長さが2の正六角形 ABCDEF の向かい合う頂点どうしを結んだ3本の対角線の交点を O とするとき，次の内積の値を求めよ。
(1) $\overrightarrow{AB}\cdot\overrightarrow{AO}$　　(2) $\overrightarrow{AD}\cdot\overrightarrow{AE}$　　(3) $\overrightarrow{AF}\cdot\overrightarrow{FC}$

図にすると6個の正三角形に分割されるよね。

じゃあ，ハルトくん，(1)はわかる？

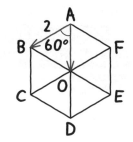

「$\overrightarrow{AB}$の大きさは2で，$\overrightarrow{AO}$の大きさも2で，
△ABOは正三角形で，なす角は60°だから」

解答 (1) $\overrightarrow{AB}\cdot\overrightarrow{AO}=|\overrightarrow{AB}||\overrightarrow{AO}|\cos 60°$

$\qquad\qquad = 2\times 2\times\dfrac{1}{2}$

$\qquad\qquad = \underline{\underline{2}}$ ←**答え** **例題 1-9** (1)」

そう。正解。じゃあ，ミサキさん，(2)の$\overrightarrow{AD}\cdot\overrightarrow{AE}$は？

「$\overrightarrow{AD}$の長さは4で，$\overrightarrow{AE}$の長さは……？？」

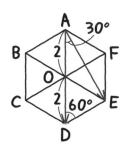

じゃあ，まず，なす角を求めよう。

△OAFは正三角形だから，∠OAF＝60°だ。そして，
それを真っ二つに切っているので，∠OAE＝30°
ということは△ADEは30°，60°，90°の直角三角形
になっているよね。

「あっ，$1:\sqrt{3}:2$ですね。じゃあ，$|\overrightarrow{AE}|=2\sqrt{3}$です。」

いいね。じゃあ，答えは？

「**解答** (2) $\overrightarrow{AD}\cdot\overrightarrow{AE}=|\overrightarrow{AD}||\overrightarrow{AE}|\cos 30°=4\cdot 2\sqrt{3}\cdot\dfrac{\sqrt{3}}{2}$

$\qquad\qquad = \underline{\underline{12}}$ ←**答え** **例題 1-9** (2)」

OK。さて，(3)の$\overrightarrow{AF}\cdot\overrightarrow{FC}$だが，$\overrightarrow{AF}$と$\overrightarrow{FC}$のなす角に気をつけよう。

「えっ？　∠AFCだから60°じゃないんですか？」

ちがう，∠AFC は $\overrightarrow{AF}$ と $\overrightarrow{FC}$ のなす角じゃない

よ。 **なす角というのは，始点をそろえたとき**

の間の角だったね。$\overrightarrow{FC}$ を移動させて始点をそ

ろえよう。 そうすると，図のように120°にな

るね。

もちろん $\overrightarrow{AF}$ のほうを移動させても同じだよ。

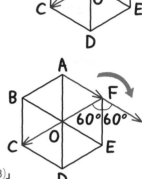

「**解答** (3) $\overrightarrow{AF}\cdot\overrightarrow{FC}$

$\qquad = |\overrightarrow{AF}||\overrightarrow{FC}|\cos 120°$

$\qquad = 2 \times 4 \times \left(-\dfrac{1}{2}\right)$

$\qquad = \underline{-4}$ ⇐ 答え　例題 1-9 (3)」

正解。さて，もう少し内積に関して説明しよう。

特に，$\vec{a}$ と $\vec{a}$ の内積なら，

$\vec{a}\cdot\vec{a} = |\vec{a}||\vec{a}|\cos 0°$ だから $|\vec{a}|^2$ になる。

$\qquad \vec{a}\cdot\vec{a} = |\vec{a}|^2$

また，θ が90°つまり，$\vec{a}$ と $\vec{b}$ が垂直なベクトルなら，その内積は，

$\vec{a}\cdot\vec{b} = |\vec{a}||\vec{b}|\cos 90°$ だよね。$\cos 90° = 0$ なので，次が成り立つ。これは，証

明のときなんかにも使う，とても大切な性質だよ。

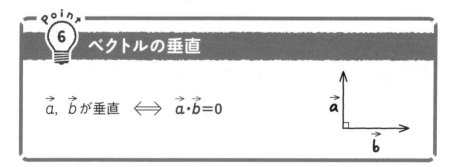

Point 6 ベクトルの垂直

$\vec{a}$, $\vec{b}$ が垂直 $\iff$ $\vec{a}\cdot\vec{b} = 0$

ベクトルの成分から内積や「なす角」を求める

1-2 でやった通り，成分どうしの足し算や引き算の結果は，（　，　）という成分の形になる。でも，内積は値になるよ。

さて，内積は成分から求めることもできるんだ。

内積と成分

$\vec{a}=(a_1,\ a_2),\ \vec{b}=(b_1,\ b_2)$ なら，

$$\vec{a}\cdot\vec{b}=a_1b_1+a_2b_2$$

x 成分どうし掛けて，y 成分どうし掛けて，それを足せばいい。とても簡単だと思う。そして，ベクトルのなす角は以下の方法で求めるよ。

コツ 1　ベクトルのなす角の求めかた

$\vec{a}$ と $\vec{b}$ のなす角 θ を求めるなら，

まず，$\vec{a}\cdot\vec{b}$, $|\vec{a}|$, $|\vec{b}|$ を求めて，

$$\cos\theta=\frac{\vec{a}\cdot\vec{b}}{|\vec{a}||\vec{b}|}$$ に代入する。

└─ $\vec{a}\cdot\vec{b}=|\vec{a}||\vec{b}|\cos\theta$ より
$\cos\theta=\sim$ に変形する

$\vec{a}\cdot\vec{b}$, $|\vec{a}|$, $|\vec{b}|$ は成分を計算して求めるんだ。その後，$\cos\theta$ を求めよう。この計算は **1-7** の ⑤ の式を変形したものだよ。

例題 **1-10**　　定期テスト 出題度 **❗❗❗**　　共通テスト 出題度 **❗❗❗**

> 次の $\vec{a}$, $\vec{b}$ のなす角 θ を求めよ。ただし、$0 \leqq \theta \leqq \pi$ とする。
> (1)　$\vec{a} = (2, \ -1)$, $\vec{b} = (-1, \ 3)$
> (2)　$\vec{a} = (9, \ 6)$, $\vec{b} = (2, \ -3)$

　問題文が π を使っているときは、なす角も π を使って答えよう。一方、度のときは度で答えるんだ。何も書いていないときはどちらでもいいよ。

解答　(1)　$\vec{a} \cdot \vec{b} = 2 \times (-1) + (-1) \times 3$　←$\vec{a} \cdot \vec{b} = a_1 b_1 + a_2 b_2$

$\qquad\qquad = -5$

$\qquad |\vec{a}| = \sqrt{2^2 + (-1)^2} = \sqrt{5}$

$\qquad |\vec{b}| = \sqrt{(-1)^2 + 3^2} = \sqrt{10}$

$\qquad \cos\theta = \dfrac{-5}{\sqrt{5}\sqrt{10}} = \dfrac{-5}{5\sqrt{2}} = -\dfrac{1}{\sqrt{2}}$　←$\cos\theta = \dfrac{\vec{a} \cdot \vec{b}}{|\vec{a}||\vec{b}|}$

$\qquad 0 \leqq \theta \leqq \pi$ より、$\theta = \dfrac{3}{4}\pi$　◁**答え**　例題 **1-10** (1)

　じゃあ、ミサキさん、(2)を解いて。

「**解答**　(2)　$\vec{a} \cdot \vec{b} = 9 \times 2 + 6 \times (-3)$
$\qquad\qquad = 0$　……」

　ここでストップ！　この時点で答えがわかったよ。**1-7** の 🔆**⑥** でいったけど、$\vec{a}$ と $\vec{b}$ の内積が 0 ということは垂直だ。

$\qquad \theta = \dfrac{\pi}{2}$　◁**答え**　例題 **1-10** (2)

「あっ、そうか。今回は、$|\vec{a}|$ や $|\vec{b}|$ を求めなくてもいいんですね。」

垂直といえば内積0

垂直といえば，「三平方の定理」，「円周角」の他に，『数学Ⅱ・B編』の 3-6 でもいろいろな公式が登場したね。ベクトルの場合は？

例題 1-11

定期テスト 出題度 ❗❗❗　共通テスト 出題度 ❗❗❗

$\vec{a}=(1,\ -7)$, $\vec{b}=(-4,\ -9)$ で，$\vec{a}-\vec{b}$ と $t\vec{a}+\vec{b}$ が垂直であるとき，定数 t の値を求めよ。

成分が書いてある問題は，まず"問題に登場するベクトル"の成分をすべて求めよう。

「$\vec{a}-\vec{b}$ と $t\vec{a}+\vec{b}$ の成分を求めるんですね。」

うん。そして，$\vec{a}-\vec{b}$ と $t\vec{a}+\vec{b}$ が垂直ということは？

「内積が0ですね。あれっ？　『$\vec{a}-\vec{b}$ と $t\vec{a}+\vec{b}$ の内積』ってどう書けば……？」

そのままだよ。$(\vec{a}-\vec{b})\cdot(t\vec{a}+\vec{b})$ でいいよ。

「解答

$\vec{a}-\vec{b}=(1,\ -7)-(-4,\ -9)$
$=(5,\ 2)$

$(a_1,\ a_2)-(b_1,\ b_2)$
$=(a_1-b_1,\ a_2-b_2)$

$t\vec{a}+\vec{b}=t(1,\ -7)+(-4,\ -9)$
$=(t,\ -7t)+(-4,\ -9)$
$=(t-4,\ -7t-9)$

$k(a_1,\ a_2)$
$=(ka_1,\ ka_2)$

$$(\vec{a}-\vec{b})\cdot(t\vec{a}+\vec{b})=5\times(t-4)+2\times(-7t-9)$$
$$=5t-20-14t-18$$
$$=-9t-38$$

$(\vec{a}-\vec{b})\perp(t\vec{a}+\vec{b})$ であるから

$$-9t-38=0$$

$$\underline{t=-\frac{38}{9}}$$ ⇦ 答え　例題 1-11 」

例題 1-12

定期テスト 出題度 !!!　共通テスト 出題度 !!!

$\vec{a}=(-5,\ 12)$ と垂直な単位ベクトルを求めよ。

例題 1-5 で『$\vec{a}=(-5,\ 12)$ と平行な単位ベクトル』というのをやったので，今回は垂直なものを求めてみよう。

じゃあ，求めたいベクトルを $\vec{b}=(x,\ y)$ とおこう。

「$\vec{b}$ は $\vec{a}$ と垂直なので，内積は0ですね。」

「$\vec{b}$ は単位ベクトルだから，大きさは1か。」

ベクトルの成分から大きさを求めるのは， 1-3 などでやっているから，いいよね。じゃあ，解いてみるね。

解答 求めたいベクトルを $\vec{b}=(x,\ y)$ とおくと，$\vec{a}$ と $\vec{b}$ は垂直だから

$$\vec{a}\cdot\vec{b}=-5x+12y=0\quad\cdots\cdots①$$

さらに，$\vec{b}$ は単位ベクトルなので，$|\vec{b}|=\sqrt{x^2+y^2}=1$ より

$$x^2+y^2=1\quad\cdots\cdots②$$

①より

$$y=\frac{5}{12}x \quad \cdots\cdots ①'$$

①' を②に代入すると

$$x^2+\frac{25}{144}x^2=1$$

$$\frac{169}{144}x^2=1$$

$$x^2=\frac{144}{169}$$

$$x=\pm\frac{12}{13}$$

①' に代入すると

$$x=\frac{12}{13} \text{ のとき, } y=\frac{5}{13}$$

$$x=-\frac{12}{13} \text{ のとき, } y=-\frac{5}{13}$$

よって, $\vec{b}=\left(\pm\dfrac{12}{13},\ \pm\dfrac{5}{13}\right)$ （複号同順）

⇦ 答え　例題 1-12

角の大きさと三角形の面積

ベクトルとは一言も書いていないのに，ベクトルで解くとうまく解ける問題があるんだ。

例題 1-13　定期テスト 出題度 ❗❗❗　共通テスト 出題度 ❗❗❗

3点 A$(4, -1)$, B$(7, 3)$, C$(2, 0)$ とするとき，次の問いに答えよ。

(1)　$\cos\angle BAC$ を求めよ。　　　(2)　$\triangle ABC$ の面積を求めよ。

まず，　$\boxed{\angle BAC \text{は，} \overrightarrow{AB} \text{と} \overrightarrow{AC} \text{のなす角}}$　だよね。

右の図のようになるから……。

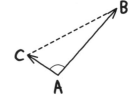

「あっ，そうか。じゃあ，(1)は $\boxed{1\text{-}8}$ の

やりかた，

つまり，$\cos\theta = \dfrac{\overrightarrow{AB}\cdot\overrightarrow{AC}}{|\overrightarrow{AB}||\overrightarrow{AC}|}$ を使って解けるんだ！」

うん。やってみて。

「解答　(1)　$\overrightarrow{AB} = (7-4,\ 3-(-1)) = (3,\ 4)$,

$\overrightarrow{AC} = (2-4,\ 0-(-1)) = (-2,\ 1)$ より

$\overrightarrow{AB}\cdot\overrightarrow{AC} = 3\times(-2)+4\times1 = -2$

$|\overrightarrow{AB}| = \sqrt{3^2+4^2} = 5$

$|\overrightarrow{AC}| = \sqrt{(-2)^2+1^2} = \sqrt{5}$

$\cos\angle BAC = \dfrac{\overrightarrow{AB}\cdot\overrightarrow{AC}}{|\overrightarrow{AB}||\overrightarrow{AC}|} = \dfrac{-2}{5\sqrt{5}}$

$= -\dfrac{2\sqrt{5}}{25}$　⇦ 答え　例題 1-13 (1)」

続いて，(2)だが……。

? 「三角形の面積といえば，$\frac{1}{2}$×底辺×高さとか……。」

「数学Ⅰの三角比を使った公式もあった。でも，角度がわかっていない
し……。」

「あっ，そうか！　(1)から sin∠BAC の値を求めて，

$$S=\frac{1}{2}\times AB\times AC\times \sin\angle BAC$$

で求めるといいのか！」

うん。それで解けるね。でも，今回のように，平面図形で頂点の座標やベ
クトルの成分しかわかっていないときは，以下の公式で求めるといい。 こ
の式がどこからきたかは，次の お役立ち話 ❶ を見てほしい。

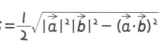

コツ❷　三角形の面積の求めかた (1)

$\vec{a}$ と $\vec{b}$ を2辺とする三角形の面積 S は，
まず，$\vec{a}\cdot\vec{b}$, $|\vec{a}|$, $|\vec{b}|$ を求めて，

$$S=\frac{1}{2}\sqrt{|\vec{a}|^2|\vec{b}|^2-(\vec{a}\cdot\vec{b})^2}$$

に代入する。

△ABC ということは $\overrightarrow{AB}$ と $\overrightarrow{AC}$ を2辺とする三角
形ということだね。

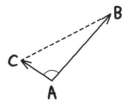

まず，$\overrightarrow{AB}\cdot\overrightarrow{AC}$, $|\overrightarrow{AB}|$, $|\overrightarrow{AC}|$ を求めて，

$S=\frac{1}{2}\sqrt{|\overrightarrow{AB}|^2|\overrightarrow{AC}|^2-(\overrightarrow{AB}\cdot\overrightarrow{AC})^2}$ に代入すればい

いんだ。

「解答 (2) $S = \dfrac{1}{2}\sqrt{5^2 \cdot (\sqrt{5})^2 - (-2)^2}$ ← $|\overrightarrow{AB}| = 5,\ |\overrightarrow{AC}| = \sqrt{5},$
$\overrightarrow{AB} \cdot \overrightarrow{AC} = -2$

$\qquad = \dfrac{11}{2}$　」

そうだね。さて，今回のように成分がわかっているときは，以下の公式でも
求めることができるよ。この式が成り立つ理由も，次ページの
お役立ち話 ① を見ればわかるよ。

コツ ③　三角形の面積の求めかた (2)

$\vec{a} = (a_1,\ a_2),\ \vec{b} = (b_1,\ b_2)$ なら

$$S = \dfrac{1}{2}|a_1 b_2 - a_2 b_1|$$

これを使うと

解答　$S = \dfrac{1}{2}|3 \times 1 - 4 \times (-2)| = \dfrac{11}{2}$　← 答え　例題 1-13 (2)

になるね。

「あっ，こっちはもっとラクですね。」

ベクトルと三角形の面積

　三角形の面積をベクトルを使って求める公式を2つ紹介したね。でも，なぜその公式が成り立つかはいわなかったよ。

「なんだかよくわからない公式でした。」

　だから，ここでその証明をしよう。座標平面で考えて，$A(a_1,\ a_2)$，$B(b_1,\ b_2)$ とするよ。

　$\overrightarrow{OA}=\vec{a}$，$\overrightarrow{OB}=\vec{b}$，$\overrightarrow{OA}$ と $\overrightarrow{OB}$ のなす角を θ としたときの $\triangle OAB$ の面積 S を考えよう。

$$S=\frac{1}{2}|\vec{a}||\vec{b}|\sin\theta$$

は，『数学I・A編』の 4-13 の三角比のところでやったよね。

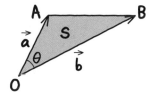

「ちょっと違うけど，2辺の長さとその間の角を使った式でした。」

　まず，$\sin^2\theta=1-\cos^2\theta$ だよ。今回は $0<\theta<\pi$ なので，$\sin\theta>0$ だから，$\sin\theta=\sqrt{1-\cos^2\theta}$ になるね。

$$S=\frac{1}{2}|\vec{a}||\vec{b}|\cdot\sqrt{1-\cos^2\theta}$$

$$=\frac{1}{2}\sqrt{|\vec{a}|^2|\vec{b}|^2-|\vec{a}|^2|\vec{b}|^2\cos^2\theta}$$

$$=\frac{1}{2}\sqrt{|\vec{a}|^2|\vec{b}|^2-(\vec{a}\cdot\vec{b})^2}\quad\cdots\cdots①$$

$$|\vec{a}||\vec{b}|=\sqrt{|\vec{a}|^2|\vec{b}|^2}$$

$$\vec{a}\cdot\vec{b}=|\vec{a}||\vec{b}|\cos\theta$$

「ホントだ。 1-10 の コツ❷ の式になった！」

ここまできたら，もう1つの式だってあと一息だよ。
$|\vec{a}|=\sqrt{a_1{}^2+a_2{}^2}$，$|\vec{b}|=\sqrt{b_1{}^2+b_2{}^2}$ だったよね。じゃあ，ハルトくん，$|\vec{a}|^2$ と $|\vec{b}|^2$ は？

「$|\vec{a}|^2=a_1{}^2+a_2{}^2$，$|\vec{b}|^2=b_1{}^2+b_2{}^2$ です。」

これを①に代入して，内積は**成分で計算する式**にしよう。

$$S=\frac{1}{2}\sqrt{\underbrace{(a_1{}^2+a_2{}^2)(b_1{}^2+b_2{}^2)}_{|\vec{a}|^2|\vec{b}|^2}-\underbrace{(a_1b_1+a_2b_2)^2}_{(\vec{a}\cdot\vec{b})^2}}$$
$$=\frac{1}{2}\sqrt{a_1{}^2b_2{}^2-2a_1b_1a_2b_2+a_2{}^2b_1{}^2}$$
$$=\frac{1}{2}\sqrt{(a_1b_2-a_2b_1)^2}$$
$$=\frac{1}{2}|a_1b_2-a_2b_1|$$

「スゴイ！　今度は 1-10 の コツ❸ の式になった。」

導くのはたいへんだから，公式として覚えておくのをオススメするよ。でも，テストで「$S=\frac{1}{2}\sqrt{|\vec{a}|^2|\vec{b}|^2-(\vec{a}\cdot\vec{b})^2}$ を導け」などといわれたら，自分で導かないといけない。式変形の流れを覚えてね。

1-11 成分がわかっていなくて $|m\vec{a}+n\vec{b}|$ が登場したら2乗して展開

内積を求める場合，成分がわかっているときは，まず，$m\vec{a}+n\vec{b}$の成分を求めてから，$|m\vec{a}+n\vec{b}|$を求めればいいけど，成分がわからないときは，この方法だ。

内積の求めかたには，次のようなものもあるよ。

 コツ 4 内積の求めかた

$\vec{a}$, $\vec{b}$の成分がわからないとき，

$|m\vec{a}+n\vec{b}|$ を2乗して展開して$\vec{a}\cdot\vec{b}$を求める。

では，例題をやってみよう。

例題 1-14　定期テスト 出題度 ❗❗❗　共通テスト 出題度 ❗❗❗

2つのベクトル$\vec{a}$, $\vec{b}$が，$|\vec{a}|=2$, $|\vec{b}|=3$, $|\vec{a}+\vec{b}|=\sqrt{7}$ を満たすとき，次の問いに答えよ。

(1) $\vec{a}$, $\vec{b}$のなす角θ_1を求めよ。

(2) $2\vec{a}-\vec{b}$の大きさを求めよ。

(3) $2\vec{a}-\vec{b}$と$\vec{a}+\vec{b}$のなす角をθ_2とするとき，$\cos\theta_2$の値を求めよ。

 「$|\vec{a}|=2$, $|\vec{b}|=3$なら，$|\vec{a}+\vec{b}|=5$じゃないんですか？」

$|\vec{a}|+|\vec{b}|$ と $|\vec{a}+\vec{b}|$ は違うよ。

右の図で考えてみるといい。

$(\vec{a}の大きさ)+(\vec{b}の大きさ)=(\vec{a}+\vec{b}の大きさ)$

にならないよね。

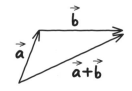

三角形の2辺の和は他の1辺より長いからね。

$|\vec{a}|+|\vec{b}|\geqq|\vec{a}+\vec{b}|$ なんだ。$\vec{a}$ と $\vec{b}$ が同じ向きのときだけ等しくなるよ。

「あっ，そうか……。じゃあ，どうやって計算していけばいいんですか?」

どんな問題であろうが，　**成分がわかっていなくて，$|m\vec{a}+n\vec{b}|$（m, n は実数）が登場したら2乗して展開すればいい。**

展開するときは，　1-7　の最後でも出てきた，$|\vec{a}|^2=\vec{a}\cdot\vec{a}$ という公式を使うよ。当然，左辺だけを2乗するなんて計算はない。両辺を2乗することになるよ。

$$|\vec{a}+\vec{b}|=\sqrt{7}$$
$$|\vec{a}+\vec{b}|^2=(\sqrt{7})^2$$
$$(\vec{a}+\vec{b})\cdot(\vec{a}+\vec{b})=7$$

「$(\vec{a}+\vec{b})\cdot(\vec{a}+\vec{b})$ は $(\vec{a}+\vec{b})^2$ と書いちゃダメなんですか?」

ダメだね。**"ベクトルの2乗"という書きかたはないんだよ。**
$(\vec{a}+\vec{b})\cdot(\vec{a}+\vec{b})$ と書いたり，$|\vec{a}+\vec{b}|^2$ と書くのが正しいんだ。

さて，このあとは，普通の式と同じように展開すればいいよ。
$$\vec{a}\cdot\vec{a}+2\vec{a}\cdot\vec{b}+\vec{b}\cdot\vec{b}=7$$

「$\vec{a}\cdot\vec{a}$ も，$\vec{a}^2$ と書いてはいけないんですね。」

そういうことだね。$|\vec{a}|^2$ と書くのはいい。$\vec{b}\cdot\vec{b}$ も直すと
$$|\vec{a}|^2+2\vec{a}\cdot\vec{b}+|\vec{b}|^2=7$$
になるが，$|\vec{a}|$ や $|\vec{b}|$ の値は問題に書いてあるね。
$$2^2+2\vec{a}\cdot\vec{b}+3^2=7$$
$$2\vec{a}\cdot\vec{b}=-6$$
$$\vec{a}\cdot\vec{b}=-3$$
ということで，$\vec{a}\cdot\vec{b}$ の値がわかる。

「あっ、ホントだ！　いつのまにか求められちゃった……。」

$\vec{a}, \vec{b}$ のなす角の求めかたは 1-8 でやったよね。ミサキさん、最初からやってみて。

 解答 (1)
$$|\vec{a}+\vec{b}|=\sqrt{7}$$
$$|\vec{a}+\vec{b}|^2=(\sqrt{7})^2$$
$$(\vec{a}+\vec{b})\cdot(\vec{a}+\vec{b})=7$$
$$\vec{a}\cdot\vec{a}+2\vec{a}\cdot\vec{b}+\vec{b}\cdot\vec{b}=7$$
$$|\vec{a}|^2+2\vec{a}\cdot\vec{b}+|\vec{b}|^2=7$$
$$4+2\vec{a}\cdot\vec{b}+9=7 \quad \left.\right) |\vec{a}|=2, |\vec{b}|=3$$
$$2\vec{a}\cdot\vec{b}=-6$$
$$\vec{a}\cdot\vec{b}=-3$$
$$\cos\theta_1=\frac{\vec{a}\cdot\vec{b}}{|\vec{a}||\vec{b}|}=\frac{-3}{2\times3}=-\frac{1}{2}$$

$0\leqq\theta_1\leqq\pi$ より
$$\theta_1=\frac{2}{3}\pi \quad \Longleftarrow 答え \quad 例題 1-14 (1)」$$

正解。さて、(2)だが、まず、『$2\vec{a}-\vec{b}$ の大きさ』って記号で書くと、何？

「$|2\vec{a}-\vec{b}|$……。あっ！　2乗して展開だ。

解答 (2) $|2\vec{a}-\vec{b}|^2=(2\vec{a}-\vec{b})\cdot(2\vec{a}-\vec{b}) \quad \leftarrow \vec{c}\cdot\vec{c}=|\vec{c}|^2$
$$=4\vec{a}\cdot\vec{a}-4\vec{a}\cdot\vec{b}+\vec{b}\cdot\vec{b}$$
$$=4|\vec{a}|^2-4\vec{a}\cdot\vec{b}+|\vec{b}|^2$$
$$=4\times4-4\times(-3)+9 \quad \left.\right) |\vec{a}|=2, |\vec{b}|=3, \vec{a}\cdot\vec{b}=-3 より$$
$$=37$$
……　」

$|2\vec{a}-\vec{b}|^2=37$ となったけど、求めるのは $|2\vec{a}-\vec{b}|$ だから？

「あっ，$|2\vec{a}-\vec{b}|=\pm\sqrt{37}$ です。」

いや，ちょっと待って！　$|2\vec{a}-\vec{b}|$ はベクトルの大きさだよ。大きさにマイナスなんてないからね。

「あっ，そうか。

　　$|2\vec{a}-\vec{b}|=\sqrt{37}$　⇦答え　例題 1-14 (2)」

その通り。じゃあ，(3)にいくよ。$2\vec{a}-\vec{b}$ と $\vec{a}+\vec{b}$ のなす角を求めたいから，まず，$(2\vec{a}-\vec{b})\cdot(\vec{a}+\vec{b})$，$|2\vec{a}-\vec{b}|$，$|\vec{a}+\vec{b}|$ を求めなければならないね。でも，$|2\vec{a}-\vec{b}|$ はさっき求めたし，$|\vec{a}+\vec{b}|$ は問題文に書いてある。

「じゃあ，$(2\vec{a}-\vec{b})\cdot(\vec{a}+\vec{b})$ だけ求めればいいんですね。」

そういうことだね。そして，$\cos\theta_2=\dfrac{(2\vec{a}-\vec{b})\cdot(\vec{a}+\vec{b})}{|2\vec{a}-\vec{b}||\vec{a}+\vec{b}|}$ の式に代入すればいい。 1-8 の コツ① でやったね。

じゃあ，解いてみて。

「$(2\vec{a}-\vec{b})\cdot(\vec{a}+\vec{b})$ はそのまま展開すればいいんですよね。

解答　(3)　$(2\vec{a}-\vec{b})\cdot(\vec{a}+\vec{b})=2\vec{a}\cdot\vec{a}+\vec{a}\cdot\vec{b}-\vec{b}\cdot\vec{b}$

$\qquad\qquad\qquad\qquad=2|\vec{a}|^2+\vec{a}\cdot\vec{b}-|\vec{b}|^2$ $\left.\begin{array}{l}\end{array}\right\rangle$ $|\vec{a}|=2$
$|\vec{b}|=3$
$\vec{a}\cdot\vec{b}=-3$

$\qquad\qquad\qquad\qquad=2\times4+(-3)-9$

$\qquad\qquad\qquad\qquad=-4$

$\qquad\cos\theta_2=\dfrac{(2\vec{a}-\vec{b})\cdot(\vec{a}+\vec{b})}{|2\vec{a}-\vec{b}||\vec{a}+\vec{b}|}=\dfrac{-4}{\sqrt{37}\times\sqrt{7}}$ ←$|2\vec{a}-\vec{b}|$
$=\sqrt{37}$

$\qquad\qquad=-\dfrac{4}{\sqrt{259}}=-\dfrac{4\sqrt{259}}{259}$　⇦答え　例題 1-14 (3)」

正解。よくできました。

1-12 位置ベクトルを使って図形問題を解く

ベクトルは向きと大きさが決まっているだけで，位置は決まってない。どこにかいても $\vec{a}$ は $\vec{a}$ なんだ。始点を固定すると，ベクトルを座標のように扱えるよ。

　平面上のある1点Oを固定して始点とすると，あらゆる点の位置を同じ始点のベクトルで表すことができるね。この方法が**位置ベクトル**というものだ。

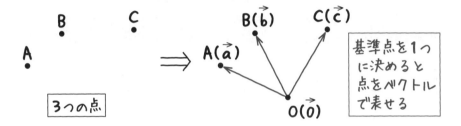

位置ベクトルでは，点A $(\vec{a})$，点B $(\vec{b})$，点C $(\vec{c})$ などと表すんだよ。

「なんか座標みたいですね。」

　そう，『点Aは基準の点Oから，$\vec{a}$ 進んだところですよ』ということで，A $(\vec{a})$ とするんだよ。　ベクトルを使って位置を表しているから位置ベクトルと呼ぶだけで，座標と同じようなはたらきをするよ。

「基準は点Oって決まっているんですか？」

　いや，決まっていないよ。問題によっては点Aだったりもする。ここではとりあえず点Oにしているだけだ。

　さて，1-2 で座標上でベクトルを考えたとき，
$\overrightarrow{AB}$＝（Bの座標）－（Aの座標）として求めたよね。位置ベクトルも似ているよ。
点A($\vec{a}$)，点B($\vec{b}$) があるとき，$\overrightarrow{AB}=\vec{b}-\vec{a}$ になるんだ。終点Bを表す位置ベクトルから，始点Aを表す位置ベクトルを引くってことだね。

「たしかに！　後ろから前を引くのは座標のときと同じですね。」

　あと，『数学Ⅱ・B編』の 3-2 で内分点，外分点の公式というのがあったね。
内分点，外分点の位置ベクトルも同じような公式で表すことができるよ。

Poin 8　内分点，外分点の位置ベクトル

　点A，点Bの位置ベクトルがそれぞれ $\vec{a}$, $\vec{b}$ で表されるとき

　線分ABを $m:n$ の比に内分する点Pの位置ベクトル $\vec{p}$ は

$$\vec{p}=\frac{n\vec{a}+m\vec{b}}{m+n}$$

　線分ABを $m:n$ に外分する点Qの位置ベクトル $\vec{q}$ は

$$\vec{q}=\frac{-n\vec{a}+m\vec{b}}{m-n}$$

$$O(\vec{0}) \qquad \vec{p}=\frac{n\vec{a}+m\vec{b}}{m+n}$$

$$A(\vec{a})\ ⓜ\ P(\vec{p})\ ⓝ\ B(\vec{b})$$

　特に，**線分ABの中点の位置ベクトルは** $\dfrac{\vec{a}+\vec{b}}{2}$ となるよ。

　また，点A，点B，点Cの位置ベクトルがそれぞれ $\vec{a}$, $\vec{b}$, $\vec{c}$ のとき，
△**ABCの重心Gの位置ベクトル** $\vec{g}$ は $\vec{g}=\dfrac{\vec{a}+\vec{b}+\vec{c}}{3}$ で表されるよ。

では例題をやってみよう。

例題 1-15

定期テスト 出題度 ❗❗❗　共通テスト 出題度 ❗❗❗

　△OABにおいて，線分OAを2：1の比に内分する点をP，線分OBを1：3の比に内分する点をQ，線分ABを1：6の比に外分する点をRとする。$\overrightarrow{OA}=\vec{a}$，$\overrightarrow{OB}=\vec{b}$とするとき，次の問いに答えよ。

(1) $\overrightarrow{OP}$，$\overrightarrow{OQ}$，$\overrightarrow{OR}$を$\vec{a}$，$\vec{b}$を用いて表せ。

(2) 3点P，Q，Rが同じ直線上にあることを示せ。

(3) PQ：PRを求めよ。

さて，まず，図をかいてみようか。

外分点の取りかたは忘れていないかい？　もし忘れていたら，『数学Ⅰ・A編』の 7-1 のところを見てほしいんだけど……。

「たぶん，大丈夫だと思いますけど……。」

そう？　じゃあ，図を大きくかいてみく。

「

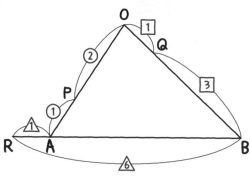

」

じゃあ，　❶位置ベクトルを2つ用意しよう。　頂点の1つから他の頂点に

ベクトルを伸ばす。

といっても，今回は「$\overrightarrow{OA}=\vec{a}$，$\overrightarrow{OB}=\vec{b}$とする」と書いてあるからいいよね。

点O，A，Bの位置ベクトルはそれぞれ$\vec{0}$，$\vec{a}$，$\vec{b}$になるね。図にかいておこう。

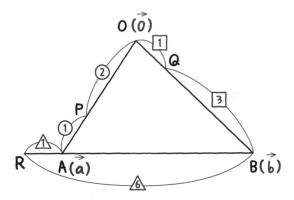

ということで，**頂点が求められた。**

　次に，　❷内分，外分の比がわかっている点を求めるんだ。

PはOAを2：1に内分するので，位置ベクトルが$\dfrac{1\times\vec{0}+2\times\vec{a}}{2+1}=\dfrac{2}{3}\vec{a}$になるね。

解答　(1)　Pは線分OAを2：1の比に内分する点より

$$\overrightarrow{OP}=\frac{2}{3}\vec{a}$$
　答え　例題 **1-15**　(1)

　「$\overrightarrow{OP}$って何ですか？」

Pの位置ベクトルは$\overrightarrow{OP}$と書くんだ。$\overrightarrow{OP}=$（Pの位置ベクトル）$-$（Oの位置ベクトル）だけど，Oの位置ベクトルは$\vec{0}$だもんね。

「$\overrightarrow{OP}$って，$\overrightarrow{OA}$つまり$\vec{a}$の$\frac{2}{3}$倍ですよね？　だから，$\overrightarrow{OP}=\frac{2}{3}\vec{a}$としてもいいのですか？」

うん，それでもいいね。素晴らしい！　じゃあ，ハルトくん，Qの位置ベクトルは？

「**解答** (1)　Qは線分OBを $1:3$ の比に内分する点だから

$$\overrightarrow{OQ}=\frac{1}{4}\vec{b}　⇐\boxed{答え}　\boxed{例題 1-15}(1)」$$

次はミサキさん，Rの位置ベクトルは？

「**解答** (1)　Rは線分ABを $1:6$ の比に外分する点だから

$$\overrightarrow{OR}=\frac{-6\times\vec{a}+1\times\vec{b}}{1-6}=\frac{6}{5}\vec{a}-\frac{1}{5}\vec{b}$$

$$⇐\boxed{答え}　\boxed{例題 1-15}(1)」$$

そう。正解。

さて(2)だが，3点が同じ直線上にあるというのは，**1-5** で登場したね。

3点A，B，Cが同じ直線上にある
$\Longleftrightarrow$ $\overrightarrow{AB}=k\overrightarrow{AC}$ となる実数kが存在する

今回は，『$\overrightarrow{PQ}=k\overrightarrow{PR}$ となる実数kが存在すること』を示せばいいわけだ。

解答 (2)　$\overrightarrow{PQ}=\overrightarrow{OQ}-\overrightarrow{OP}=\frac{1}{4}\vec{b}-\frac{2}{3}\vec{a}=-\frac{2}{3}\vec{a}+\frac{1}{4}\vec{b}$

$\overrightarrow{PR}=\overrightarrow{OR}-\overrightarrow{OP}=\left(\frac{6}{5}\vec{a}-\frac{1}{5}\vec{b}\right)-\frac{2}{3}\vec{a}=\frac{8}{15}\vec{a}-\frac{1}{5}\vec{b}$

$\overrightarrow{PQ}=-\frac{5}{4}\overrightarrow{PR}$ より，3点P，Q，Rは同じ直線上にある。

$\boxed{例題 1-15}(2)$

「最後，$\overrightarrow{PQ}=-\dfrac{5}{4}\overrightarrow{PR}$ になる理由がよくわからないんですけど……。」

係数を比べてみよう。$\vec{a}$ を考えると，$-\dfrac{2}{3}$ は $\dfrac{8}{15}$ の何倍？

「$-\dfrac{2}{3}$ を $\dfrac{8}{15}$ で割ると $-\dfrac{5}{4}$ だから，$-\dfrac{5}{4}$ 倍です。」

そうだね。じゃあ，ミサキさん，$\vec{b}$ を考えてみて。

「$\dfrac{1}{4}$ は $-\dfrac{1}{5}$ の $-\dfrac{5}{4}$ 倍です。」

その通り。両方とも $-\dfrac{5}{4}$ 倍ということで，$\overrightarrow{PQ}=-\dfrac{5}{4}\overrightarrow{PR}$ になるよね。

「じゃあ，もし，$\vec{a}$ の係数が2倍なのに，$\vec{b}$ の係数が3倍というように違っ
ていたら，一方が他方の何倍といえないですよね。」

うん。いえないよ。

「そのときは3点が同じ直線上にないということですか？」

そういうことになる。今回は『同じ直線上にあることを示せ』といわれてい
るから，両方とも同じになるはずだけどね。

さて，(3)だが，これは簡単だ。**$\overrightarrow{PQ}$ と $\overrightarrow{PR}$ がおたがいに，何倍になってい
るかを調べればいい。**というか，もうわかっている（笑）。

$\overrightarrow{PQ}$ は $\overrightarrow{PR}$ の $-\dfrac{5}{4}$ 倍ということは，すなわち $\overrightarrow{PQ}$ は $\overrightarrow{PR}$ の逆向きで大きさ（長

さ）が $\dfrac{5}{4}$ 倍ということになるね。

解答 (3) $\overrightarrow{PQ}=-\dfrac{5}{4}\overrightarrow{PR}$ より

$PQ:PR=\dfrac{5}{4}:1=\underline{\mathbf{5:4}}$ 例題 **1-15** (3)

交点の位置ベクトル(1)

交点の位置ベクトルを求めるには内分点を求める公式が役に立つよ。

例題 1-16

定期テスト 出題度 ❶❶❶　共通テスト 出題度 ❶❶❶

△ABC において，$\overrightarrow{AB}=\vec{b}$，$\overrightarrow{AC}=\vec{c}$ とする。辺 AB を 3：2 の比に内分する点を D，辺 AC の中点を E，線分 BE と線分 CD の交点を P，直線 AP と辺 BC の交点を Q とするとき，次の問いに答えよ。

(1) $\overrightarrow{AP}$ を $\vec{b}$，$\vec{c}$ を用いて表せ。また，BP：PE を求めよ。

(2) $\overrightarrow{AQ}$ を $\vec{b}$，$\vec{c}$ を用いて表せ。

(3) AP：PQ を求めよ。

例題 1-15 と同様に，❶**位置ベクトルを2つ用意する**ところから始めるんだけど，問題文で『$\overrightarrow{AB}=\vec{b}$，$\overrightarrow{AC}=\vec{c}$ とする』と与えられているね。A，B，Cの位置ベクトルがそれぞれ $\vec{0}$，$\vec{b}$，$\vec{c}$ になる。

じゃあ，ハルトくん，図をかいてみて。

「

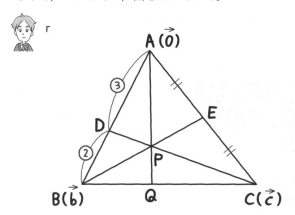

」

そうだね。そして，次の手順だ。❷**内分の比，外分の比がわかる内分点や外分点の位置ベクトルを求めよう。**ここでは，内分の比が与えられているね。内分点の位置ベクトルを求めてみよう。ふつう，Dの位置ベクトルは$\overrightarrow{OD}$と表すけど，今回はAを基準としているからね。$\overrightarrow{AD}$と表すよ。同様に，Eの位置ベクトルは$\overrightarrow{AE}$と表すんだ。じゃあ，ミサキさん，D，Eの位置ベクトルはどうなる？

「Dは辺ABを3：2の比に内分する点より，$\overrightarrow{AD}=\dfrac{3}{5}\vec{b}$

Eは辺ACの中点だから，$\overrightarrow{AE}=\dfrac{1}{2}\vec{c}$　です。」

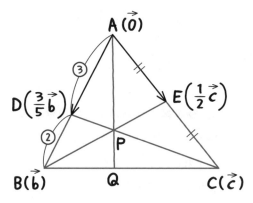

その通り。さて，Pだけど，PはBEとCDとの交点だね。PはBE，CDをそれぞれ何らかの比で内分した点と考えることができるけど，比がわからない。そのようなときは，次の方法を使うよ。

❸Pが2点A$(\vec{a})$，B$(\vec{b})$と同じ直線上にあるなら，（内分，外分どちらでも）P$(\vec{p})$の位置ベクトルは

$\vec{p}=s\vec{a}+(1-s)\vec{b}$

もしくは$\vec{p}=(1-s)\vec{a}+s\vec{b}$

で表せる。

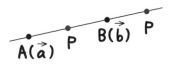

内分のときは，$0<s<1$になる。

　右の図の点Pは線分BE上にあるから，点Bと点Eに注目だ。Bのほうに$1-s$を掛けて，Eのほうにsを掛けて足そう。

$\overrightarrow{AP}=(1-s)\vec{b}+s\cdot\dfrac{1}{2}\vec{c}$だ。

「Bのほうにsを掛けて，Eのほうに$1-s$を掛けてもいいんですよね。」

　たしかにそれでも間違いではないけど，オススメしない。Eの位置ベクトルって$\dfrac{1}{2}\vec{c}$だよね。それに$(1-s)$を掛けると$(1-s)\cdot\dfrac{1}{2}\vec{c}$となって計算が面倒くさくなりそうだ。一方，Bのほうは$\vec{b}$だから，$1-s$を掛けるのはラクだ。**位置ベクトルが簡単なほうに$1-s$，ややこしいほうにsを掛けよう。**

「式が簡単になるように考えるんですね。」

　そういうことだ。そして，図に⑤と$(1-s)$を書き加えるんだけど，このときの書き加えかたに注意だ。

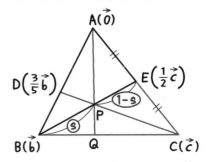

⑤と$(1-s)$は掛けた点と遠いほうになるよ。 B$(\vec{b})$には$(1-s)$を，E$\left(\dfrac{1}{2}\vec{c}\right)$には⑤を掛けたから，右上の図のように，⑤，$(1-s)$を書き加えよう。

　BP：PE$=s:(1-s)$だね。ここまでやったら次の手順だ。

「$\overrightarrow{AP}=(1-s)\vec{b}+\dfrac{1}{2}s\vec{c}$を展開するんですよね！

$\overrightarrow{AP}=(1-s)\vec{b}+\dfrac{1}{2}s\vec{c}=\vec{b}-s\vec{b}+\dfrac{1}{2}s\vec{c}$ ……」

いや。展開しないよ。 **同じベクトルは1つにまとめなきゃダメなんだ。**

$(1-s)\vec{b}$を展開して，$\vec{b}-s\vec{b}$としてしまうと，せっかく$\vec{b}$が1つだったのに，2つになってしまうよね。

「$\overrightarrow{AP}=(1-s)\vec{b}+\dfrac{1}{2}s\vec{c}$ ……①

のままでいいということですか？」

そういうことだね。

「Pは線分DC上にもありますよね。」

そう，それが次の手順だ。線分DCについても同じことをするよ。sはもう使ったから，今度は，tを使おう。Dは$\dfrac{3}{5}\vec{b}$，Cは$\vec{c}$だから，Dのほうにt，Cのほうに$(1-t)$を掛けて

$$\overrightarrow{AP}=\dfrac{3}{5}t\vec{b}+(1-t)\vec{c} \quad \text{……②}$$

としよう。

　図にかくと，右のようになるね。
DP：PC＝$(1-t)$：tだ。

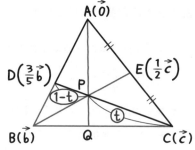

　さて，このように$\overrightarrow{AP}$を，2通りで表すことができたね。あとは連立方程式で解けるよ。最初から解いてみよう。

解答 (1) Dは辺ABを3：2の比に内分する点より，$\overrightarrow{AD}=\dfrac{3}{5}\vec{b}$

Eは辺ACの中点だから，$\overrightarrow{AE}=\dfrac{1}{2}\vec{c}$

Pは線分BE上にあるので，実数s（$0<s<1$）を用いて

$$\overrightarrow{AP}=(1-s)\vec{b}+\dfrac{1}{2}s\vec{c} \quad \text{……①}$$

Pは直線DC上にあるので，実数t（$0<t<1$）を用いて

$$\overrightarrow{AP}=\dfrac{3}{5}t\vec{b}+(1-t)\vec{c} \quad \text{……②}$$

$\vec{b} \neq \vec{0}$, $\vec{c} \neq \vec{0}$ であり, $\vec{b}$ と $\vec{c}$ は平行でないから, ①, ②より

$$1-s = \frac{3}{5}t \quad \cdots\cdots ③$$

$$\frac{1}{2}s = 1-t \quad \cdots\cdots ④$$

③+④×2より

$$1 = 2 - \frac{7}{5}t$$

$$\frac{7}{5}t = 1$$

$$t = \frac{5}{7}$$

④に代入すると

$$\frac{1}{2}s = \frac{2}{7}$$

$$s = \frac{4}{7}$$

①より, $\overrightarrow{AP} = \dfrac{3}{7}\vec{b} + \dfrac{2}{7}\vec{c}$ ⇐ 答え 例題 1-16 (1)

$\underset{\text{p.51の図からわかる}}{\underline{BP : PE = s : (1-s)}} = \dfrac{4}{7} : \dfrac{3}{7}$

$= 4 : 3$ ⇐ 答え 例題 1-16 (1)

「③の式の前にある, "$\vec{b} \neq \vec{0}$, $\vec{c} \neq \vec{0}$ であり, $\vec{b}$ と $\vec{c}$ は平行でないから"っていわないといけないんですか?」

うん。これを**1次独立**といい, このあとの**お役立ち話 3**で説明するよ。

さて, この問題ではPが直線BE上にあるので, BとEの位置ベクトルの一方にsを, 他方に$1-s$を掛けて, それらを足したけど, あらかじめ『$\overrightarrow{BP} = s\overrightarrow{BE}$ (sは実数)とする。』といったヒントをくれるときもあるんだ。

そのときは，ヒントをそのまま計算すればいいよ。

$$\overrightarrow{BP}=s\overrightarrow{BE}$$

$$\underbrace{\overrightarrow{AP}-\vec{b}}_{\overrightarrow{BP}}=s\underbrace{\left(\frac{1}{2}\vec{c}-\vec{b}\right)}_{\overrightarrow{BE}}$$

$$\overrightarrow{AP}=\frac{1}{2}s\vec{c}-s\vec{b}+\vec{b}=(1-s)\vec{b}+\frac{1}{2}s\vec{c}\quad\cdots\cdots①$$

となって同じ結果になるよね。

「最初の，$\overrightarrow{BP}$ が $\overrightarrow{AP}-\vec{b}$ になるのがよくわからないんですが……。」

$\overrightarrow{AP}$ とは，（Aを基準となる点とした）Pの位置ベクトルのことだよ。

「$\overrightarrow{BP}=$（Pの位置ベクトル）$-$（Bの位置ベクトル）

　　だから……，あっ，はい。わかりました！」

　じゃあ，Qの位置ベクトルを求めてみよう。同じような方法だよ。

　Qは直線AP上にあるね。Aの位置ベクトル $\vec{0}$ を $(1-k)$ 倍，Pの位置ベクトル $\frac{3}{7}\vec{b}+\frac{2}{7}\vec{c}$ を k 倍して足そう。

「Qは直線BC上にもありますね。」

　そうだね。じゃあ，一方に u，他方に $1-u$ を掛けて足そう。点Bは $\vec{b}$，点C は $\vec{c}$ だから，どちらもややこしくないね。Bのほうに u，Cのほうに $1-u$ を掛けよう。比を書き込むと，下のようになるね。

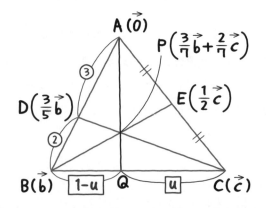

$\overrightarrow{AQ}$ を2通りに表して係数比較すればいいわけだ。じゃあ、ミサキさん、(2)、(3)を解いてみて。

「解答 (2) Qは直線AP上にあるので、実数 k $(0 < k < 1)$ を用いて

$$\overrightarrow{AQ} = (1-k)\vec{0} + k\left(\frac{3}{7}\vec{b} + \frac{2}{7}\vec{c}\right)$$

$$= \frac{3}{7}k\vec{b} + \frac{2}{7}k\vec{c} \quad \cdots\cdots⑤$$

Qは直線BC上にもあるので、実数 u $(0 < u < 1)$ を用いて

$$\overrightarrow{AQ} = u\vec{b} + (1-u)\vec{c} \quad \cdots\cdots⑥$$

$\vec{b} \neq \vec{0}$, $\vec{c} \neq \vec{0}$ であり、$\vec{b}$ と $\vec{c}$ は平行でないから、

⑤、⑥より

$$\frac{3}{7}k = u \quad \cdots\cdots⑦$$

$$\frac{2}{7}k = 1 - u \quad \cdots\cdots⑧$$

⑦+⑧より

$$\frac{5}{7}k = 1$$

$$k = \frac{7}{5}$$

⑦に代入すると

$$u = \frac{3}{5}$$

⑤より、$\underline{\underline{\overrightarrow{AQ} = \frac{3}{5}\vec{b} + \frac{2}{5}\vec{c}}}$ ◁答え  (2)

(3) $\overrightarrow{AQ} = \frac{7}{5}\overrightarrow{AP}$ だから

AP：AQ = 5：7

よって、**AP：PQ = 5：2** ◁答え 例題 **1-16** (3)」

そう。正解！　3点が同一直線上にあるための条件を**共線条件**という。以下の方法を使えば，⑥を作らずに済み，計算もラクだよ。

コツ⑤　共線条件を使って求める

❶ Pの位置ベクトルが，$l\vec{a}+m\vec{b}$（l, mは定数）と表されていて，かつ

❷ Pが2点$A(\vec{a})$，$B(\vec{b})$ と同じ直線上にあるなら，

$$l+m=1$$

解答　(2)　Qは直線AP上にあるので，

$$\overrightarrow{AQ}=(1-k)\vec{0}+k\left(\frac{3}{7}\vec{b}+\frac{2}{7}\vec{c}\right)$$

$$=\frac{3}{7}k\vec{b}+\frac{2}{7}k\vec{c}\ \ \cdots\cdots⑤$$

Qは直線BC上にもあるので，

$$\frac{3}{7}k+\frac{2}{7}k=1$$

$$\frac{5}{7}k=1$$

$$k=\frac{7}{5}$$

⑤より，$\underline{\overrightarrow{AQ}=\frac{3}{5}\vec{b}+\frac{2}{5}\vec{c}}$　◁**答え**　**例題 1-16** (2)

お役立ち話 **2**

直線上にあるときは，なぜ，一方に s,他方に $1-s$ を掛けるの？

　点Pを直線AB上にとってみよう。内分する点にとっても，外分する点にとってもいいよ。

A，B，Pの位置ベクトルをそれぞれ$\vec{a}$, $\vec{b}$, $\vec{p}$とするよ。

この3点は一直線上にあるから，**1-5** や **1-12** でやったように，

$$\overrightarrow{AP}=s\overrightarrow{AB}$$

と表せるよね。そして，変形すると

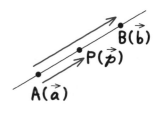

$$\underset{\overrightarrow{AP}}{\underline{\vec{p}-\vec{a}}}=s\underset{\overrightarrow{AB}}{\underline{(\vec{b}-\vec{a})}}$$

$$\vec{p}-\vec{a}+s(\vec{b}-\vec{a})$$

$$=\vec{a}+s\vec{b}-s\vec{a}$$

$$=(1-s)\vec{a}+s\vec{b}$$

になるというわけだ。これは，$\overrightarrow{AB}$を$s:(1-s)$ に内分した場合の公式だね。

 「$\overrightarrow{AP}$が$\overrightarrow{AB}$のs倍だから，内分だったら$AP:AB=s:1$で，

　　$AP:PB=s:(1-s)$ になるんですね。」

　今回，$\overrightarrow{AP}$は$\overrightarrow{AB}$のs倍と考えたんだけど，Pが線分ABを内分しているならば，$\overrightarrow{AP}$は$\overrightarrow{AB}$より短いわけだから，$0<s<1$になるんだよね。

　外分の場合，PがA側の延長線上にあるときは，$s<0$になるし，B側の延長線上にあるときは，$1<s$になるよ。

「そのときの長さの比はどうなるのですか?」

ややこしいよ。

PがA側の延長線上にあるときは，AP：PB＝−s：(1−s)，

B側の延長線上にあるときは，AP：PB＝s：(s−1) になる。

「あーっ，本当にややこしい。覚えられないよ……。」

　だったら，**外分のときは比を書かないようにしてもいい**。実際,

例題 **1-16** (2)の解答のときもそうしたんだ。(3)のように長さの比を聞かれ

たときは，$\overrightarrow{AQ}$ が $\overrightarrow{AP}$ の何倍かを調べればすぐに答えが出てくるからね。

1次独立

$\vec{a}$と$\vec{b}$が**1次独立**というのは，$\vec{a}$も$\vec{b}$も$\vec{0}$でなく，平行でないということだ。

「つまり，全然関係のない方向に進んでいるってことですか？」

簡単にいうと，そうだね。

そして，$\vec{a}$と$\vec{b}$が1次独立ならば，$\vec{a}$，$\vec{b}$と同じ平面上にあるベクトルはすべて

$m\vec{a}+n\vec{b}$（m，nは実数）の形に表せるし，m，nの組合せは1通りしかない。

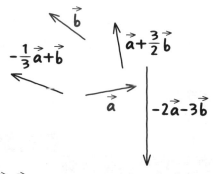

『このベクトルは$7\vec{a}-2\vec{b}$とも，$-3\vec{a}+\vec{b}$とも表せる』なんてことは絶対にないんだよ。

「だから，　例題 1-16　(1)の解答で①の式と②の式はまったく同じ式になるから，$\vec{b}$と$\vec{c}$の係数を比較して$1-s=\dfrac{3}{5}t$，$\dfrac{1}{2}s=1-t$とすることができたんですね。」

交点の位置ベクトル(2)

1-13 では三角形を使ったが，今回は四角形でやってみよう。

例題 1-17

定期テスト 出題度 ❗❗❗　　共通テスト 出題度 ❗❗❗

　　平行四辺形 ABCD において，線分 AD を5：4の比に内分する点
を E，線分 BC を7：2の比に内分する点を F とし，線分 EF と線分
BD の交点を G とするとき，次のベクトルを $\overrightarrow{AB}$，$\overrightarrow{AD}$ を用いて表せ。
(1) $\overrightarrow{AE}$　　(2) $\overrightarrow{AF}$　　(3) $\overrightarrow{AG}$

　じゃあ，いつものように位置ベクトルをかいていこう。平面の問題だから2
つのベクトルが必要だけど，今回は問題文で設定されていないね。じゃあ，❶
点Aを基準としてベクトルをのばそう。

 「どの頂点からのばしてもいいんですよね？」

　ふつうはそうなんだけど，　今回は『$\overrightarrow{AB}$，$\overrightarrow{AD}$ を用いて表せ』だから，
$\overrightarrow{AB}=\vec{b}$，$\overrightarrow{AD}=\vec{d}$ とおくよ。　すると，A，B，D の位置ベクトルはそれぞれ$\vec{0}$，
$\vec{b}$，$\vec{d}$ になるね。

 「$\overrightarrow{AB}=\vec{a}$，$\overrightarrow{AD}=\vec{b}$ とかじゃダメなんですか？」

　あっ，いいよ。でもそれだとB($\vec{a}$)，D($\vec{b}$) となってちょっとややこしいよね。
**$\overrightarrow{AB}$は終点Bだから$\vec{b}$，$\overrightarrow{AD}$は終点Dだから$\vec{d}$とすればアルファベットが
そろってわかりやすい。もちろん，問題文がハルトくんのようにしろと
書いてあることもあり，その場合はそれに従うんだよ。**
　さらに，C は基準の点Aから$\vec{b}+\vec{d}$行ったところなので，$\vec{b}+\vec{d}$になる。

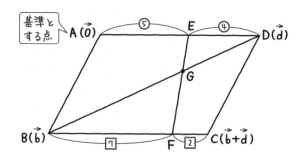

じゃあ，ハルトくん，EとFの位置ベクトルは？

「EはAから $\frac{5}{9}\vec{d}$ 進んだところだから $\overrightarrow{AE}=\frac{5}{9}\vec{d}$ で，

FはAからBへ進んでFへ進むとして，$\vec{b}+\frac{7}{9}\vec{d}$ 行ったところだから

$\overrightarrow{AF}=\vec{b}+\frac{7}{9}\vec{d}$ です。」

そうだね。内分点の公式を使ってもいいね。解答をまとめておこう。

解答 ⑴ $\overrightarrow{AB}=\vec{b}$，$\overrightarrow{AD}=\vec{d}$ とすると，$\overrightarrow{AC}=\vec{b}+\vec{d}$

Eは線分ADを5：4の比に内分する点だから

$$\overrightarrow{AE}=\frac{5}{9}\vec{d}$$

$$\overrightarrow{AE}=\frac{5}{9}\overrightarrow{AD}$$ ←答え **例題 1-17** ⑴

⑵ Fは線分BCを7：2の比に内分する点だから

$$\overrightarrow{AF}=\frac{2\vec{b}+7(\vec{b}+\vec{d})}{7+2}=\vec{b}+\frac{7}{9}\vec{d}$$

$$\overrightarrow{AF}=\overrightarrow{AB}+\frac{7}{9}\overrightarrow{AD}$$ ←答え **例題 1-17** ⑵

最後に $\vec{b}$，$\vec{d}$ を $\overrightarrow{AB}$，$\overrightarrow{AD}$ に戻すのを忘れずにね。自分で設定した位置ベクトルは，解答にそのまま使ってはダメだからね。

じゃあ，⑶にいこう。ミサキさん，点Gは？

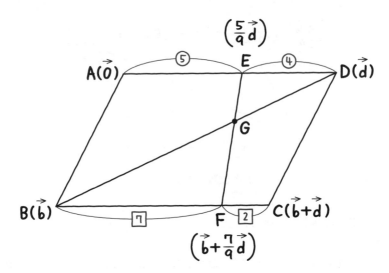

「まず，Gは線分EF上にあるので，sと$1-s$を掛ける。Eのほうに$1-s$，Fのほうにsを掛けるといいから

$$\overrightarrow{AG}=\frac{5}{9}(1-s)\vec{d}+s\left(\vec{b}+\frac{7}{9}\vec{d}\right)$$

$$=\frac{5}{9}(1-s)\vec{d}+s\vec{b}+\frac{7}{9}s\vec{d}$$

……あれ？　この後どうするんですか？」

$\vec{d}$どうしは1つにまとめればいいんだよ。また，GはBD上にもあるから，$\overrightarrow{AG}=t\vec{b}+(1-t)\vec{d}$ともおける。

解答　(3) Gは線分EF上にあるので，実数s $(0<s<1)$ を用いて

$$\overrightarrow{AG}=\frac{5}{9}(1-s)\vec{d}+s\left(\vec{b}+\frac{7}{9}\vec{d}\right)$$

$$=\left(\frac{5}{9}-\frac{5}{9}s\right)\vec{d}+s\vec{b}+\frac{7}{9}s\vec{d}$$

$$=s\vec{b}+\left(\frac{5}{9}+\frac{2}{9}s\right)\vec{d} \quad \cdots\cdots①$$

さらに，Gは線分BD上にあるから，実数t $(0<t<1)$ を用いて

$$\overrightarrow{AG}=t\vec{b}+(1-t)\vec{d} \quad \cdots\cdots②$$

①, ②で, $\vec{b}$, $\vec{d}$ は $\vec{b} \neq \vec{0}$, $\vec{d} \neq \vec{0}$ であり, $\vec{b}$ と $\vec{d}$ は平行でないから

$s = t$ ……③

$\dfrac{5}{9} + \dfrac{2}{9}s = 1 - t$ ……④

③を④に代入すると

$\dfrac{5}{9} + \dfrac{2}{9}s = 1 - s$ $\Big\}$ 両辺を9倍

$5 + 2s = 9 - 9s$

$11s = 4$

$s = \dfrac{4}{11}$

③に代入すると

$t = \dfrac{4}{11}$

②より, $\overrightarrow{AG} = \dfrac{4}{11}\vec{b} + \dfrac{7}{11}\vec{d}$ だから

$$\underline{\underline{\overrightarrow{AG} = \dfrac{4}{11}\overrightarrow{AB} + \dfrac{7}{11}\overrightarrow{AD}}}$$ ⇐ 答え 例題 **1-17** (3)

1-13 の コツ**5** を使えば 解答 の5行目以降は

さらに, G は線分BD上にあるから

$s + \left(\dfrac{5}{9} + \dfrac{2}{9}s\right) = 1$

$\dfrac{11}{9}s = \dfrac{4}{9}$

$s = \dfrac{4}{11}$

とできるからラクだ。

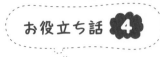

チェバの定理，メネラウスの定理，相似を使ってラクに解く

例題 **1-16** や 例題 **1-17** はもっとラクに解く方法もあるよ。紹介しよう。

例題 **1-16**　　定期テスト 出題度 **❗❗❗**　　共通テスト 出題度 **❗❗❗**

　　△ABC において，$\overrightarrow{AB}=\vec{b}$, $\overrightarrow{AC}=\vec{c}$ とする。辺 AB を3:2の比に内分する点を D，辺 AC の中点を E，線分 BE と線分 CD の交点を P，直線 AP と辺 BC の交点を Q とするとき，次の問いに答えよ。
(1)　$\overrightarrow{AP}$ を $\vec{b}$, $\vec{c}$ を用いて表せ。また，BP:PE を求めよ。
(2)　$\overrightarrow{AQ}$ を $\vec{b}$, $\vec{c}$ を用いて表せ。

　1-13 で扱ったときは，P が何対何に内分しているのか不明なので，s と $1-s$ を使わなければならなかったんだよね。でも，比率を求めることができるなら，その手間は省けるわけだ。だから，先に BP:PE を求めてしまおう。『数学Ⅰ・A編』の **7-5** で登場した，**"メネラウスの定理"** って覚えている？

「どんな公式でしたっけ……？」

　右のような図形があるとき，頂点のうちの1つから，どちら回りでもいいので，△ABC の**頂点と分点を交互に進む**んだ。

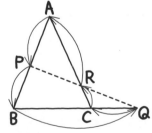

図の赤の部分と黒の部分の長さを分子と分母に交互に書いて掛けると1になるというわけだ。

$$\frac{AP}{PB} \times \frac{BQ}{QC} \times \frac{CR}{RA} = 1$$

「でも，問題の図は右のようになるから，メネラウスの定理の図になっていないですよ。」

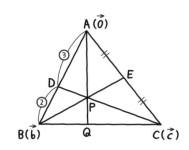

今回は，"すでに比がわかっている線分"がAB，ACで，一方，"比を求めたい線分"はBEだよね。これらをなぞってみるといいんだ。右下の図のように，三角形から1本はみ出た図形ができるよね。

「あっ，ホントだ。メネラウスの定理の図形がかくれている！」

解答　(1)　△ABEにおいてメネラウスの定理より

$$\frac{AD}{DB} \times \frac{BP}{PE} \times \frac{EC}{CA} = 1$$

$$\frac{3}{2} \times \frac{BP}{PE} \times \frac{1}{2} = 1$$

$$\frac{BP}{PE} = \frac{4}{3}$$

BP：PE＝4：3

PはBEを4：3に内分する点より

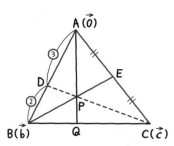

$$\overrightarrow{AP} = \frac{3\vec{b} + 4 \times \frac{1}{2}\vec{c}}{4+3} = \frac{3}{7}\vec{b} + \frac{2}{7}\vec{c}$$

 例題 1-16 (1)

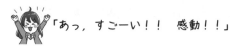「あっ，すごーい！！　感動！！」

　さらに，**"チェバの定理"** というのもあっ
た。右のような図形があるとき，同じように，
頂点のうちの1つから，どちら回りでもいい
ので，△ABCの頂点と分点を交互に進めば
いい。

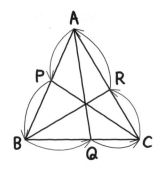

$$\frac{AP}{PB} \times \frac{BQ}{QC} \times \frac{CR}{RA} = 1$$

になる。これを使えば(2)も簡単に求められるよ。

解答　(2)　△ABCにおいて，チェバの定理より

$$\frac{AD}{DB} \times \frac{BQ}{QC} \times \frac{CE}{EA} = 1$$

$$\frac{3}{2} \times \frac{BQ}{QC} \times \frac{1}{1} = 1$$

$$\frac{BQ}{QC} = \frac{2}{3}$$

BQ：QC＝2：3

よって，$\overrightarrow{AQ} = \dfrac{3\vec{b} + 2\vec{c}}{2+3} = \dfrac{3}{5}\vec{b} + \dfrac{2}{5}\vec{c}$　◁**答え**　**例題 1-16** (2)

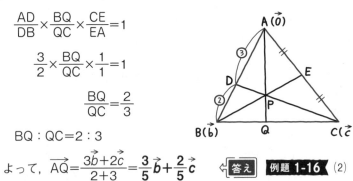

　では，次に **例題 1-17** だ。

例題 1-17

（定期テスト 出題度 ❗❗❗）　（共通テスト 出題度 ❗❗❗）

　平行四辺形 ABCD において，線分 AD を5：4の比に内分する
点を E，線分 BC を7：2の比に内分する点を F とし，線分 EF と
線分 BD の交点を G とするとき，次のベクトルを $\overrightarrow{AB}$，$\overrightarrow{AD}$ を用
いて表せ。

(1)　$\overrightarrow{AE}$　　(2)　$\overrightarrow{AF}$　　(3)　$\overrightarrow{AG}$

この問題の⑶も，簡単に解くことができる。

次の図をよく見てごらん。△EDGと△FBGの形が似ていない？

「……あっ，相似？」

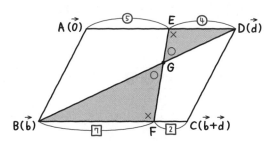

その通り。相似ということは対応する辺の長さの比が等しい。ED：FB＝DG：BGになるね。ADとBCの長さは同じなので，ED：FB＝4：7になる。ということは，DG：BG＝4：7とわかるよ。

「あっ，Gは線分BDを7：4に内分する点ですね。」

解答　⑶　△EDGと△FBGにおいて

　　　∠EGD＝∠FGB（対頂角）

　　　∠GED＝∠GFB（平行線の錯角）

　　2組の角がそれぞれ等しいから

　　　△EDG∽△FBG

　　よって　DG：BG＝ED：FB

　　　　　　　　　　＝4：7

$$\overrightarrow{AG}=\frac{4\overrightarrow{AB}+7\overrightarrow{AD}}{7+4}=\frac{4}{11}\overrightarrow{AB}+\frac{7}{11}\overrightarrow{AD}$$

⇐ 答え　**例題 1-17**　⑶

3辺の長さから内積を求める

1- 7 , 1- 8 , 1- 11 で, 内積の求めかたを3通り紹介したけど, もう1つめずらしい求めかたがあるよ。

例題 1-18

定期テスト 出題度 ❗❗　　　共通テスト 出題度 ❗❗

AB＝5, BC＝8, CA＝6である△ABC において, $\overrightarrow{AB}=\vec{b}$, $\overrightarrow{AC}=\vec{c}$ とするとき, $\vec{b}\cdot\vec{c}$ を求めよ。

この問題もAを基準の点とする位置ベクトルで考える問題だ。まず, $\vec{b}$ と $\vec{c}$ のなす角を θ とすると, $\vec{b}\cdot\vec{c}=|\vec{b}||\vec{c}|\cos\theta$ になる。$|\vec{b}|=5$, $|\vec{c}|=6$ だね。

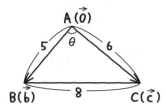

「$\cos\theta$は……？　あっ, そうか。余弦定理でいいんだ。

解答 　$\vec{b}\cdot\vec{c}=|\vec{b}||\vec{c}|\cos\theta$

$$=5\times6\times\frac{5^2+6^2-8^2}{2\times5\times6}=-\frac{3}{2}\quad\leftarrow\cos A=\frac{b^2+c^2-a^2}{2bc}$$

答え　例題 1-18

です。」

そうだね。余弦定理は, 『数学Ⅰ・A編』の 4- 11 で登場したね。でも, 実は, この問題は余弦定理を知らなくても解く方法があるんだ。

まず，位置ベクトルを書き込む。

そして，例えば$\vec{b}\cdot\vec{c}$を求めたいなら

|$\vec{b}$の点と$\vec{c}$の点を結ぶベクトル|

＝距離

という式を立てて，計算してもいい。

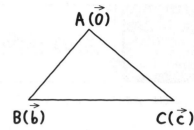

 「『$\vec{b}$の点と$\vec{c}$の点を結ぶベクトル』というと，$\overrightarrow{BC}$ですか？　あれっ？　$\overrightarrow{CB}$？」

どっちを使ってもいいよ。じゃあ，$\overrightarrow{BC}$でやろう。大きさが8なので，

$|\overrightarrow{BC}|=8$だから　$|\vec{c}-\vec{b}|=8$

そして，│**1-11**│で登場したね。成分がわかっていなくて$|m\vec{a}+n\vec{b}|$（m, nは実数）が登場したら2乗して展開だ。

解答

$$|\overrightarrow{BC}|=8$$
$$|\vec{c}-\vec{b}|=8$$
$$|\vec{c}-\vec{b}|^2=64$$
$$(\vec{c}-\vec{b})\cdot(\vec{c}-\vec{b})=64 \quad\left.\begin{array}{l}\end{array}\right\rangle \vec{a}\cdot\vec{a}=|\vec{a}|^2$$
$$\vec{c}\cdot\vec{c}-2\vec{b}\cdot\vec{c}+\vec{b}\cdot\vec{b}=64$$
$$|\vec{c}|^2-2\vec{b}\cdot\vec{c}+|\vec{b}|^2=64 \quad\left.\begin{array}{l}\end{array}\right\rangle \begin{array}{l}|\vec{c}|=6, \\ |\vec{b}|=5\text{を代入}\end{array}$$
$$36-2\vec{b}\cdot\vec{c}+25=64$$
$$-2\vec{b}\cdot\vec{c}=3$$
$$\vec{b}\cdot\vec{c}=-\frac{3}{2} \quad\Leftarrow\boxed{答え}\quad\boxed{例題 \ 1\text{-}18}$$

 「あっ，ホントだ！　求められましたね。」

点の場所を求める

今までは，点の場所から位置ベクトルを求めてきたけど，その逆もできるんだ。

例題 1-19

定期テスト 出題度 !!!) (共通テスト 出題度 !!

　△ABC と同一平面上に点 P を，$\overrightarrow{7PA}+\overrightarrow{2PB}+\overrightarrow{3PC}=\vec{0}$ を満たすようにとる。直線 AP と辺 BC の交点を D とするとき，次の問いに答えよ。

(1)　BD：DC および AP：PD を求めよ。

(2)　△PAB，△PBC，△PCA の面積の比を求めよ。

　まず，いつもの通り，位置ベクトルをかいていこう。頂点のうちの1つのAを基準の点として，$\overrightarrow{AB}=\vec{b}$，$\overrightarrow{AC}=\vec{c}$ とおく。

　さて，今まで通りのやりかたなら，直線上にあるので一方に s を掛けて，もう一方に $1-s$ を掛けて……というふうにやりそうだが……。

　「Pがどの直線上にあるとか書いていないですよね……。」

Pの場所が不明だが式があるときは，
Pの位置ベクトルを一時的に $\vec{p}$ とする。

$\overrightarrow{AP}=\vec{p}$ とおくわけだ。

　そして，$\overrightarrow{7PA}+\overrightarrow{2PB}+\overrightarrow{3PC}=\vec{0}$ の式を計算すれば，数行でPの位置ベクトルがわかるよ。

　やってみよう。

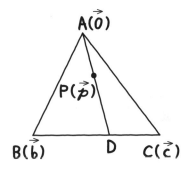

解答 (1) $\overrightarrow{AP}=\vec{p}$, $\overrightarrow{AB}=\vec{b}$, $\overrightarrow{AC}=\vec{c}$ とおくと

$7\underset{-\vec{p}}{\underline{\overrightarrow{PA}}}+2\overrightarrow{PB}+3\overrightarrow{PC}=\vec{0}$　より

$$7\times(-\vec{p})+2(\vec{b}-\vec{p})+3(\vec{c}-\vec{p})=\vec{0}$$
$$-12\vec{p}+2\vec{b}+3\vec{c}=\vec{0}$$
$$\vec{p}=\frac{2\vec{b}+3\vec{c}}{12}$$

 「あっ，ホントだ！　じゃあ，$\overrightarrow{AP}=\dfrac{2\vec{b}+3\vec{c}}{12}$ ということですね。」

うん。さて，この $\dfrac{2\vec{b}+3\vec{c}}{12}$ の分子に注目しよう。『線分BCの3：2の内分』

に似ているよね。

 「似ていますけど……線分BCの3：2の内分なら，$\vec{p}=\dfrac{2\vec{b}+3\vec{c}}{5}$ にな

るはずですよね。」

うん。そこで，$\dfrac{2\vec{b}+3\vec{c}}{12}$ を $\dfrac{2\vec{b}+3\vec{c}}{5}$ に変えてしまおう。でも，そのままじゃ

値が変わってしまうから $\dfrac{5}{12}$ を掛けるんだ！

$$\overrightarrow{AP}=\frac{2\vec{b}+3\vec{c}}{12}=\frac{2\vec{b}+3\vec{c}}{5}\times\frac{5}{12}$$

この $\dfrac{2\vec{b}+3\vec{c}}{5}$ は $\overrightarrow{AP}$ の実数倍で，

線分BCを3：2に内分する点の

位置ベクトルだから，$\dfrac{2\vec{b}+3\vec{c}}{5}$ は

Dの位置ベクトル $\overrightarrow{AD}$ になる。

よって

$$\overrightarrow{AP}=\frac{5}{12}\overrightarrow{AD}$$

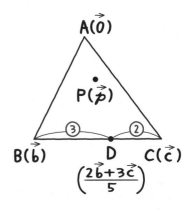

つまり，$\overrightarrow{AP}$ は $\overrightarrow{AD}$ の $\dfrac{5}{12}$ 倍ということ

だ。PはADを5：7に内分する点という

ことになる。

> BD：DC＝**3：2**,
>
> AP：PD＝**5：7**

⇐ 答え　例題 1-19 (1)

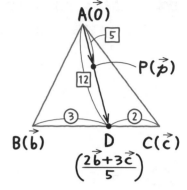

 「すごーい……。」

　ここから，点Pが△ABCの内部に位置す

ることがわかるね。

　(2)も求めてみよう。まず，**△ABCの面積**

をSとおこう。△PBCは△ABCと底辺が

同じで，高さが $\dfrac{7}{12}$ 倍なので，面積は $\dfrac{7}{12}S$

になる。

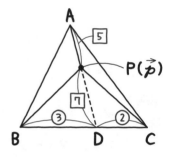

 「はい。でも，△PABと△PCAは求めにくそう……。」

　うん。そこで，長さの比から面積がわかる三角形を考えていくよ。**徐々に**

三角形を小さくしていく感じだ。

　まず，△ABDは，底辺が△ABCの $\dfrac{3}{5}$ 倍で，高さが同じだから，面積は $\dfrac{3}{5}S$。

次に，ADを底辺と考えると，△PABは△ABDと比べて，底辺が $\dfrac{5}{12}$ 倍で，

高さが同じだから，面積はさらに $\dfrac{5}{12}$ 倍になる。

 「△PABの面積は $\dfrac{3}{5}S \times \dfrac{5}{12} = \dfrac{1}{4}S$ ということですね。」

「△PCAのほうも同じように求められそうだな。△ACDの面積は $\frac{2}{5}S$ で，△PCAはそれの $\frac{5}{12}$ 倍だから，$\frac{2}{5}S \times \frac{5}{12} = \frac{1}{6}S$ だ。」

数C 1章

解答 (2) △ABCの面積を S とおくと

$$△PAB : △PBC : △PCA$$

$$= \left(\frac{3}{5}S \times \frac{5}{12}\right) : \frac{7}{12}S : \left(\frac{2}{5}S \times \frac{5}{12}\right)$$

$$= \frac{1}{4}S : \frac{7}{12}S : \frac{1}{6}S$$

$$= \frac{1}{4} : \frac{7}{12} : \frac{1}{6} \quad \text{すべてを12倍する}$$

$$= \underline{\mathbf{3 : 7 : 2}} \quad \Leftarrow \boxed{\text{答え}} \quad \blacktriangleright \text{例題 1-19} \ (2)$$

実は，次のことがいえるんだ。

コツ 6　Pの式の面積比の関係（裏公式）

△ABCの内部に点Pがあり，

$$k\overrightarrow{PA} + \ell\overrightarrow{PB} + m\overrightarrow{PC} = \vec{0}$$

が成り立つとき，面積の比は

△PBC : △PCA : △PAB = $k : \ell : m$ になる。

これを使えば，▶ **例題 1-19** (2)の答えが一瞬でわかる。図のように，紅茶のティーバッグの形で覚えればいいよ。

"ひもの部分の係数"と，三角形の面積比が対応しているんだ。

"$\overrightarrow{PA}$ の係数"が7だから，△PBCの面積比は7。他の組合せもいける。

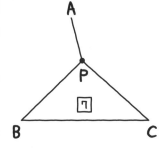

"$\overrightarrow{PB}$ の係数" が 2 だから, △PCA の面積比は 2,

"$\overrightarrow{PC}$ の係数" が 3 だから, △PAB の面積比は 3。

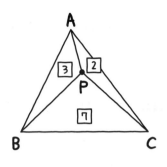

 「△PAB, △PBC, △PCA の面積比

は 3 : 7 : 2……あっ, ホントだ！」

△PBC の面積が全体の $\dfrac{7}{12}$ とわかったおか

げで, (1)もわかるよ。p.606の下の図を参考にして説明するよ。

BC を底辺と考えると, 高さが $\dfrac{7}{12}$ 倍ということで, AP : PD＝5 : 7になる。

さらに, AP を底辺と考えると, △PAB と△PCA の面積比は 3 : 2 ということ

は, 高さの比は 3 : 2。つまり, BD : DC＝3 : 2ということだ。

「便利ですね, これ！」

でも, これは裏公式だから, 記述には使えないよ。答えのみでいい問題や,

検算に使おう。

1-17 ベクトル方程式

点C(a, b)を中心とした半径rの円の方程式は，$(x-a)^2+(y-b)^2=r^2$だったよね。覚えているかな。

『数学Ⅱ・B編』の 3-11 でやったけど，円の方程式の作りかたをもう一度説明しよう。求める図形上の点を (x, y) として，"Pが図形上にあると必ず成り立つこと"を式にすればいいんだよ。

「うーん……。だいぶ前のことだから忘れてしまいました。」

まあ，やってみよう。わかりやすいのがいいから……例えば，"点C(a, b)を中心とした半径rの円"の方程式を求めてみようか。図形上を点P(x, y)がグルグルと動く。でも，どの場所にあっても必ずCPの長さは半径になるね。これを式にすると？

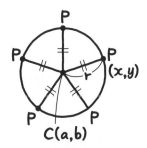

「CP$=r$ です。」

そう。これを計算すればいい。2点間の距離は『数学Ⅱ・B編』の 3-1 で扱ったね。

$$\sqrt{(x-a)^2+(y-b)^2}=r$$

両辺を2乗すると

$$(x-a)^2+(y-b)^2=r^2$$

となって，みんなのよく知っている円の方程式になったね。

「思い出しました。」

　位置ベクトルを使って方程式を作るときも，ほとんど同じなんだ。でも，今回は動く点をP$(\vec{p})$としよう。

「座標を位置ベクトルにするんですね。」

　そうなんだ。じゃあ，
"点C$(\vec{c})$を中心とした半径rの円"の方程式を求めてみようか。図形上の点Pをグルグルと動かしても，必ずCPの長さは半径になる。

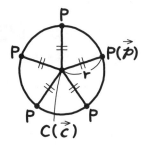

　式も，ベクトルで考えよう。

$$|\overrightarrow{CP}|=r$$

だね。これを計算すると，

$$|\vec{p}-\vec{c}|=r$$

になる。位置ベクトルを使った方程式ということで，これを**ベクトル方程式**という。

「これって暗記するんですか？」

　うん。次のページに書いたような有名なものは覚えておこう。図形上の任意の点をP$(\vec{p})$とすると，次のページのベクトル方程式が成り立つ。

　あっ，ちなみに，直線に平行なベクトルを**方向ベクトル**，
直線に垂直なベクトルを**法線ベクトル**というからね。これも覚えておこう。

ベクトル方程式

❶ 『点$C(\vec{c})$ を中心とした半径rの円』

$|\vec{p}-\vec{c}|=r$ （特に，中心が原点なら，$|\vec{p}|=r$）

❷ 『2点$A(\vec{a})$，$B(\vec{b})$ を直径の両端とする円』

$(\vec{p}-\vec{a})\cdot(\vec{p}-\vec{b})=0$

❸ 『2点$A(\vec{a})$，$B(\vec{b})$ とするとき，線分ABを$m:n$ （$m \neq n$）の比に内分する点と外分する点を直径の 両端とする円』

$|\vec{p}-\vec{a}| : |\vec{p}-\vec{b}|=m : n$

または

$n|\vec{p}-\vec{a}|=m|\vec{p}-\vec{b}|$

❹ 『2点$A(\vec{a})$，$B(\vec{b})$ を通る直線』

$\vec{p}=(1-t)\vec{a}+t\vec{b}$ （tは変数）

❺ 『点$A(\vec{a})$ を通り，方向ベクトルが$\vec{u}$の直線』

$\vec{p}=\vec{a}+t\vec{u}$ （tは変数）

❻ 『点$A(\vec{a})$ を通り，法線ベクトルが$\vec{n}$の直線』

$\vec{n}\cdot(\vec{p}-\vec{a})=0$

❼ 『2点$A(\vec{a})$，$B(\vec{b})$ とするとき，線分ABの垂直二 等分線』

$|\vec{p}-\vec{a}|=|\vec{p}-\vec{b}|$

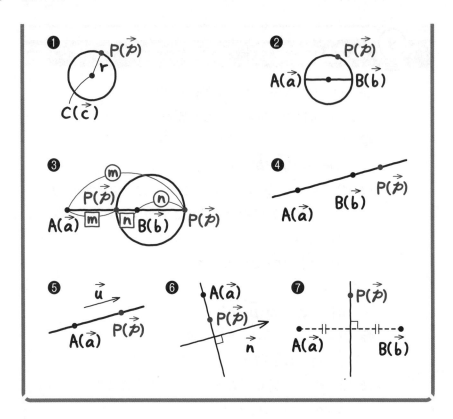

「❶～❼ってどうして成り立つんですか？」

　覚えるだけでもいいけど，じゃあ理由も説明しておこう。❶はさっき説明し
たからいいね。❸は『数学Ⅱ・B編』の**お役立ち話 ⑥**で出てきた。$|\vec{p}-\vec{a}|$ は
A$(\vec{a})$ とP$(\vec{p})$ の距離，$|\vec{p}-\vec{b}|$ はB$(\vec{b})$ とP$(\vec{p})$ の距離で$m:n$になるというこ
とは**アポロニウスの円**だ。❹については**お役立ち話 ⑫**で説明したよ。

　$\overrightarrow{AP}=t\overrightarrow{AB}$ とおけるから

　$\vec{p}-\vec{a}=t(\vec{b}-\vec{a})$，$\vec{p}=(1-t)\vec{a}+t\vec{b}$　だったね。

❷については円上に点Pがあるから，∠APB＝90°だ。スライドさせると $\overrightarrow{AP}\perp\overrightarrow{BP}$ だから，内積が0になる。

$$\overrightarrow{AP}\cdot\overrightarrow{BP}=0$$
$$(\vec{p}-\vec{a})\cdot(\vec{p}-\vec{b})=0$$

ということだ。

❷

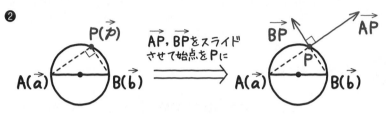

❺は
$$\overrightarrow{AP}=t\vec{u}$$
$$\vec{p}-\vec{a}=t\vec{u}$$
$$\vec{p}=\vec{a}+t\vec{u} \quad でいいね。$$

❺

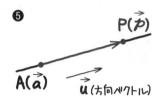

❻も簡単だ。法線ベクトルが $\vec{n}$ ということは，$\vec{n}$ に垂直なのだから内積が0だよね。

$$\vec{n}\perp\overrightarrow{AP} \quad より$$
$$\vec{n}\cdot\overrightarrow{AP}=0$$
$$\vec{n}\cdot(\vec{p}-\vec{a})=0$$

となる。

❻

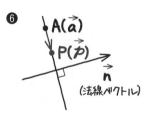

❼は垂直二等分線だから，点Pは点A，Bからの距離が等しいので

$$|\overrightarrow{AP}|=|\overrightarrow{BP}|$$
$$|\vec{p}-\vec{a}|=|\vec{p}-\vec{b}|$$

となるよ。

では，例題で試していこう。

❼

例題 **1-20**　　定期テスト 出題度 ❗❗　　共通テスト 出題度 ❗

　　　　次のベクトル方程式はどのような図形を表すか答えよ。ただし，
点Oを基準とし，A($\vec{a}$) とする。
(1)　$|3\vec{p}-\vec{a}|=6$　　(2)　$|\vec{p}-\vec{a}|=|\vec{a}|$　　(3)　$|\vec{p}-\vec{a}|=|-2\vec{p}-4\vec{a}|$

「(1)は❶っぽいですね。」

　そうだね。でも，ちょっと違う。❶は$\vec{p}$の前に係数がついていないよね。この形にするためには，係数をなくさなければならないよね。

「ということは，絶対値の中を3で割るということですか？」

　その通り。右辺も$|3|$，つまり3で割ればいいんだよ。

$$\left|\vec{p}-\frac{1}{3}\vec{a}\right|=2$$

|動点－中心|＝半径　にあてはめて考えると，

解答　(1)　**位置ベクトルが$\frac{1}{3}\vec{a}$の点を中心とした，半径2の円**

⇐答え　例題 **1-20**　(1)

が正解だよ。

「『位置ベクトルが$\frac{1}{3}\vec{a}$の点』って，図でいうと，どういう場所なんで

すか？」

　　位置ベクトルが $\frac{1}{3}\vec{a}$ ということは，始点から

$\frac{1}{3}\vec{a}$，つまり $\frac{1}{3}\overrightarrow{OA}$ となる点ということだよ。

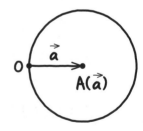

「線分OAを1：2に内分する点」といえる。

　　じゃあ，(2)は？

　「式の形から見て，❼かなあ……。」

　　いや。そうじゃない。　ベクトル方程式を見るときは，$\vec{p}$ の使われかたに注目するんだ。　右辺には $\vec{p}$ がないよね。❼は両辺に $\vec{p}$ があるから違うよ。

　　$|\vec{p}-\vec{a}|=|\vec{a}|$

これも，❶なんだ。$\vec{a}$ は動かない点。つまり定点だよね。ということは $|\vec{a}|$ は定数だ。

解答　(2)　<u>（位置ベクトルが $\vec{a}$ の）点Aを中心とした，半径 $|\vec{a}|$ の円</u>

←　答え　例題 1-20　(2)

ということになる。

　「半径が $|\vec{a}|$ ……つまり，$\vec{a}$ の大きさ（長さ）ということは，あっ，右のような感じですか？」

「『Aが中心で，Oを通る円』といってもいいんですね。」

　　うん。そうだよ。

「(3)は，右辺の$\vec{p}$の係数をなくさなきゃいけないですね。」

「両辺を$|-2|$で割ると…あれっ？　そうすると，左辺の$\vec{p}$に係数がつくよ。」

　うん。そこで，割るのでなく，**係数でくくって，絶対値を分ければいい。** $|ab|=|a||b|$を使う。『数学Ⅰ・A編』の**お役立ち話 ❷** でも登場した公式だね。

　変形したら，❸の形になるから，それで解けるよ。

解答 (3)　$|\vec{p}-\vec{a}|=|-2\vec{p}-4\vec{a}|$

$\qquad |\vec{p}-\vec{a}|=|-2(\vec{p}+2\vec{a})|$

$\qquad |\vec{p}-\vec{a}|=|-2||\vec{p}+2\vec{a}|$

$\qquad |\vec{p}-\vec{a}|=2|\vec{p}+2\vec{a}|$

A$(\vec{a})$，B$(-2\vec{a})$ とおくと，

線分ABを2:1に内分する点は，$\dfrac{1\cdot\vec{a}+2\cdot(-2\vec{a})}{2+1}=-\vec{a}$ より，

C$(-\vec{a})$ とし，

線分ABを2:1に外分する点は，$\dfrac{-1\cdot\vec{a}+2\cdot(-2\vec{a})}{2-1}=-5\vec{a}$ より，

D$(-5\vec{a})$ とすると，

C$(-\vec{a})$, D$(-5\vec{a})$ を直径の両端とする円より，

位置ベクトルが$-3\vec{a}$の点を中心とした，半径$2|\vec{a}|$の円

$\Leftarrow$ **答え**　**例題 1-20** (3)

「(3)は，1-11 でやったように両辺を2乗したらダメですか？」

うん。それでも解けるよ。

$$|\vec{p}-\vec{a}|^2=|-2\vec{p}-4\vec{a}|^2$$

$$(\vec{p}-\vec{a})\cdot(\vec{p}-\vec{a})=(-2\vec{p}-4\vec{a})\cdot(-2\vec{p}-4\vec{a})$$

$$\vec{p}\cdot\vec{p}-2\vec{a}\cdot\vec{p}+\vec{a}\cdot\vec{a}=4\vec{p}\cdot\vec{p}+16\vec{a}\cdot\vec{p}+16\vec{a}\cdot\vec{a}$$

$$3\vec{p}\cdot\vec{p}+18\vec{a}\cdot\vec{p}+15\vec{a}\cdot\vec{a}=0$$

$$\vec{p}\cdot\vec{p}+6\vec{a}\cdot\vec{p}+5\vec{a}\cdot\vec{a}=0$$

ここで，注意しよう。$\vec{p}^2+6\vec{a}\cdot\vec{p}+5\vec{a}^2=0$ とか書いちゃだめだったよね。

$\vec{p}$ の2次式とみなして，因数分解すると，

$$(\vec{p}+\vec{a})\cdot(\vec{p}+5\vec{a})=0$$

これは，❷の形をして，C$(-\vec{a})$，D$(-5\vec{a})$ を直径の両端とする円になる。以下は同じだ。

また，**平方完成してもいい。**

$$(\vec{p}+3\vec{a})\cdot(\vec{p}+3\vec{a})-9\vec{a}\cdot\vec{a}+5\vec{a}\cdot\vec{a}=0$$

これも，$(\vec{p}+3\vec{a})^2-9\vec{a}^2+5\vec{a}^2=0$ と書いちゃだめだよ。

$$|\vec{p}+3\vec{a}|^2-9|\vec{a}|^2+5|\vec{a}|^2=0$$

$$|\vec{p}+3\vec{a}|^2=4|\vec{a}|^2$$

$$|\vec{p}+3\vec{a}|=2|\vec{a}|$$

位置ベクトルが $-3\vec{a}$ の点を中心とした，半径 $2|\vec{a}|$ の円

最後は❶の形になる。(2)で説明したからもういいね。

「最初のやりかたのほうが楽な気がするな……。」

そう思う（笑）。ちなみに，係数に $\sqrt{}$ がついているときは，両辺を2乗するほうが楽に解けるよ。

1- 18　ベクトル方程式から図形の方程式を求める

図形の方程式を出すのに，ベクトル方程式を使うなんて，裏ワザっぽくて，ちょっとカッコイイかも。

例題 1-21

定期テスト 出題度 ❗❗　　共通テスト 出題度 ❗

次の図形の方程式を求めよ。

(1)　点 $(-3, -4)$ を通り，$\vec{u}=(-5, 2)$ に平行な直線

(2)　点 $(8, -1)$ を通り，$\vec{n}=(7, 4)$ に垂直な直線

「ベクトル方程式でなくて，ふつうの方程式を求めるということか……。」

うん。最終的な答えはふつうの方程式で表すんだ。まず，(1)では方向ベクトル $\vec{u}$，(2)では法線ベクトル $\vec{n}$ が与えられているから，ベクトル方程式を使っていこう。原点Oを基準の点としようか。

$\vec{p}=(x, y)$ とし，他の座標やベクトルの値も代入すれば，ふつうの方程式が作れるんだ。 やってみよう。 **1- 17** の ⑨ で，

❺ 『点 $A(\vec{a})$ を通り，方向ベクトルが $\vec{u}$ の直線』のベクトル方程式は，
$$\vec{p}=\vec{a}+t\vec{u}　（tは変数）$$

というのがあったね。

解答　(1)　原点Oを基準の点とし，図形上の任意の点をP($\vec{p}$) とすると，ベクトル方程式は $\vec{p}=\vec{a}+t\vec{u}$ (t は変数) とおける。

$\vec{p}=(x,\ y)$ とし，$\vec{a}=(-3,\ -4)$，$\vec{u}=(-5,\ 2)$ を代入すると

$$(x,\ y)=(-3,\ -4)+t(-5,\ 2)$$
$$=(-3,\ -4)+(-5t,\ 2t) \text{ より}$$
$$(x,\ y)=(-3-5t,\ -4+2t)$$

これが直線を表しているんだ。

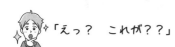「えっ？　これが？？」

これを次のように表すと，**直線の媒介変数表示**になるよ。

$$\begin{cases} x=-3-5t \\ y=-4+2t \end{cases}$$

『数学Ⅱ・B編』の **3-23** でやったのを覚えているかな？　あのときは a を媒介変数としていたけど，ここでは t を媒介変数としているね。

「読み返して思い出しました。ここから媒介変数を消すんですよね。」

うん。次は，**"消したい文字＝"の形** にしよう。

$t=$ の形にすると，それぞれ，

$$t=\frac{x+3}{-5},\ t=\frac{y+4}{2}$$

になる。t を消去して

$$\frac{x+3}{-5}=\frac{y+4}{2}$$

「変な形……。これ，分母をはらって計算するんですね。」

$$2(x+3)=-5(y+4) \quad \text{←両辺に－10を掛けた}$$
$$2x+6=-5y-20$$
$$\underline{\boldsymbol{2x+5y+26=0}} \quad \text{《 答え 　例題 1-21 (1)}$$

じゃあ，ミサキさん，(2)をやってみて。

「  の $\overset{\text{point}}{\textcircled{9}}$ の，

❻『点 A($\vec{a}$) を通り，法線ベクトルが $\vec{n}$ の直線』

$\vec{n} \cdot (\vec{p} - \vec{a}) = 0$

ですね。内積が出ている……えっ？　どうすれば……？」

まず，$\vec{p} - \vec{a}$ の成分を計算して。その後，内積の計算をすればいいよ。

「 解答 　(2)　図形上の任意の点を P($\vec{p}$) とすると，ベクトル方程式は

$$\vec{n} \cdot (\vec{p} - \vec{a}) = 0$$

$\vec{p} = (x, y)$, $\vec{a} = (8, -1)$ とすると

$$\vec{p} - \vec{a} = (x - 8, y + 1)$$

ここで $\vec{n} = (7, 4)$ より

$$\vec{n} \cdot (\vec{p} - \vec{a}) = 0$$

$$7(x - 8) + 4(y + 1) = 0$$

$$7x - 56 + 4y + 4 = 0$$

$$\underline{7x + 4y - 52 = 0}$$ ⟨答え 例題 **1-21** (2)」

それでいいね。ちなみに，今回は登場しないけど，

❶ 『点 C($\vec{c}$) を中心とした半径 r の円』

$|\vec{p} - \vec{c}| = r$

のような式も，まず，$\vec{p} - \vec{c}$ の成分を計算してから，大きさを求めるようにすればいいよ。

さて，以上のやりかたで図形の方程式が求められたのだけど，次の公式を覚えておいてもいいよ。

Point 10　ベクトルに平行，垂直な直線の方程式

ア　点 $(x_1,\ y_1)$ を通り，$\vec{n}=(a,\ b)$ に平行な直線は

$$(x,\ y)=(x_1+at,\ y_1+bt)\quad (t \text{ は変数})$$

または

$$\begin{cases} x=x_1+at \\ y=y_1+bt \end{cases}\quad (媒介変数表示)$$

または

$$(y-y_1)=\frac{b}{a}(x-x_1)$$

$$(ただし,\ a\neq0)$$

イ　点 $(x_1,\ y_1)$ を通り，
$\vec{n}=(a,\ b)$ に垂直な直線の方程式は

$$a(x-x_1)+b(y-y_1)=0$$

「アで，$a=0$ のときはどうなるのですか？

例えば点 $(2,\ -7)$ を通り，$\vec{n}=(0,\ 3)$ に平行な直線なら

$$(x,\ y)=(2,\ -7+3t)$$

$$\begin{cases} x=2 \\ y=-7+3t \end{cases}$$

だけど……」

「y は t によって変わるけど，x は常に 2 だから……あっ，$x=2$？」

そうだね。点 $(2,\ -7)$ を通り，$\vec{n}=(0,\ 3)$ に平行ということは上下に動く
わけだから $x=2$ と考えてもいいよ。

1-19 点Pの存在範囲

ベクトルを継ぎ足して，点Pがどこにあるかを想像しながら進めてね。

$\overrightarrow{OA}$，$\overrightarrow{OB}$ が平行でないベクトルとしよう。$\overrightarrow{OP}=s\overrightarrow{OA}+t\overrightarrow{OB}$（$s$，$t$は変数）で表されるとき，係数$s$，$t$の値で，点Pはどこにあるのかがわかるんだ。

例えば，$s=0$なら
$\overrightarrow{OP}=t\overrightarrow{OB}$という式になるよね。
"$\overrightarrow{OP}$は，$\overrightarrow{OB}$方向に何倍か進んだもの"ということで，Pは直線OB上のどこかにあるということになるんだ。

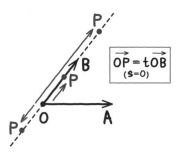

また，$s=1$なら
$\overrightarrow{OP}=\overrightarrow{OA}+t\overrightarrow{OB}$　つまり，
"$\overrightarrow{OP}$は$\overrightarrow{OA}$方向に1マス（$\overrightarrow{OA}$の大きさの1つ分）進んでから，$\overrightarrow{OB}$方向に何倍か進んだもの"ということで，Aを通り，直線OBに平行な直線上のどこかにあるということになる。

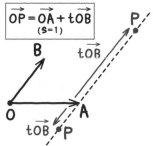

$s=2$なら，$\overrightarrow{OP}=2\overrightarrow{OA}+t\overrightarrow{OB}$なので，$\overrightarrow{OA}$方向に2マス（$\overrightarrow{OA}$の大きさの2つ分）進んでから，$\overrightarrow{OB}$方向に何倍か進んだところになるよ。

他のsの値でも同様に考えればいい。

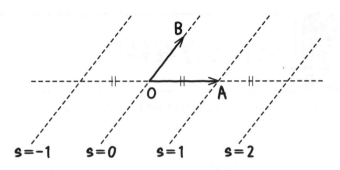

「$\overrightarrow{OA}$ 方向に s マス進んで，あとは $\overrightarrow{OB}$ 方向のどこかになるんですね。」

　t のほうもそうだよ。$t=0$ なら，$\overrightarrow{OP}=s\overrightarrow{OA}$ だから，$\overrightarrow{OA}$ 方向に何倍か進ん
だところにあるし，$t=1$，$t=2$，……，とかも同じように考えれば，図のよう
になるはずだ。

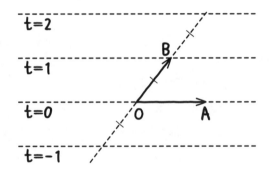

　s，t によって点Pの位置がどのように変わるかわかったかな？　では，例題
にいこう。

例題 **1-22**　定期テスト 出題度 **! ! !**　共通テスト 出題度 **! !**

> $\overrightarrow{OA} = (3, 0)$, $\overrightarrow{OB} = (1, 2)$ で, $\overrightarrow{OP} = s\overrightarrow{OA} + t\overrightarrow{OB}$ の式が成り立つ
> とする。s, t が次の条件を満たすとき, 点Pの存在範囲を図示せよ。
>
> (1) $0 \leq s \leq 2$, $-1 \leq t \leq \dfrac{1}{2}$
>
> (2) $s + t \leq 2$, $0 \leq s$
>
> (3) $2s + 3t \leq 6$, $0 \leq s$, $0 \leq t$

**$|\overrightarrow{OA}|$, $|\overrightarrow{OB}|$ を1マスとして, 点Pが何マス進んだところに存在する
か**を考えよう。(1)は解けるかな？

「$0 \leq s \leq 2$ だから, 点Oから $\overrightarrow{OA}$ の方向に2マスの範囲内で, そして,

$t = -1$ と……$t = \dfrac{1}{2}$ って, $t = 0$ と $t = 1$ の真ん中ということでいい

んですか？」

うん。その通りだよ。

「じゃあ, $\overrightarrow{OB}$ の逆方向に1マスと, $\overrightarrow{OB}$ の方向に $\dfrac{1}{2}$ マスだから, 次の

ようになります。

解答　(1)

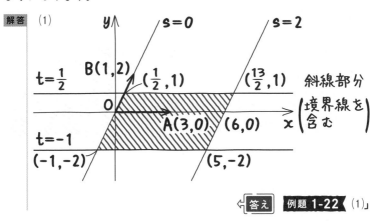

⟨答え　例題 **1-22** (1)」

領域を図示する問題だから,『数学II・B編』の **3-25** でやったように,『斜線部分(境界線を含む)』という言葉が必要だったね。よく覚えていたね。

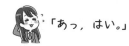 「あっ，はい。」

次に(2)を考えよう。 **1-13** の **コツ⑤** でも勉強したけど,『$\overrightarrow{OP}=s\overrightarrow{OA}+t\overrightarrow{OB}$ で$s+t=1$のとき，点Pは$\overrightarrow{OA}$，$\overrightarrow{OB}$の終点をつなぐ直線上にある』。つまり，直線AB上に点Pがあるんだ。

また，$s+t=2$は，$\overrightarrow{OA}$，$\overrightarrow{OB}$を2倍にのばした終点をつなぐ直線になるし，$s+t=3$なら，3倍にのばした終点をつなぐ直線，……，というふうにできる。

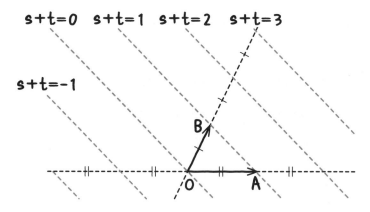

$s+t$の値によって，上のような位置になるんだ。

じゃあ，(2)の$s+t\leqq2$，$0\leqq s$を解いてみよう。まずは，$s+t\leqq2$だとどこを表す？

 「$s+t=2$は，さっきの直線で，

$s+t\leqq2$ということは，

ベクトルの向いているほうと逆側

だから，図のような部分ですね。」

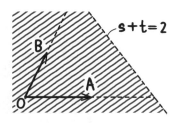

0≦sはどうかな？

「s＝0は$\overrightarrow{OB}$の線上で，

0≦sなので$\overrightarrow{OA}$方向に進むから

……こんな感じですか？」

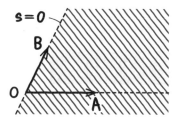

数C 1章

そうだね。じゃあ，両方いえるということは？

「解答　(2)

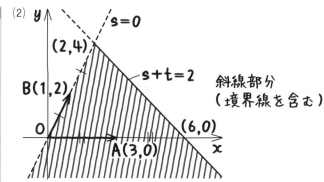

答え　例題 **1-22**　(2)

です。」

その通り。じゃあ，続いて(3)の$2s＋3t≦6$，$0≦s$，$0≦t$だ。これも$s＋t≦1$の形にしたいのだが……。

「えっ？？　でも，$2s＋3t$って，$s＋t$に直せないですよね。」

「2で割ると，$s＋\dfrac{3}{2}t$になってしまうし，3で割ったら，

$\dfrac{2}{3}s＋t$だし……。」

そうなんだ。こういうときは，**右辺を1にしたい**から，両辺を6で割ろう。

$$2s＋3t≦6$$

$$\dfrac{1}{3}s＋\dfrac{1}{2}t≦1$$

　2人のいう通り，$s+t$ にすることは不可能なんだ。でも，係数＋係数≦1に

したい。そこで，この場合は，**$\overrightarrow{OP}=s\overrightarrow{OA}+t\overrightarrow{OB}$の係数の$s$，$t$を，$\frac{1}{3}s$と**

$\frac{1}{2}t$に変えればいい。 s を $\frac{1}{3}s$ に変えると，$\frac{1}{3}$ 倍になってしまうけど，逆に，

$\overrightarrow{OA}$のほうを3倍してしまえばいいんだよ。$\overrightarrow{OB}$も同様だ。

$$\overrightarrow{OP}=s\overrightarrow{OA}+t\overrightarrow{OB}$$

$$=\underbrace{\frac{1}{3}s\,(3\overrightarrow{OA})+\frac{1}{2}t\,(2\overrightarrow{OB})}_{\text{足して1になる}}$$

で，$\frac{1}{3}s+\frac{1}{2}t=1$ なら，係数＋係数＝1ということで，

　　"$3\overrightarrow{OA}$と$2\overrightarrow{OB}$の終点を結ぶ直線"

ということになるね。

 「わかりました。」

　では，ハルトくん，$2s+3t\leqq6$，$0\leqq s$，$0\leqq t$ はどうなる？

 「$0\leqq s$より，$s=0$の直線からベクトルの向きのほうで，

　　$0\leqq t$より，$t=0$の直線からベクトルの向きのほうだから……

　　ぜんぶいえるのは，

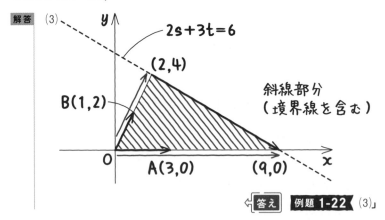

| 解答 (3)
2s+3t=6
(2,4)
B(1,2)
斜線部分
（境界線を含む）
O
A(3,0)
(9,0)
x

　　　　　　　　　　　　　　　　　　　　　　◁ 答え　例題 **1-22** (3)」

よくできました。

2直線のなす角を求める

数C 1章

2直線のなす角は『数学Ⅱ・B編』の 4-11 でも扱ったんだけど，ここでは，方向ベクトル，法線ベクトルを使って，求めてみよう。

例題 1-23
定期テスト 出題度 **! !**　　共通テスト 出題度 **! !**

2直線 $\ell_1 : 5x - y - 8 = 0,\quad \ell_2 : -2x + 3y + 4 = 0$ のなす角を求めよ。

まず，1本目の直線 ℓ_1 だけれど，変形すると，$y = 5x - 8$ になるね。この直線の方向ベクトルを $\vec{a}$ としようか。成分で表すとどうなる？

「直線に平行なベクトルですよね……えっ？？」

傾きが5ということは，x 座標が1増えたら，y 座標が5増えるということだよね。だから，$\vec{a} = (1,\ 5)$ といえるよ。

「x 座標が2増えたら，y 座標が10増えるわけだから，$\vec{a} = (2,\ 10)$ ともいえないですか？」

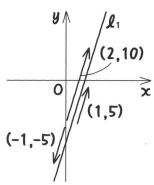

そうなんだ。x 座標が1減れば，y 座標が5減ると考えたら，$\vec{a} = (-1,\ -5)$ ともいえるわけだし，| 方向ベクトルの表しかたは 1つじゃないんだ。| 実際にどれを使って計算してもいいよ。

「それだったら，いちばんラクなのがいいな。」

そうだね。$\vec{a} = (1,\ 5)$ でいこう。

「2本目の直線 ℓ_2 は，$y=\dfrac{2}{3}x-\dfrac{4}{3}$ なので，傾き $\dfrac{2}{3}$ ですね。」

「x 座標が1増えたら，y 座標が $\dfrac{2}{3}$ 増えるから，方向ベクトルを $\vec{b}$ とすると，$\vec{b}=\left(1,\ \dfrac{2}{3}\right)$ か……きついな。」

「x 座標が3増えたら，y 座標が2増えると考えたら，いいんじゃない？ $\vec{b}=(3,\ 2)$ とか。」

「あっ，それいいな。分数にならないし。」

　うん。いい考えだと思う。そして，方向ベクトルどうしのなす角を求めたら，直線のなす角もわかるよ。ベクトルのなす角は，1-7 や 1-8 でやっているもんね。ハルトくん，解いてみて。

「解答　直線 ℓ_1：$5x-y-8=0$ の方向ベクトルは，$\vec{a}=(1,\ 5)$，

　　　　直線 ℓ_2：$-2x+3y+4=0$ の方向ベクトルは，$\vec{b}=(3,\ 2)$

とする。

$\vec{a}$，$\vec{b}$ のなす角を θ とすると

$\vec{a}\cdot\vec{b}=1\times3+5\times2=13$

$|\vec{a}|=\sqrt{1^2+5^2}=\sqrt{26}$

$|\vec{b}|=\sqrt{3^2+2^2}=\sqrt{13}$

$\cos\theta=\dfrac{13}{\sqrt{26}\sqrt{13}}=\dfrac{1}{\sqrt{2}}$ ←$\cos\theta=\dfrac{\vec{a}\cdot\vec{b}}{|\vec{a}||\vec{b}|}$

$0°\leqq\theta\leqq180°$ より，$\theta=45°$

よって，2直線のなす角は，<u>45°</u>　答え　例題 1-23」

　そうだね。方向ベクトル $\vec{\ell_1}$，$\vec{\ell_2}$ のなす角 θ が鋭角なら，それが2直線のなす角になる。

しかし, ベクトルの向きによっては θ が鈍角になることもあり, その場合は, 2直線のなす角は180°−θ になるからね。 注意しよう。

θ が鋭角のとき

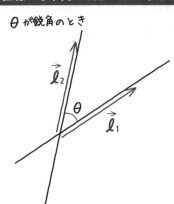

θ が鈍角のとき

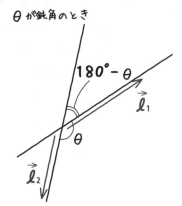

また, 法線ベクトルのなす角を求めることで, 解いてもいいんだ。

コツ 7　直線の法線ベクトル

直線 $ax + by + c = 0$ の法線ベクトルの1つは,
$$\vec{n} = (a, \ b)$$

すぐに法線ベクトルがわかるからラクだね。

直線 ℓ_1 の法線ベクトルを $\vec{n_1} = (5, \ -1)$, 直線 ℓ_2 の法線ベクトルを $\vec{n_2} = (-2, \ 3)$ として2直線のなす角を求める。後は同じだ。

α が鋭角のとき

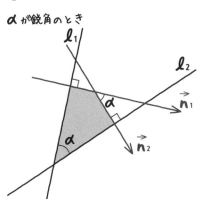

α が鈍角のとき

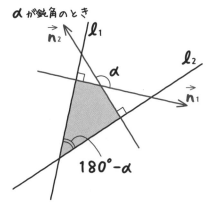

じゃあ，ミサキさん，解いてみて。

「解答

直線 $\ell_1 : 5x - y - 8 = 0$ の法線ベクトルを，$\vec{n_1} = (5, -1)$，

直線 $\ell_2 : -2x + 3y + 4 = 0$ の法線ベクトルを，

$\vec{n_2} = (-2, 3)$ とする。

$\vec{n_1}$，$\vec{n_2}$ のなす角を α とすると

$\vec{n_1} \cdot \vec{n_2} = 5 \times (-2) + (-1) \times 3 = -13$

$|\vec{n_1}| = \sqrt{5^2 + (-1)^2} = \sqrt{26}$

$|\vec{n_2}| = \sqrt{(-2)^2 + 3^2} = \sqrt{13}$

$\cos\alpha = \dfrac{-13}{\sqrt{26}\sqrt{13}} = -\dfrac{1}{\sqrt{2}}$

$0° \leqq \alpha \leqq 180°$ より，$\alpha = 135°$

よって，2直線のなす角は

$180° - 135° = \underline{45°}$ ◁ 答え 例題 **1-23** 」

正解。

空間座標

空間は3次元で，英語で3 dimensionsという。3Dという言葉はここからきているよ。

『数学Ⅰ・A編』の 8-13 で習ったけど，忘れているかもしれないからもう一度説明するね。

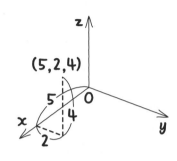

空間内の点の場所を表したいなら，"原点から前に5進んで，右に2進んで，上に4進んだところ"というふうに3方向の値がいるんだ。

じゃあ，点Oを原点として，前後の方向をx軸，左右の方向をy軸，上下の方向をz軸として数直線で表せば，点は $(5,\ 2,\ 4)$ と表せるよ。

x軸とy軸で作られる面を **xy平面** といい，

y軸とz軸で作られる面を **yz平面** といい，

z軸とx軸で作られる面を **zx平面** といい，

式はそれぞれ$z=0$，$x=0$，$y=0$になる。

『平面の名前に含まれていないアルファベットが0』と覚えればいいよ。このことは軸でもいえて，

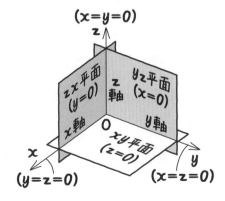

x軸を表す式は$y=z=0$だし，

y軸を表す式は$x=z=0$だし，

z軸を表す式は$x=y=0$になるよ。

例題 1-24

定期テスト 出題度 !!!) (共通テスト 出題度 !!

空間座標上の点 A(5, 1, −7) を次のように移動させた点の座標を求めよ。

(1) zx 平面に関して対称移動

(2) y 軸に関して対称移動

(3) 原点に関して対称移動

「まず,点A(5, 1, −7)を図にかいて……。」

いや。その必要はない。この問題に限らず,**ほとんどの問題は空間座標の図をかかなくても解ける**んだ。空間座標を説明した直後に,こういうことをいうのもなんだけどね(笑)。

平面座標では,y軸($x=0$)に関して対称移動するときは,x座標が−1倍,x軸($y=0$)に関して対称移動するときは,y座標が−1倍になるんだったね。

『数学Ⅰ・A編』の 3-7 でやったよ。このやりかたは空間座標でも使えるよ。

まず,(1)だが,zx平面の式は$y=0$だよね。ということは?

「y座標が−1倍になるから,

解答 (1) **(5, −1, −7)** ⇐ 答え 例題 1-24 (1)」

そうだね。じゃあ,ミサキさん,(2)はどうかな?

「じゃあ,(2)は,y軸の式は$x=z=0$だから,xもzも−1倍して

解答 (2) **(−5, 1, 7)** ⇐ 答え 例題 1-24 (2)」

そう。正解。簡単だろう？ また，(3)の原点に関する対称移動は，原点が，$x=y=z=0$ だから，x も y も z も -1 倍すればいい。

 「**解答** (3) $\underline{(-5, -1, 7)}$ ⇦**答え** **例題 1-24** (3)

ですね。」

対称移動は，その"平面"，"軸"，"点（原点）"で0になるもの (x, y, z) を -1 倍する んだ。まとめると下のようになるよ。

コツ 8 空間における対称な点

点 (a, b, c) について

・x 軸対称 $(a, -b, -c)$

・y 軸対称 $(-a, b, -c)$

・z 軸対称 $(-a, -b, c)$

・xy 平面対称 $(a, b, -c)$

・yz 平面対称 $(-a, b, c)$

・zx 平面対称 $(a, -b, c)$

・原点対称 $(-a, -b, -c)$

空間での2点間の距離

『数学 I・A編』の **8-13** では，原点と原点でない点の距離を求めたけど，原点でない点どうしの距離も求められるよ。

　定期テスト 出題度 ❗❗❗ 　共通テスト 出題度 ❗❗❗

> 2点 A$(-2,\ 9,\ -1)$，B$(-5,\ 8,\ 3)$ 間の距離を求めよ。

平面の2点間の距離は『数学 II・B編』の **3-1** で扱ったね。空間の2点間の距離は以下のようになる。

Point
11
2点間の距離

2点 A$(x_1,\ y_1,\ z_1)$，B$(x_2,\ y_2,\ z_2)$ のとき

$$AB = \sqrt{(x_2 - x_1)^2 + (y_2 - y_1)^2 + (z_2 - z_1)^2}$$

「座標が2つから3つになっただけで，計算のやりかたは一緒か。」

そうなんだ。じゃあ，ミサキさん，解いてみて。

「解答　$AB = \sqrt{\{(-5)-(-2)\}^2 + (8-9)^2 + \{3-(-1)\}^2}$
$\qquad\qquad = \sqrt{(-3)^2 + (-1)^2 + 4^2}$
$\qquad\qquad = \sqrt{26}$ ◁ 答え 例題 1-25

ですね。」

正解。ではもう1問やってみよう。

数C 1章

例題 1-26

定期テスト 出題度 ❗❗　　共通テスト 出題度 ❗❗

点 $(-3,\ 8,\ -7)$ から yz 平面に下ろした垂線の足の座標を求めよ。また，点と yz 平面の距離を求めよ。

　垂線の足とは，直線または平面に垂線を引いたときの，直線または平面と垂線の交点のことだよ。覚えておいてね。

　さて，x 軸上の点 $(k,\ 0,\ 0)$ を通り，yz 平面に平行な平面は，平面 $x=k$ と表すんだけど，図のように点 $(a,\ b,\ c)$ から，平面 $x=k$（k は定数）に下ろした垂線の足の座標は $(k,\ b,\ c)$ であり，点と平面との距離は "a と k の差" だね。

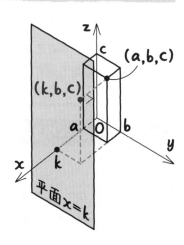

　点 $(a,\ b,\ c)$ から，平面 $y=k$ に下ろした垂線の足の座標は $(a,\ k,\ c)$ であり，点と平面との距離は "b と k の差" だ。

　点 $(a,\ b,\ c)$ から，平面 $z=k$ に下ろした垂線の足の座標は $(a,\ b,\ k)$ であり，点と平面との距離は "c と k の差" だね。

　ではハルトくん，答えはどうなるかな？

「yz 平面ということは，$x=0$ だから，垂線の足の座標は，

解答　<u>$(0,\ 8,\ -7)$</u>

距離は，-3 と 0 の差だから，<u>3</u>　◁ 答え 　例題 1-26 」

よくできました。

空間ベクトルの計算

平面ベクトルの計算が頭に入っていたら，空間ベクトルの計算は余裕だよ。やることは一緒だからね。

z軸方向も含めて空間で考えるベクトルを**空間ベクトル**というよ。

空間ベクトルも，基本的な性質は平面のベクトルと同じだ。見ていこう。まず，成分どうしを足したり，引いたり，定数倍したりする公式があるよ。

Point 12 空間ベクトルの成分による演算

$\vec{a}=(a_1,\ a_2,\ a_3),\ \vec{b}=(b_1,\ b_2,\ b_3)$ のとき
$\vec{a} \pm \vec{b}=(a_1 \pm b_1,\ a_2 \pm b_2,\ a_3 \pm b_3)$ （複号同順）
$k\vec{a}=(ka_1,\ ka_2,\ ka_3)$ （k は実数）

「あっ，成分が2つから3つに変わっただけで，同じ計算か。」

そうだね。 **1-2** と変わりない。z成分も同じように扱えばいいからね。また，成分から大きさを求めるのに，成分が3つなら，次のようになる。

Point 13 空間ベクトルの大きさ

$\vec{a}=(a_1,\ a_2,\ a_3)$ のとき
$|\vec{a}|=\sqrt{a_1{}^2+a_2{}^2+a_3{}^2}$

2乗どうしを足して $\sqrt{}$ をつけるのは **1-3** と同じだ。

内積も平面のときと同じだよ。

数
C
1
章

空間ベクトルの内積

$\vec{a}=(a_1,\ a_2,\ a_3),\ \vec{b}=(b_1,\ b_2,\ b_3)$ なら
$\vec{a}\cdot\vec{b}=a_1b_1+a_2b_2+a_3b_3$

「あっ，　1-8 と一緒ですね。」

例題 1-27

定期テスト 出題度 ❗❗❗ 　 共通テスト 出題度 ❗❗❗

2つのベクトル $\vec{a}=(3,\ 4,\ 2),\ \vec{b}=(-4,\ -1,\ 6)$ に垂直な単位
ベクトルを求めよ。

例題 1-12 と考えかたは同じだ。ちなみに，空間のベクトルでも $\vec{a}\perp\vec{b}$ のと
きは $\vec{a}\cdot\vec{b}=0$ だよ。

「今回は，空間ベクトルだから求める単位ベクトルを
$\vec{e}=(x,\ y,\ z)$ とおけばいいんですね。」

そう，3方向の成分を考えよう。そして，今回も図は必要ない。$\vec{a}$ と $\vec{e}$ は垂
直だから内積は0になるし，$\vec{b}$ と $\vec{e}$ も垂直だから内積は0になるし，$\vec{e}$ の大きさ
（長さ）は1になる。これをそのまま計算すれば求められるよ。じゃあ，ハル
トくん，計算して。

「 解答 ｜ 求める単位ベクトルを $\vec{e}=(x,\ y,\ z)$ とおくと

$\vec{a}\perp\vec{e}$ より

$\quad \vec{a}\cdot\vec{e}=3x+4y+2z=0$ ……①

$\vec{b}\perp\vec{e}$ より

$\quad \vec{b}\cdot\vec{e}=-4x-y+6z=0$ ……②

$\vec{e}$ は単位ベクトルより

$\quad \sqrt{x^2+y^2+z^2}=1$

両辺を2乗して　$x^2+y^2+z^2=1$ ……③

①+②×4より

$$
\begin{array}{r}
3x+4y+2z=0 \\
+)\ -16x-4y+24z=0 \\
\hline
-13x\quad\ \ +26z=0
\end{array}
$$

$\quad x=2z$ ……④

④を②に代入すると

$\quad -8z-y+6z=0$ より

$$y=-2z \quad ……⑤$$

④, ⑤を③に代入すると

$\quad 4z^2+4z^2+z^2=1$

$$z^2=\frac{1}{9}$$

$z=\dfrac{1}{3},\ -\dfrac{1}{3}$

これを, ④, ⑤に代入して

$(x,\ y,\ z)=\left(\dfrac{2}{3},\ -\dfrac{2}{3},\ \dfrac{1}{3}\right),\ \left(-\dfrac{2}{3},\ \dfrac{2}{3},\ -\dfrac{1}{3}\right)$

よって, $\vec{e}=\left(\dfrac{2}{3},\ -\dfrac{2}{3},\ \dfrac{1}{3}\right),\ \left(-\dfrac{2}{3},\ \dfrac{2}{3},\ -\dfrac{1}{3}\right)$

◁ 答え ｜　例題 1-27 」

そうだね。『数学Ⅰ・A編』の 3-14 でやった連立方程式だね。

1-24 平行，3点が同じ直線上にある

1-4 ，1-5 で，平面図形での"平行"や"3点が同じ直線上にある"ときのベクトルを考えたね。今度も，成分が2つから3つになっただけでやりかたは変わらないよ。

例題 1-28

定期テスト 出題度 ❗❗❗　　共通テスト 出題度 ❗❗❗

3点 $A(-8, -1, 7)$, $B(5, s, 1)$, $C(t, -6, 4)$ が同じ直線上にあるとき，定数 s, t の値を求めよ。

空間ベクトルになっても公式は変わらない。次の公式を使おう。

Point 15 空間におけるベクトルの平行

$\vec{a} \neq \vec{0}$, $\vec{b} \neq \vec{0}$ のとき

$\vec{a} /\!/ \vec{b} \iff \vec{a} = k\vec{b}$ となる実数 k が存在する

　さらに，$\vec{a} = (a_1, a_2, a_3)$,
　　　　　$\vec{b} = (b_1, b_2, b_3)$ なら

$\vec{a} /\!/ \vec{b} \iff a_1 : b_1 = a_2 : b_2 = a_3 : b_3$

　　　　ただし，$a_1 \neq 0$, $a_2 \neq 0$, $a_3 \neq 0$

16 空間において同じ直線上にある3点

異なる3点A，B，Cについて，$\overrightarrow{AB}=(a_1,\ a_2,\ a_3)$，
$\overrightarrow{AC}=(b_1,\ b_2,\ b_3)$ とすると

3点A，B，Cが同じ直線上にある

$\Longleftrightarrow$ $\overrightarrow{AB}=k\overrightarrow{AC}$ **となる実数 k が存在する**

$\Longleftrightarrow$ $a_1:b_1=a_2:b_2=a_3:b_3$

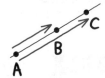

じゃあ，ミサキさん，解いてみよう。

「$\overrightarrow{AB}=(5-(-8),\ s-(-1),\ 1-7)=(13,\ s+1,\ -6)$，

$\overrightarrow{AC}=(t-(-8),\ -6-(-1),\ 4-7)=(t+8,\ -5,\ -3)$ より

$13:(t+8)=(s+1):(-5)=(-6):(-3)$

ですね。まず，

$13:(t+8)=(s+1):(-5)$ は……。」

うん。合ってはいるんだけど，その計算をすると s と t の両方が混じった式になりそうで面倒だよね。

$13:(t+8)=(-6):(-3)$ と，

$(s+1):(-5)=(-6):(-3)$

でやったほうがラクなんじゃない？

「あっ，そうですね。はい。

解答 $\overrightarrow{AB}=(13,\ s+1,\ -6)$, $\overrightarrow{AC}=(t+8,\ -5,\ -3)$ より

$$13:(t+8)=(s+1):(-5)=(-6):(-3)$$

$$13:(t+8)=(-6):(-3)$$

$$-39=-6t-48$$

$$6t=-9$$

$$\underline{\underline{t=-\frac{3}{2}}}$$

$$(s+1):(-5)=(-6):(-3)$$

$$-3s-3=30$$

$$-3s=33$$

$$\underline{s=-11}$$　←　答え　例題 1-28 」

その通り！　正解だよ。

数C 1章

4点が同じ平面上にある

4点が同じ平面上にあるということは，3つのベクトルが同じ平面上にあるということだよ。

例題 1-29

定期テスト 出題度 **! ! !**　　共通テスト 出題度 **! ! !**

　4点 A$(1, -6, 3)$, B$(-1, 2, -2)$, C$(2, -7, 5)$, D$(5, t, 8)$ が同じ平面上にあるとき，定数 t の値を求めよ。

　4点A，B，C，Dが同じ平面上にあるときは，1つの点……例えば，Aから各点にベクトルをのばしてみる。

　お役立ち話 ③ でも登場したが，$\overrightarrow{AB}$ と $\overrightarrow{AC}$ が $\vec{0}$ でなく平行でない。そして，$\overrightarrow{AD}$ は同じ平面上にあるわけなので，$\overrightarrow{AD}=m\overrightarrow{AB}+n\overrightarrow{AC}$（$m$, n は実数）と表せるし，表しかたは1通りしかない。これは逆もいえるよ。

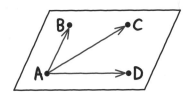

コツ ⑨　同じ平面上にある4点

　4点A，B，C，Dが同じ平面上にある

　　$\iff$　$\overrightarrow{AB}$ と $\overrightarrow{AC}$ が $\vec{0}$ でなく平行でないなら，

　$\overrightarrow{AD}=m\overrightarrow{AB}+n\overrightarrow{AC}$ を満たす実数 m, n が存在する

　ちなみに，組合せは自由だよ。$\overrightarrow{AB}$ と $\overrightarrow{AD}$ が $\vec{0}$ でなく平行でないことをチェックして，$\overrightarrow{AC}=m\overrightarrow{AB}+n\overrightarrow{AD}$ とか，$\overrightarrow{AD}$ と $\overrightarrow{AC}$ が $\vec{0}$ でなく平行でないことをチェックして，$\overrightarrow{AB}=m\overrightarrow{AD}+n\overrightarrow{AC}$ などとしてもいいよ。

解答 $\overrightarrow{AB}=(-2,\ 8,\ -5)$, $\overrightarrow{AC}=(1,\ -1,\ 2)$,

$\overrightarrow{AD}=(4,\ t+6,\ 5)$ より

$\overrightarrow{AB}$, $\overrightarrow{AC}$ は $\vec{0}$ でなく平行でないから

$\overrightarrow{AD}=m\overrightarrow{AB}+n\overrightarrow{AC}$ となる実数 m, n が存在する。

$(4,\ t+6,\ 5)=m(-2,\ 8,\ -5)+n(1,\ -1,\ 2)$

$(4,\ t+6,\ 5)=(-2m,\ 8m,\ -5m)+(n,\ -n,\ 2n)$

$(4,\ t+6,\ 5)=(-2m+n,\ 8m-n,\ -5m+2n)$

$$\begin{cases} 4=-2m+n & \cdots\cdots① \\ t+6=8m-n & \cdots\cdots② \\ 5=-5m+2n & \cdots\cdots③ \end{cases}$$

①×2−③より

$$\begin{array}{r} -4m+2n=8 \\ -)\ -5m+2n=5 \\ \hline m\qquad\ =3 \end{array}$$

①に代入すると $n=10$

②に代入すると $\underline{\boldsymbol{t=8}}$ ←**答え** **例題 1-29**

 「『$\overrightarrow{AB}$, $\overrightarrow{AC}$ は $\vec{0}$ でなく平行でない』って,どうしてわかるんですか?」

まず,$\vec{0}$ でないのはわかるね。$\vec{0}$ は $(0,\ 0,\ 0)$ だ。そして,

$\overrightarrow{AB}=(-2,\ 8,\ -5)$, $\overrightarrow{AC}=(1,\ -1,\ 2)$ は一方が他方の何倍かになっていないよね。だから平行でないとわかるよ。

数C
1
章

空間図形の位置ベクトル

これも 1-12 で出てきた平面図形のときの位置ベクトルと，ほとんどやりかたは変わらない。

例題 1-30　定期テスト 出題度 ❗❗❗　共通テスト 出題度 ❗❗❗

　四面体 OABC において，線分 OA の中点を P，線分 AB を 2：3 の比に内分する点を Q，線分 BC を 3：1 の比に内分する点を R，線分 OC を 2：1 の比に内分する点を S とするとき，

(1)　$\overrightarrow{PQ}$, $\overrightarrow{PR}$, $\overrightarrow{PS}$ を $\overrightarrow{OA}$, $\overrightarrow{OB}$, $\overrightarrow{OC}$ を用いて表せ。

(2)　4点 P，Q，R，S が同じ平面上にあることを示せ。

　平面の場合はベクトルを2つ用意したよね。立体すなわち **空間図形では ベクトルを3つ用意するよ。** 頂点のうちの1つから他の頂点にのばせばいい。今回は "$\overrightarrow{OA}$, $\overrightarrow{OB}$, $\overrightarrow{OC}$ を用いて表せ" だから，$\overrightarrow{OA}=\vec{a}$, $\overrightarrow{OB}=\vec{b}$, $\overrightarrow{OC}=\vec{c}$ とおこう。O を基準の点として，位置ベクトルで表すということだ。

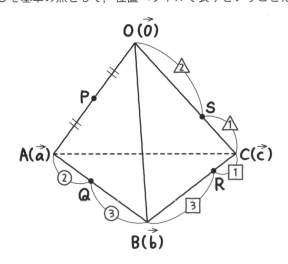

　次は，内分比や外分比がわかっている内分点と外分点の位置ベクトルを求め
る。P，Q，R，Sすべて比が書いてあるね。解けるんじゃないかな？　じゃあ，
ミサキさん，(1)をやってみて。

解答　(1)　$\overrightarrow{OA}=\vec{a}$，$\overrightarrow{OB}=\vec{b}$，$\overrightarrow{OC}=\vec{c}$とおく。

Pは線分OAの中点より

$$\overrightarrow{OP}=\frac{1}{2}\vec{a}$$

Qは線分ABを2：3の比に内分する点より

$$\overrightarrow{OQ}=\frac{3\times\vec{a}+2\times\vec{b}}{2+3}=\frac{3}{5}\vec{a}+\frac{2}{5}\vec{b}$$

Rは線分BCを3：1の比に内分する点より

$$\overrightarrow{OR}=\frac{1\times\vec{b}+3\times\vec{c}}{3+1}=\frac{1}{4}\vec{b}+\frac{3}{4}\vec{c}$$

Sは線分OCを2：1の比に内分する点より

$$\overrightarrow{OS}=\frac{2}{3}\vec{c}$$

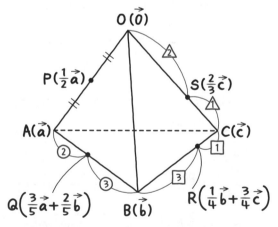

よって，$\overrightarrow{PQ}=\left(\frac{3}{5}\vec{a}+\frac{2}{5}\vec{b}\right)-\frac{1}{2}\vec{a}=\frac{1}{10}\vec{a}+\frac{2}{5}\vec{b}$

$\overrightarrow{PQ}=\overrightarrow{OQ}-\overrightarrow{OP}$

$$\overrightarrow{PR} = \left(\frac{1}{4}\vec{b} + \frac{3}{4}\vec{c}\right) - \frac{1}{2}\vec{a} \quad \leftarrow \overrightarrow{PR} = \overrightarrow{OR} - \overrightarrow{OP}$$

$$= -\frac{1}{2}\vec{a} + \frac{1}{4}\vec{b} + \frac{3}{4}\vec{c}$$

$$\overrightarrow{PS} = -\frac{1}{2}\vec{a} + \frac{2}{3}\vec{c} \quad \leftarrow \overrightarrow{PS} = \overrightarrow{OS} - \overrightarrow{OP}$$

よって

$$\overrightarrow{PQ} = \frac{1}{10}\overrightarrow{OA} + \frac{2}{5}\overrightarrow{OB}$$

$$\overrightarrow{PR} = -\frac{1}{2}\overrightarrow{OA} + \frac{1}{4}\overrightarrow{OB} + \frac{3}{4}\overrightarrow{OC}$$

$$\overrightarrow{PS} = -\frac{1}{2}\overrightarrow{OA} + \frac{2}{3}\overrightarrow{OC} \quad \Leftarrow \boxed{答え} \quad \boxed{例題 1-30}\,(1)$$

です。」

そうだね。大正解。次の(2)の『4点P，Q，R，Sが同じ平面上にある』は
$\boxed{1-25}$ で登場したね。

「1つの点からベクトルをのばせばいいんですね。」

うん。でも，今回は(1)で $\overrightarrow{PQ}$，$\overrightarrow{PR}$，$\overrightarrow{PS}$ を求めているからね。これを使えば
いい。

$\boxed{解答}$　(2)　4点P，Q，R，Sが同一平面上にあるとき，$\overrightarrow{PQ} = m\overrightarrow{PR} + n\overrightarrow{PS}$ （m，
n は実数）と表せる。

(1)より

$$\frac{1}{10}\vec{a} + \frac{2}{5}\vec{b} = m\left(-\frac{1}{2}\vec{a} + \frac{1}{4}\vec{b} + \frac{3}{4}\vec{c}\right) + n\left(-\frac{1}{2}\vec{a} + \frac{2}{3}\vec{c}\right)$$

$$\frac{1}{10}\vec{a} + \frac{2}{5}\vec{b} = \left(-\frac{1}{2}m - \frac{1}{2}n\right)\vec{a} + \frac{1}{4}m\vec{b} + \left(\frac{3}{4}m + \frac{2}{3}n\right)\vec{c}$$

$\vec{a}$, $\vec{b}$, $\vec{c}$は$\vec{0}$でなく，互いに平行でないので，係数を比較すると

$$\frac{1}{10}=-\frac{1}{2}m-\frac{1}{2}n$$

$$5m+5n=-1 \quad \cdots\cdots\text{①}$$

$$\frac{2}{5}=\frac{1}{4}m$$

$$m=\frac{8}{5} \quad \cdots\cdots\text{②}$$

$$0=\frac{3}{4}m+\frac{2}{3}n$$

$$9m+8n=0 \quad \cdots\cdots\text{③}$$

②を①に代入して

$$5\times\frac{8}{5}+5n=-1$$

$$n=-\frac{9}{5}$$

また，$m=\dfrac{8}{5}$, $n=-\dfrac{9}{5}$を③に代入しても成り立つ。

よって，$\overrightarrow{PQ}=\dfrac{8}{5}\overrightarrow{PR}-\dfrac{9}{5}\overrightarrow{PS}$より，

4点P, Q, R, Sは同じ平面上にある。 **例題 1-30** (2)

「えっ？　最後から3行目のところがよくわからないです。」

　m, nの値は①，②，③の式すべてで成り立ってはじめて"答え"といえるんだ。今回は，①と②の式だけで$m=\dfrac{8}{5}$, $n=-\dfrac{9}{5}$が出たけど，この時点ではまだ答えとはいえないよ。**使わなかった③の式にも代入して成り立つかどうか確認しなければならないよ。**

「もし，成り立たなかったらどうなるんですか？」

　m, nは解なしになるね。ということは$\overrightarrow{PQ}=m\overrightarrow{PR}+n\overrightarrow{PS}$と表せないわけだから，4点P, Q, R, Sは同じ平面上にないことになるよ。

空間図形での交点の位置ベクトル

3組の向かい合った面が平行な六面体を平行六面体というんだ。向かい合う面はそれぞれ合同な平行四辺形になる。今回は，この図形を使うよ。

例題 1-31

定期テスト 出題度 ❗❗　　共通テスト 出題度 ❗❗❗

平行六面体 ABCD−EFGH は，AB＝3，AD＝1，AE＝2，∠BAD＝90°，∠BAE＝∠DAE＝60° を満たし，△CFG の重心を I とする。□ にあてはまる数を答えよ。

ただし，$\overrightarrow{AB}=\vec{b}$，$\overrightarrow{AD}=\vec{d}$，$\overrightarrow{AE}=\vec{e}$ とする。

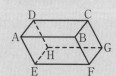

(1) $\overrightarrow{AI}=\vec{b}+\dfrac{\boxed{ア}}{\boxed{イ}}\vec{d}+\dfrac{\boxed{ウ}}{\boxed{エ}}\vec{e}$ である。

(2) 直線 AI と平面 BDE の交点を J とすると，

$\overrightarrow{AJ}=\dfrac{\boxed{オ}}{\boxed{カ}}\vec{b}+\dfrac{\boxed{キ}}{\boxed{ク}}\vec{d}+\dfrac{\boxed{ケ}}{\boxed{コ}}\vec{e}$ である。

(3) (2)のとき，線分 AJ の長さは，$AJ=\dfrac{\sqrt{\boxed{サシス}}}{\boxed{セ}}$ である。

じゃあ，(1)を求めてみよう。

空間ベクトルだから，3つのベクトルを用意するんだけど，今回は $\overrightarrow{AB}=\vec{b}$，$\overrightarrow{AD}=\vec{d}$，$\overrightarrow{AE}=\vec{e}$ とおいてあるね。だから，点Aを基準として考えるんだ。

さらに，CはAから，$\vec{b}+\vec{d}$ のところなので，位置ベクトルは $\vec{b}+\vec{d}$ になるね。他の点も同様に求めればいいよ。

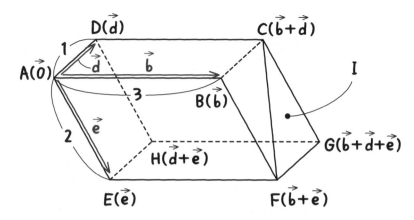

数C
1章

「FはAから$\vec{b}+\vec{e}$のところなので，位置ベクトルは$\vec{b}+\vec{e}$ですね。Hは$\vec{d}+\vec{e}$，Gは$\vec{b}+\vec{d}+\vec{e}$ですね。」

そうだね。じゃあ，ハルトくん，△CFGの重心Iの位置ベクトルは？

「重心ということは……。」

1-12 の 8 Point の後でやったよ。

「あ。思い出しました。

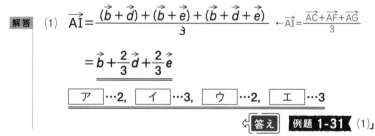

そう。正解。さて，(2)だが，まず，Jの位置ベクトルを求めるんだけど，その前に，平面ABC上に点Pがあるとき，点Pがどのように表せるかを説明しよう。

　例えば，空間に２つの点A，Bが浮かんで
いて，その２つの点を通る直線があるとする。
点Pが２点$A(\vec{a})$，$B(\vec{b})$ と同じ直線上にある
ならば

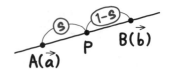

$$\overrightarrow{OP}=(1-s)\vec{a}+s\vec{b}$$

と表されるのは，もう大丈夫だよね。

　点が３つになっても同じように考えればい
い。空間に３つの点A，B，Cが浮かんでいる
とする。点Pが３点$A(\vec{a})$，$B(\vec{b})$，$C(\vec{c})$ と同
じ平面上にあるなら，

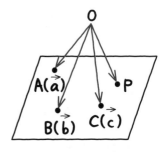

$$\overrightarrow{OP}=s\vec{a}+t\vec{b}+(1-s-t)\vec{c}$$

と表せるんだ。このときも

$$s+t+(1-s-t)=1$$

だよ。これが１にならなければ，点Pは平面ABC上にないよ。

Point 17　点が平面上にある条件

$A(\vec{a})$，$B(\vec{b})$，$C(\vec{c})$ で，点Pが平面ABC上にあるならば
$$\overrightarrow{OP}=s\vec{a}+t\vec{b}+(1-s-t)\vec{c}\quad (s,\ t は実数)$$

この鉄則を覚えておこう。

　じゃあ，問題に戻るよ。Jの位置ベクトルだ。まず，Jは直線AI上にあるので

$$\overrightarrow{AJ}=(1-s)\vec{0}+s\left(\vec{b}+\frac{2}{3}\vec{d}+\frac{2}{3}\vec{e}\right)$$

$$=s\vec{b}+\frac{2}{3}s\vec{d}+\frac{2}{3}s\vec{e}\quad \cdots\cdots①$$

となるよね。さらに，Jは平面BDE上にあるので……あっ，でもsはもう使っ
ちゃったから，tとuを使って

$$\overrightarrow{AJ}=t\vec{b}+u\vec{d}+(1-t-u)\vec{e}\quad\cdots\cdots ②$$

とおける。

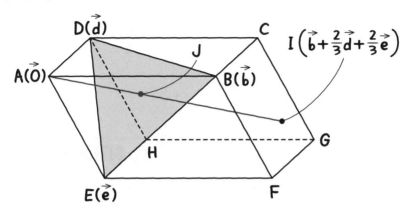

「それで，①と②の係数を比較して，連立方程式を解けばいいんですね。」

そうなんだ。じゃあ，ミサキさん，やってみて。

「**解答** (2)　点Jは直線AI上にあるので

$$\overrightarrow{AJ}=(1-s)\vec{0}+s\left(\vec{b}+\frac{2}{3}\vec{d}+\frac{2}{3}\vec{c}\right)$$

$$=s\vec{b}+\frac{2}{3}s\vec{d}+\frac{2}{3}s\vec{e}\quad\cdots\cdots①$$

さらに，点Jは平面BDE上にあるので

$$\overrightarrow{AJ}=t\vec{b}+u\vec{d}+(1-t-u)\vec{e}\quad\cdots\cdots②$$

①，②で，$\vec{b}$，$\vec{d}$，$\vec{e}$は$\vec{0}$でなく，互いに平行でないので

$$s=t\quad\cdots\cdots③$$

$$\frac{2}{3}s=u\quad\cdots\cdots④$$

$$\frac{2}{3}s=1-t-u\quad\cdots\cdots⑤$$

③，④を⑤に代入すると

$$\frac{2}{3}s=1-s-\frac{2}{3}s$$

$$\frac{7}{3}s = 1$$

$$s = \frac{3}{7}$$

③, ④に代入すると, $t = \frac{3}{7}$, $u = \frac{2}{7}$

①より, $\overrightarrow{AJ} = \dfrac{3}{7}\vec{b} + \dfrac{2}{7}\vec{d} + \dfrac{2}{7}\vec{e}$

| オ …3, | カ …7, | キ …2, | ク …7, |

| ケ …2, | コ …7 | ◁答え | 例題 1-31 (2)」|

　そう。正解だ。さて, p.53でも似たような話をしたけど, この②で点Jが, 3点D, E, Bと同じ平面上にあるとき,

『$\overrightarrow{EJ} = t\overrightarrow{EB} + u\overrightarrow{ED}$ (t, u は実数) とする。』というヒントをくれるときもある。やはり, そのまま計算すればいい。

$$\overrightarrow{EJ} = t\overrightarrow{EB} + u\overrightarrow{ED}$$
$$\overrightarrow{AJ} - \overrightarrow{AE} = t(\overrightarrow{AB} - \overrightarrow{AE}) + u(\overrightarrow{AD} - \overrightarrow{AE})$$
$$\overrightarrow{AJ} - \vec{e} = t(\vec{b} - \vec{e}) + u(\vec{d} - \vec{e})$$
$$\overrightarrow{AJ} = t\vec{b} - t\vec{e} + u\vec{d} - u\vec{e} + \vec{e}$$
$$= t\vec{b} + u\vec{d} + (1 - t - u)\vec{e} \quad \cdots\cdots ②$$

となって同じ結果になるよね。

　ちなみに4点が同一平面上にあるための条件を **共面条件** というよ。 1-13 の コツ 5 と同様, 以下の方法を使えば, ②を作らずにラクに解くことができる。

共面条件を使って求める

❶ Pの位置ベクトルが, $l\vec{a}+m\vec{b}+n\vec{c}$ （l, m, nは定数）と表されていて, かつ

❷ Pが3点$A(\vec{a})$, $B(\vec{b})$, $C(\vec{c})$と同じ平面上にあるなら, $l+m+n=1$

解答 (2) 点Jは直線AI上にあるので,

$$\overrightarrow{AJ}=(1-s)\vec{0}+s\left(\vec{b}+\frac{2}{3}\vec{d}+\frac{2}{3}\vec{e}\right)$$

$$=s\vec{b}+\frac{2}{3}s\vec{d}+\frac{2}{3}s\vec{e} \quad \cdots\cdots①$$

さらに, 点Jは平面BDE上にあるので,

$$s+\frac{2}{3}s+\frac{2}{3}s=1$$

$$\frac{7}{3}s=1$$

$$s=\frac{3}{7}$$

①より, $\underline{\overrightarrow{AJ}=\dfrac{3}{7}\vec{b}+\dfrac{2}{7}\vec{d}+\dfrac{2}{7}\vec{e}}$ ◁**答え** **例題 1-31** (2)

じゃあ, 最後の(3)だけど, AJの長さということはベクトルを使っていえば, $|\overrightarrow{AJ}|$ ということだ。

$$|\overrightarrow{AJ}|=\left|\frac{3}{7}\vec{b}+\frac{2}{7}\vec{d}+\frac{2}{7}\vec{e}\right|$$

 「これは, どうやって計算すればいいんですか？」

1-11 で出てきたね。**成分がわかっていなくて $|m\vec{a}+n\vec{b}|$（m, nは実数）が登場したら2乗して展開する**んだった。

数C 1章

「ベクトルが3つでもそうなんですか？」

うん。そうだよ。さて，これはそのまま2乗しても求まるのだが，分数だらけになりそうだから，$\frac{1}{7}$ でくくってから2乗しよう。

$$|\overrightarrow{AJ}| =\frac{1}{7}|3\vec{b}+2\vec{d}+2\vec{e}|$$

$$|\overrightarrow{AJ}|^2=\frac{1}{49}|3\vec{b}+2\vec{d}+2\vec{e}|^2$$

$$=\frac{1}{49}(3\vec{b}+2\vec{d}+2\vec{e})\cdot(3\vec{b}+2\vec{d}+2\vec{e})$$

$$=\frac{1}{49}(9|\vec{b}|^2+4|\vec{d}|^2+4|\vec{e}|^2+12\vec{b}\cdot\vec{d}+8\vec{d}\cdot\vec{e}+12\vec{b}\cdot\vec{e})$$

ここで $|\vec{b}|$ は $\vec{b}$ の大きさ（長さ）のことだけど，問題文にABの長さが3と書いてあるよね。$|\vec{b}|=3$ だ。同様に，$|\vec{d}|=1$，$|\vec{e}|=2$ になる。

「じゃあ，$\vec{b}\cdot\vec{d}$ や $\vec{d}\cdot\vec{e}$ や $\vec{b}\cdot\vec{e}$ はどうなるんですか？」

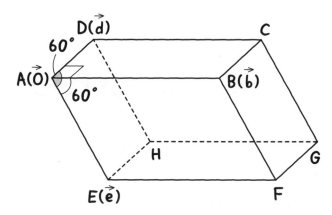

$\vec{b}$ と $\vec{d}$ は垂直とか，$\vec{d}$ と $\vec{e}$ はなす角60°とかいろいろわかっているからね。それを使って求めればいい。

数C 1章

解答 (3) (2)より, $\left|\overrightarrow{AJ}\right| = \left| \dfrac{3}{7}\vec{b} + \dfrac{2}{7}\vec{d} + \dfrac{2}{7}\vec{e} \right|$

$$= \dfrac{1}{7}\left|3\vec{b} + 2\vec{d} + 2\vec{e}\right|$$

$$\left|\overrightarrow{AJ}\right|^2 = \dfrac{1}{49}\left|3\vec{b} + 2\vec{d} + 2\vec{e}\right|^2$$

$$= \dfrac{1}{49}(3\vec{b} + 2\vec{d} + 2\vec{e})\cdot(3\vec{b} + 2\vec{d} + 2\vec{e})$$

$$= \dfrac{1}{49}\left(9|\vec{b}|^2 + 4|\vec{d}|^2 + 4|\vec{e}|^2 + 12\vec{b}\cdot\vec{d} + 8\vec{d}\cdot\vec{e} + 12\vec{b}\cdot\vec{e}\right)$$

ここで, $\vec{b}\cdot\vec{d} = 0$

$\vec{d}\cdot\vec{e} = |\vec{d}||\vec{e}|\cos 60° = 1\times2\times\dfrac{1}{2} = 1$

$\vec{b}\cdot\vec{e} = |\vec{b}||\vec{e}|\cos 60° = 3\times2\times\dfrac{1}{2} = 3$

より

$$\left|\overrightarrow{AJ}\right|^2 = \dfrac{1}{49}(9\times3^2 + 4\times1^2 + 4\times2^2 + 12\times0 + 8\times1 + 12\times3)$$

$$= \dfrac{145}{49}$$

$$\left|\overrightarrow{AJ}\right| = \dfrac{\sqrt{145}}{7}$$

よって, $\mathbf{AJ = \dfrac{\sqrt{145}}{7}}$

サシス …**145**, セ …**7**　　◁ 答え 例題 **1-31** (3)

ベクトルが平面と垂直

空間図形の代表的な問題を解いてみよう。今までの知識が頭に入っていたら解けるよ。

例題 1-32

定期テスト 出題度 ❗❗　　共通テスト 出題度 ❗❗❗

空間における4点の座標を A$(-3, 5, -4)$, B$(1, 2, -5)$, C$(-1, 4, -3)$, D$(5, 2, 17)$ とするとき，次の問いに答えよ。

(1) $\cos\angle BAC$ の値を求めよ。

(2) △ABC の面積を求めよ。

(3) 点 D から3点 A, B, C を含む平面に下ろした垂線の足を P とするとき，P の座標を求めよ。

(4) 四面体 ABCD の体積を求めよ。

1-10 でやったように，$\angle BAC$ ということは，$\overrightarrow{AB}$ と $\overrightarrow{AC}$ のなす角のことだね。じゃあ，ハルトくん，(1)と(2)を解いて。

「**解答**

(1) $\overrightarrow{AB} = (4, -3, -1)$ ← $\overrightarrow{AB}=$(Bの座標)−(Aの座標)

$\overrightarrow{AC} = (2, -1, 1)$ ← $\overrightarrow{AC}=$(Cの座標)−(Aの座標)

$\overrightarrow{AB} \cdot \overrightarrow{AC} = 4 \times 2 + (-3) \times (-1) + (-1) \times 1$

$\qquad\qquad = 10$

$|\overrightarrow{AB}| = \sqrt{4^2 + (-3)^2 + (-1)^2} = \sqrt{26}$

$|\overrightarrow{AC}| = \sqrt{2^2 + (-1)^2 + 1^2} = \sqrt{6}$

$$\cos \angle BAC = \frac{\overrightarrow{AB} \cdot \overrightarrow{AC}}{|\overrightarrow{AB}||\overrightarrow{AC}|}$$

$$= \frac{10}{\sqrt{26} \times \sqrt{6}} = \frac{10}{2\sqrt{39}}$$

$$= \frac{5}{\sqrt{39}} = \frac{5\sqrt{39}}{39}$$

←答え　例題 1-32 (1)

(2)　$\triangle ABC$ の面積 $S = \frac{1}{2}\sqrt{|\overrightarrow{AB}|^2|\overrightarrow{AC}|^2 - (\overrightarrow{AB} \cdot \overrightarrow{AC})^2}$

$$= \frac{1}{2}\sqrt{(\sqrt{26})^2 \times (\sqrt{6})^2 - 10^2}$$

$$= \frac{1}{2}\sqrt{56}$$

$$= \sqrt{14}$$

←答え　例題 1-32 (2)

です。」

いいね。 1-10 の コツ2 でやった面積の公式を使ったんだね。

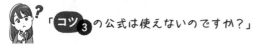

「コツ3 の公式は使えないのですか？」

　残念ながら使えない。空間図形は x, y, z の3つの成分があるからね。さあ，次の(3)がメインの問題だ。座標は気にしなくていいよ。テキトーに点をとって図にしよう。

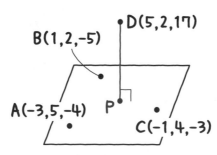

D(5,2,17)

B(1,2,-5)

A(-3,5,-4)　　P

C(-1,4,-3)

じゃあ，解いてみようか。まず， 1-27 で

> A($\vec{a}$)，B($\vec{b}$)，C($\vec{c}$) で，Pが平面ABC上にあるならば，
> Pの位置ベクトルは，$\overrightarrow{OP}=s\vec{a}+t\vec{b}+(1-s-t)\vec{c}$　(s, tは実数)
> とおける。

という公式があったね。ベクトルの成分の計算は空間のときも同じだよ。

$$\overrightarrow{OP}=s(-3,\ 5,\ -4)+t(1,\ 2,\ -5)+(1-s-t)(-1,\ 4,\ -3)$$
$$=(-3s,\ 5s,\ -4s)+(t,\ 2t,\ -5t)$$
$$+(-1+s+t,\ 4-4s-4t,\ -3+3s+3t)$$
$$=(-2s+2t-1,\ s-2t+4,\ -s-2t-3)$$

　よって，P($-2s+2t-1$, $s-2t+4$, $-s-2t-3$)

となるね。さらに，『数学Ⅰ・A編』の **お役立ち話 ⑭** で登場したのを使えば
いい。

　今回，ベクトル$\overrightarrow{DP}$が平面と垂直というこ
とを示すには，平面上にある，平行でなく$\vec{0}$
でない2つのベクトルと垂直ということを示
す必要がある。$\overrightarrow{AB}$と$\overrightarrow{AC}$の両方に垂直という
ことを計算すればいい。

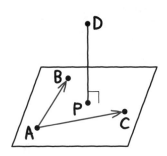

　「例えば，$\overrightarrow{CA}$と$\overrightarrow{BC}$に垂直とかでもいいんですか?」

　うん。それでもできる。でも，(1)で$\overrightarrow{AB}$と$\overrightarrow{AC}$を求めているからね。せっか
くなのでこれを使いたいし。

　「あっ，はい。そうか……。」

　さて，$\overrightarrow{DP}$が$\overrightarrow{AB}$，$\overrightarrow{AC}$の両方に垂直ということは……何をすればいいのかわ
かるんじゃないかな?

「内積が0ですよね。」

そうだね。

解答 (3) 点Pは平面ABC上にあるので

$$\overrightarrow{\mathrm{OP}}=s(-3,\ 5,\ -4)+t(1,\ 2,\ -5)+(1-s-t)(-1,\ 4,\ -3)$$

$$=(-3s,\ 5s,\ -4s)+(t,\ 2t,\ -5t)$$
$$+(-1+s+t,\ 4-4s-4t,\ -3+3s+3t)$$

$$=(-2s+2t-1,\ s-2t+4,\ -s-2t-3)$$

よって，P$(-2s+2t-1,\ s-2t+4,\ -s-2t-3)$ ……①

とおけて

$$\overrightarrow{\mathrm{DP}}=(-2s+2t-1-5,\ s-2t+4-2,\ -s-2t-3-17)$$

$\llcorner$ $\overrightarrow{\mathrm{DP}}=\overrightarrow{\mathrm{OP}}-\overrightarrow{\mathrm{OD}}$

$$=(-2s+2t-6,\ s-2t+2,\ -s-2t-20)$$

で，$\overrightarrow{\mathrm{AB}}=(4,\ -3,\ -1)$ だから

$$\overrightarrow{\mathrm{DP}}\cdot\overrightarrow{\mathrm{AB}}=4(-2s+2t-6)-3(s-2t+2)-(-s-2t-20)$$

$$=-8s+8t-24-3s+6t-6+s+2t+20$$

$$=-10s+16t-10$$

$\overrightarrow{\mathrm{DP}}\perp\overrightarrow{\mathrm{AB}}$ より，$\overrightarrow{\mathrm{DP}}\cdot\overrightarrow{\mathrm{AB}}=0$ だから

$$-10s+16t-10=0$$

$$-10s+16t=10$$

$$-5s+8t=5\ ……②$$

$\overrightarrow{\mathrm{AC}}=(2,\ -1,\ 1)$ だから

$$\overrightarrow{\mathrm{DP}}\cdot\overrightarrow{\mathrm{AC}}=2(-2s+2t-6)-(s-2t+2)+(-s-2t-20)$$

$$=-4s+4t-12-s+2t-2-s-2t-20$$

$$=-6s+4t-34$$

$\overrightarrow{\mathrm{DP}}\perp\overrightarrow{\mathrm{AC}}$ より，$\overrightarrow{\mathrm{DP}}\cdot\overrightarrow{\mathrm{AC}}=0$ だから

$$-6s+4t-34=0$$

$$-6s+4t=34$$

$$-3s+2t=17 \quad \cdots\cdots③$$

②−③×4より

$$\begin{array}{r} -5s+8t=5 \\ -)-12s+8t=68 \\ \hline 7s=-63 \\ s=-9 \end{array}$$

②に代入すると

$$t=-5$$

①より　**P(7, 5, 16)**　⇦ 答え　**例題 1-32** (3)

さて，(4)だが，体積の求めかたは，中学校でやったね。

「**四面体ということは，三角すいだから，**

底面積×高さ×$\frac{1}{3}$ ですね。」

うん。△ABCを底面と考えれば，底面積は(2)で
求めたし，"高さ"はDPの長さ。つまり，$|\overrightarrow{DP}|$ だ
ね。

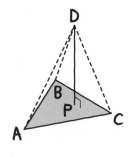

解答　(4)　$\overrightarrow{DP}=(2, 3, -1)$ で，←$\overrightarrow{DP}=(7-5, 5-2, 16-17)$

$|\overrightarrow{DP}|=\sqrt{2^2+3^2+(-1)^2}=\sqrt{14}$ より，

四面体ABCDの体積$V=\sqrt{14}\times\sqrt{14}\times\dfrac{1}{3}$ ←(2)より，△ABC=$\sqrt{14}$

$$=\frac{14}{3}$$　⇦ 答え　**例題 1-32** (4)

になるよ。

1-29 空間内の直線

空中に針金や糸が張られている状態をイメージしよう。

例題 1-33

定期テスト 出題度 !! 　　共通テスト 出題度 !!

点 A$(-6,\ 2,\ 9)$ を通り，方向ベクトルが $\vec{u} = (3,\ 1,\ -4)$ の直線の方程式を媒介変数を使わない形で答えよ。

1-17 で登場した，

❺ 『点A$(\vec{a})$を通り，方向ベクトルが$\vec{u}$の直線』$\vec{p} = \vec{a} + t\vec{u}$　（tは変数）

というベクトル方程式から求められるんだ。次のようにまとめられるよ。

Point 18　空間における直線の方程式

点 $(x_1,\ y_1,\ z_1)$ を通り，
$\vec{u} = (a,\ b,\ c)$ に平行な直線の方程式は

$$(x,\ y,\ z) = (x_1 + at,\ y_1 + bt,\ z_1 + ct)$$

または

$$\begin{cases} x = x_1 + at \\ y = y_1 + bt \quad \text{（媒介変数表示）} \\ z = z_1 + ct \end{cases}$$

または

$$\frac{x - x_1}{a} = \frac{y - y_1}{b} = \frac{z - z_1}{c}$$

（ただし，$a \neq 0,\ b \neq 0,\ c \neq 0$）

では，問題を解いていこう。

直線は

$$(x, \ y, \ z) = (-6, \ 2, \ 9) + t(3, \ 1, \ -4)$$
$$= (-6, \ 2, \ 9) + (3t, \ t, \ -4t)$$

だから，

$$(x, \ y, \ z) = (-6+3t, \ 2+t, \ 9-4t)$$

と表され，媒介変数表示は次のようになる。

$$\begin{cases} x = -6+3t \\ y = 2+t \qquad (t は変数) \\ z = 9-4t \end{cases}$$

これらの式から t を消去すると，直線の方程式ができるね。

解答 $\dfrac{x+6}{3} = y-2 = -\dfrac{z-9}{4}$ ◁答え　例題 1-33

1-18 の ⑩ のように変形する方法で解いたけど，実際はいきなり1番下の形で答えればいいよ。ちなみに空間図形では，「媒介変数を使って」「媒介変数を使わないで」という指示がなければどの形で答えても正解になるよ。

例題 1-34　　定期テスト 出題度 ❗❗　　共通テスト 出題度 ❗❗

　　2点 A$(-1, \ 4, \ -2)$，B$(7, \ 4, \ -5)$ を通る直線の方程式を媒介変数を使わない形で答えよ。

「❹　『2点A$(\vec{a})$，B$(\vec{b})$ を通る直線』のベクトル方程式は，
$$\vec{p} = (1-t)\vec{a} + t\vec{b} \quad (t は変数)$$
を使ったら，求められますね。」

うん。でも，せっかくなので，ここは公式で求めよう。方向ベクトルが書いていないように見えるけど，$\overrightarrow{AB}$ が方向ベクトルになるよ。

数C 1章

「あっ，そうか。たしかに，直線ABに平行だ。

方向ベクトルが，$\overrightarrow{AB}=(8,\ 0,\ -3)$ で，

点A$(-1,\ 4,\ -2)$ を通るので

$$\begin{cases} x=-1+8t \\ y=4 \qquad (t\text{は変数}) \\ z=-2-3t \end{cases}$$

あれっ？　でも，分数の形だと

$$\frac{x+1}{8}=\frac{y-4}{0}=-\frac{z+2}{3}$$

になって，分母が0は変だな……どう答えるんだろう？」

今回のように**方向ベクトルのy成分が0なら，yだけ独立させて，**

解答　$\dfrac{x+1}{8}=-\dfrac{z+2}{3},\ y=4$　答え　例題 1-34

というふうに答えるよ。1-18 の最後でも触れたけど，tによってx，zは変わるけどyは4のままだからね。また，方向ベクトルが$\overrightarrow{AB}=(8,\ 0,\ -3)$ だからy成分が増えないと考えてもよい。

「方向ベクトルの成分の1つが0なら，答えかたが違うんですね。あっ，

それから，今，気がついたんですが，通る点をBと考えると

解答　方向ベクトルが，$\overrightarrow{AB}=(8,\ 0,\ -3)$ で，

点B$(7,\ 4,\ -5)$ を通るので

$$\begin{cases} x=7+8t \\ y=4 \qquad (t\text{は変数}) \\ z=-5-3t \end{cases}$$

$$\frac{x-7}{8}=-\frac{z+5}{3},\ y=4$$　答え　例題 1-34

という答えも出てきますが，いいんですか？」

うん。いいよ。$\dfrac{x-7}{8} = -\dfrac{z+5}{3}$ の両辺に1を足せば $\dfrac{x+1}{8} = -\dfrac{z+2}{3}$ だからね。同じ式だよ。

例題 1-35

定期テスト 出題度 ❗❗　　共通テスト 出題度 ❗❗

点 $A(7, 4, -2)$ を通り，x 軸に平行な直線の方程式を求めよ。

「これも，方向ベクトルが書いていないな……。」

図で考えてみるといい。例えば，
$\vec{u}=(1, 0, 0)$ のベクトルは x 軸に平行だよね。
これが方向ベクトルといえるね。

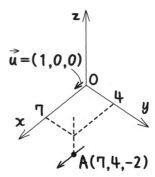

1-20 でもいった通り，$(2, 0, 0)$ でも，
$(3, 0, 0)$ でも，$(-1, 0, 0)$ でもいいのだが，普通は，いちばん簡単なものを使うよね。さて，今回のように方向ベクトルの成分の2つが0の場合は，さらに答えかたが違う。

方向ベクトルの y 成分0，z 成分0なら，y，z は変化しないということで

解答　$\underline{y=4, \ z=-2}$　⇐答え　例題 1-35

とだけ答えるんだ。覚えておこうね。

数C 1 章

例題 1-36

定期テスト 出題度 ❗❗　　共通テスト 出題度 ❗❗

2直線 $\ell_1 : \dfrac{x-5}{2} = \dfrac{-y-8}{2} = -z$, $\ell_2 : x=6$, $\dfrac{y+5}{4} = \dfrac{-z+9}{3}$ について，次の問いに答えよ。

(1) 2直線がねじれの位置にあることを示せ。

(2) 2直線のなす角を θ $\left(\text{ただし，} 0 \leq \theta \leq \dfrac{\pi}{2}\right)$ とするとき，$\cos\theta$ の値を求めよ。

(3) 2直線の距離を求めよ。

(1)は，中学校で習ったし，『数学Ⅰ・A編』の **0-23** でも登場したね。**空間内の2直線の位置関係は「平行」，「交わる」，「ねじれの位置にある」のどれかだ。** だから，他の2つでないことを示せばいい。

"平行でない"は，まず ℓ_1，ℓ_2 の方向ベクトルをそれぞれ $\overrightarrow{\ell_1}$，$\overrightarrow{\ell_2}$ とし，これが平行でないことをいおう。

「一方が他方の定数倍になっていないということですね。」

うん。 **例題 1-6** でやった考え方を使うんだ。

「"交わらない"は，どうやって示せばいいのですか？」

まず，**2直線 ℓ_1，ℓ_2 上にそれぞれ動く点P，Qをとろう。**

「どうやってとるのですか？」

直線の式そのものと，直線上の動点は同じ形なんだ。 ℓ_1，ℓ_2 の x，y，z の係数を全部1にすると，

$\ell_1 : \dfrac{x-5}{2} = \dfrac{y+8}{-2} = \dfrac{z}{-1}$ だから

点 $(5, -8, 0)$ を通り方向ベクトル $\overrightarrow{\ell_1} = (2, -2, -1)$，

$\ell_2 : x=6,\ \dfrac{y+5}{4}=\dfrac{z-9}{-3}$ だから

点 $(6,\ -5,\ 9)$ を通り方向ベクトル $\vec{\ell_2}=(0,\ 4,\ -3)$ より，それぞれ

$P(2s+5,\ -2s-8,\ -s)$，$Q(6,\ 4t-5,\ -3t+9)$ ととれる。

　ちなみに，直線の式を $\dfrac{x-5}{2}=\dfrac{-y-8}{2}=-z=s,\ \dfrac{y+5}{4}=\dfrac{-z+9}{3}=t$ とお

いて，$x=\sim,\ y=\sim,\ z=\sim$ に変形する人もいる。それでもいいよ。

　さて，交点というのは，両方の直線上にある点ということだよね。だから，P,

Q が同じ点になるとして計算してみるといい。 **1-26** の最後で説明したとお

りにやれば，**解がない。同じ点にならない。だから，交わることはない**

とわかるよ。

「**2直線は交わっていないなら，(2)のなす角はないということになり，**

　変じゃないですか？」

いや。変じゃないよ。 **ねじれの位置にあ**

るときは，一方を平行移動させて，2直線

が交わるようにするんだ。そのときのなす

角を"なす角"というんだよ。

ずらす

この角になる

「**えっ？？　知らなかった……。**」

　これは **1-20** で習った方法で解ける。

　そして，(3)だが，"距離" というのは "最短距離" のことだよ。**2直線 ℓ_1,**

ℓ_2 上にそれぞれ点P，Q を取ったとき，PQ の長さが最も短くなる場合

を考えればいい。

「**P，Q は，(1)で既にとっていますね。じゃあ，2点間の距離を求める**

　と……。」

あっ，そのやりかただと，とても大変な計算になるから，やめたほうがいい。

例えば，"点と直線の距離"は，点から直線に下ろした垂線の長さだよね。

"2直線の距離"は，2直線両方に直交する線分を考え，その長さを求めればいいよ。

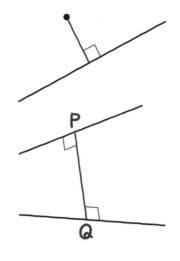

解答　(1)　2直線 ℓ_1，ℓ_2 の方向ベクトルをそれぞれ

$\vec{\ell_1}=(2,\ -2,\ -1)$，

$\vec{\ell_2}=(0,\ 4,\ -3)$ とすると，

$\vec{\ell_1} \neq k\vec{\ell_2}$（$k$ は定数）より，平行でない。

また，2直線 ℓ_1，ℓ_2 上にそれぞれ

P$(2s+5,\ -2s-8,\ -s)$，Q$(6,\ 4t-5,\ -3t+9)$ をとると，同じ点になるなら，

$2s+5=6$　より，

　$s=\dfrac{1}{2}$　　　……①

$-2s-8=4t-5$　より，

　$-2s-4t=3$　……②

$-s=-3t+9$　より，

　$-s+3t=9$　……③

①を②に代入すると，

　$-1-4t=3$

　　$-4t=4$

　　　$t=-1$

$s=\dfrac{1}{2}$，$t=-1$ を③に代入すると成り立たないので，解なし。

P，Q が同じ点になることはないので，交わらない。

したがって，2直線 ℓ_1，ℓ_2 はねじれの位置にある。　例題 1-36 (1)

(2)　$\vec{\ell_1}=(2,\ -2,\ -1)$，$\vec{\ell_2}=(0,\ 4,\ -3)$

$\vec{\ell_1}\cdot\vec{\ell_2}=2\times0+(-2)\times4+(-1)\times(-3)$

$=-5$

$|\vec{\ell_1}|=\sqrt{2^2+(-2)^2+(-1)^2}$

$=3$

$|\vec{\ell_2}|=\sqrt{0^2+4^2+(-3)^2}$

$=5$

$\vec{\ell_1}$，$\vec{\ell_2}$ のなす角を $\alpha\ (0\leqq\alpha\leqq\pi)$ とすると

$\cos\alpha=\dfrac{\vec{\ell_1}\cdot\vec{\ell_2}}{|\vec{\ell_1}||\vec{\ell_2}|}=\dfrac{-5}{3\times5}=-\dfrac{1}{3}$

α は鈍角より，$\theta=\pi-\alpha$ だから

$\cos\theta=\cos(\pi-\alpha)$

$=-\cos\alpha$

$=\dfrac{1}{3}$　⇐答え　例題 1-36 (2)

(3)　(1)と同様に，P$(2s+5,\ -2s-8,\ -s)$，

Q$(6,\ 4t-5,\ -3t+9)$ とすると

$\overrightarrow{PQ}=(-2s+1,\ 2s+4t+3,\ s-3t+9)$ で，

$\overrightarrow{PQ}\perp\vec{\ell_1}$，かつ $\overrightarrow{PQ}\perp\vec{\ell_2}$ になるときを考えればよい。

$\overrightarrow{PQ}\cdot\vec{\ell_1}$

$=(-2s+1)\times2+(2s+4t+3)\times(-2)+(s-3t+9)\times(-1)$

$=-4s+2-4s-8t-6-s+3t-9$

$=-9s-5t-13=0$ より，

$-9s-5t=13$　……④

$\overrightarrow{PQ}\cdot\vec{\ell_2}$

$=(-2s+1)\times0+(2s+4t+3)\times4+(s-3t+9)\times(-3)$

$=8s+16t+12-3s+9t-27$

$$=5s+25t-15=0 \text{ より,}$$

$$s+5t=3 \quad \cdots\cdots\text{⑤}$$

④+⑤より

$$-8s=16$$

$$s=-2$$

⑤に代入すると,

$$-2+5t=3$$

$$t=1$$

$$\overrightarrow{PQ}=(5, \ 3, \ 4)$$

よって，求める2直線の距離は，

$$|\overrightarrow{PQ}|=\sqrt{5^2+3^2+4^2}$$

$$=\underline{5\sqrt{2}} \quad \Leftarrow\boxed{答え} \quad \blacktriangleright\text{例題 }1\text{-}36 \blacktriangleleft \ (3)$$

平面の方程式

子どものころに絵本で魔法のじゅうたんの話を読んだことがあるかな。平面は，空中に浮いているじゅうたんをイメージするといいよ。

例題 1-37　　定期テスト 出題度 ❗❗　　共通テスト 出題度 ❗❗

　点 A$(6, -7, 4)$ を通り，法線ベクトルが $\vec{n} = (2, 5, -1)$ の平面について，次の問いに答えよ。

(1)　平面の方程式を求めよ。

(2)　点 B$(-10, 4, -3)$ から平面に下ろした垂線の足 H の座標を求めよ。

(3)　点 B と平面の距離を求めよ。

1-18 で，通る点と法線ベクトルから直線を求めるという公式があった。それと似たもので次のような公式があるよ。

Point 19　平面の方程式

点 (x_1, y_1, z_1) を通り，$\vec{n} = (a, b, c)$ に垂直な平面の方程式は

$$a(x - x_1) + b(y - y_1) + c(z - z_1) = 0$$

「これも，成分が2つから3つになっただけで，変わらないな。」

成立する理由を説明しておくと，平面上の任意の点をP$(\vec{p})$とすると

$$\vec{AP}=\vec{p}-\vec{a}$$

$\vec{AP}\perp\vec{n}$より，$\vec{n}\cdot(\vec{p}-\vec{a})=0$であるから，$\vec{p}=(x,\ y,\ z)$とすると，
$\vec{p}-\vec{a}=(x-x_1,\ y-y_1,\ z-z_1)$より

$$a(x-x_1)+b(y-y_1)+c(z-z_1)=0$$

だからだ。でも，覚えて使えばいいよ。ミサキさん，やってみよう。

「**解答**　(1)　$2(x-6)+5(y+7)-(z-4)=0$

$$2x-12+5y+35-z+4=0$$

$$\underline{2x+5y-z+27=0}$$　⇐ **答え**　**例題 1-37** (1)

ですね。」

(2)は　**例題 1-32**　の(3)で，似た問題をやっているよ。

「そのときのように平面上に点をとったりするんですか？」

いや，平面の式がわかっているときはもっと簡単なんだ。Hは平面と垂線
BHの交点だよね。

「あっ？　連立？」

そうだね。まず，平面の方程式は(1)で
求めた。
　一方，垂線BHの式も求められるよ。
平面と垂線は垂直だから，
"平面の法線ベクトル"ということは，
"垂線の方向ベクトル"っていえるよね。

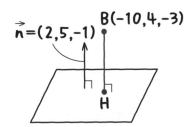

$\vec{n}=(2,5,-1)$　B(-10,4,-3)

「通る点と方向ベクトルがわかっているということは，直線の式も求められますね。**1-29** の ⑱ でやりました！」

そうなんだ。

解答 (2)　平面の方程式は(1)より

$$2x+5y-z+27=0 \quad \cdots\cdots ①$$

直線BHは，B$(-10, 4, -3)$ を通り，方向ベクトルが $\vec{n}=(2, 5, -1)$ より

$$\begin{cases} x=-10+2t & \cdots\cdots ② \\ y=4+5t & \cdots\cdots ③ \\ z=-3-t & \cdots\cdots ④ \end{cases} \quad (t\text{は変数})$$

←点B$(-10, 4, -3)$

← **1-29** ⑱より

②，③，④を①に代入すると

$$2(-10+2t)+5(4+5t)-(-3-t)+27=0$$
$$-20+4t+20+25t+3+t+27=0$$
$$30t=-30$$
$$t=-1$$

②，③，④に代入すると

$$x=-12, \quad y=-1, \quad z=-2$$

$$\underline{\text{H}(-12, -1, -2)} \quad \text{◁ 答え} \quad \text{例題 1-37 } (2)$$

ハルトくん，(3)を解いて。

「**解答** (3)　$BH=\sqrt{(-10+12)^2+(4+1)^2+(-3+2)^2}$
$$=\sqrt{4+25+1}$$
$$=\sqrt{30} \quad \text{◁ 答え} \quad \text{例題 1-37 } (3)$$
です。」

そうだね。 **1-22** で出てきた，"2点間の距離の公式" で解ける。また，次の公式を覚えておくと，もっと便利だ。

Point 20 点と平面の距離

点 $(x_1,\ y_1,\ z_1)$ と

平面 $ax+by+cz+d=0$ の距離は

$$\dfrac{|ax_1+by_1+cz_1+d|}{\sqrt{a^2+b^2+c^2}}$$

距離

「『数学Ⅱ・B編』の 3-9 の"点と直線の距離の公式"に似ています ね。」

そうだね。座標が2つから3つになっただけだもんね。この公式を使えば，垂線の足の座標がわからなくても距離が求められるよ。

解答 $\dfrac{|2\times(-10)+5\times4-1\times(-3)+27|}{\sqrt{2^2+5^2+(-1)^2}}=\dfrac{30}{\sqrt{30}}=\underline{\sqrt{30}}$

答え 例題 1-37 (3)

例題 1-38

定期テスト 出題度 ❶❶❶　共通テスト 出題度 ❶❶❶

2つの平面 $n_1: -x+y+2z-5=0$, $n_2: 2x+y-z+3=0$ のなす角を求めよ。

Point 21 平面の法線ベクトル

平面 $ax+by+cz+d=0$ の法線ベクトルの一つは
$$\vec{n}=(a,\ b,\ c)$$

　　2平面n_1, n_2の法線ベクトルをそれぞれ$\vec{n_1}$, $\vec{n_2}$としようか。成分は㉑を使って求められるね。ちなみに，2平面を横から見ると，97ページの下の2つの図のようになるんだ。図のℓ_1の所がn_1，ℓ_2の所がn_2になっていると思えばいい。

　　「$\vec{n_1}$, $\vec{n_2}$のなす角αを求めて，鋭角なら平面のなす角はα，
　　　鈍角なら$180°-\alpha$ということですね。」

その通り。じゃあ，ハルト君。求めてみて。

　　「解答　2平面n_1, n_2の法線ベクトルをそれぞれ$\vec{n_1}=(-1,\ 1,\ 2)$,
　　　$\vec{n_2}=(2,\ 1,\ -1)$とし，そのなす角をαとすると，

$$\vec{n_1} \cdot \vec{n_2} = (-1) \times 2 + 1 \times 1 + 2 \times (-1)$$
$$= -3$$
$$|\vec{n_1}| = \sqrt{(-1)^2 + 1^2 + 2^2} = \sqrt{6}$$
$$|\vec{n_2}| = \sqrt{2^2 + 1^2 + (-1)^2} = \sqrt{6}$$
$$\cos\alpha = \frac{\vec{n_1} \cdot \vec{n_2}}{|\vec{n_1}||\vec{n_2}|}$$
$$= \frac{-3}{\sqrt{6} \cdot \sqrt{6}}$$
$$= -\frac{1}{2}$$

$0 \leqq \alpha \leqq \pi$より，

$$\alpha = \frac{2}{3}\pi$$

2平面のなす角は，$\pi - \dfrac{2}{3}\pi = \dfrac{1}{3}\pi$　　　答え　例題 1-38」

1-31 球面の方程式

平面が，空中に浮いているじゅうたんなら，球面は空中に浮いている球形のアドバルーンの表面と考えよう。

例題 1-39

定期テスト 出題度 **!!!**　　共通テスト 出題度 **!**

次の球面の方程式を求めよ。

(1) 中心が $(-3,\ 8,\ 2)$ で xy 平面に接する球面

(2) 2点 A$(5,\ -2,\ 6)$，B$(-7,\ 6,\ 4)$ を直径の両端とする球面

空中に浮かんでいる球面の方程式は，以下のように求められる。

Point 22 球面の方程式

中心 $(a,\ b,\ c)$，半径 r の球面の方程式は
$$(x-a)^2+(y-b)^2+(z-c)^2=r^2$$
特に，中心が原点，半径 r の球面の方程式は
$$x^2+y^2+z^2=r^2$$

ミサキさん，(1)は解ける？

「中心は $(-3,\ 8,\ 2)$ で，半径は……？」

xy 平面の方程式は，$z=0$ だよね。

半径は，中心と平面 $z=0$ との距離だから

例題 1-26 で登場したことを使えばいいよ。

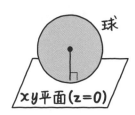

球

xy平面($z=0$)

「あっ，"z座標どうしの差"なので半径は2です。だから

解答　(1)　$\underline{(x+3)^2+(y-8)^2+(z-2)^2=4}$

⟸ 答え　例題 1-39 (1)」

「(2)は，どうやれば……？」

これは『数学Ⅱ・B編』の 3-13 でやった円の方程

式と同じだよ。

中心Cは線分ABの中点だね。

また，**半径は2点A，C間の距離**になるね。

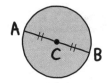

「解答　(2)　中心Cは線分ABの中点より，C$(-1,\ 2,\ 5)$

↑ C$\left(\dfrac{5-7}{2},\ \dfrac{-2+6}{2},\ \dfrac{6+4}{2}\right)$

半径はAC $=\sqrt{(5+1)^2+(-2-2)^2+(6-5)^2}$

$=\sqrt{36+16+1}=\sqrt{53}$

求める球面の方程式は

$\underline{(x+1)^2+(y-2)^2+(z-5)^2=53}$

⟸ 答え　例題 1-39 (2)」

そうだね。

例題 **1-40**　　定期テスト 出題度 ❗❗　　共通テスト 出題度 ❗

　4点 A$(5,\ -1,\ 1)$，B$(7,\ 1,\ -1)$，C$(6,\ 1,\ -4)$，D$(3,\ 0,\ 0)$ を
通る球面の方程式を求めよ。

これも『数学Ⅱ・B編』の **3-13** で円の方程式を求めたときと同じだよ。球面の方程式もバラバラに展開された一般形と中心や半径がわかる標準形の2通りある。

コツ⑪　いろいろな球面の方程式

通る点のみわかっているとき

一般形… $x^2 + y^2 + z^2 + kx + \ell y + mz + n = 0$

それ以外

標準形… $(x-a)^2 + (y-b)^2 + (z-c)^2 = r^2$

今回はもちろん一般形だね。

解答　求める球面の方程式を $x^2+y^2+z^2+kx+\ell y+mz+n=0$ とおくと，

4点A$(5,\ -1,\ 1)$，B$(7,\ 1,\ -1)$，C$(6,\ 1,\ -4)$，D$(3,\ 0,\ 0)$ を通るので，

$25+1+1+5k-\ell+m+n=0$ より　←球面の方程式に点A$(5, -1, 1)$を代入

　$5k-\ell+m+n=-27$　……①

$49+1+1+7k+\ell-m+n=0$ より　←球面の方程式に点B$(7, 1, -1)$を代入

　$7k+\ell-m+n=-51$　……②

$36+1+16+6k+\ell-4m+n=0$ より　←球面の方程式に点C$(6, 1, -4)$を代入

　$6k+\ell-4m+n=-53$　……③

$9+3k+n=0$ より　←球面の方程式に点D$(3, 0, 0)$を代入

　$3k+n=-9$　……④

①＋②より

　$12k+2n=-78$

　　$6k+n=-39$　……⑤

②－③より

　$k+3m=2$　……⑥

⑤－④より

$3k=-30$

$k=-10$　……⑦

⑦を⑥に代入すると

$m=4$

⑦を⑤に代入すると

$n=21$

②より

$\ell=2$

よって，求める球面の方程式は

$$x^2+y^2+z^2-10x+2y+4z+21=0$$ ⇐答え　例題 1-40

「4つの文字が登場する連立方程式って，初めてだな……。」

　この場合も，『数学Ⅰ・A編』の 3-8 と同じようにするんだよ。まず，消しやすい文字から消せばいいね。2回以上登場し，登場回数の少ないものがいい。①から④でk, nは4回登場するが，ℓ, mは3回しか登場しないからね。ℓかmを消すのがいい。でもmを消すには①や②を4倍して③と足したり引いたりしなければならないしね。面倒だ。ℓを消すのがいいね。

　⑤，⑥と，使わなかった$3k+n=-9$　……④で3つの式になり，その後はnの消去だ。

数C 1章

例題 1-41

定期テスト 出題度 **! ! !**　共通テスト 出題度 **!**

　点 A(4, 5, 1) を通り，xy 平面，yz 平面，zx 平面に接する球面の方程式を求めよ。

　これは『数学Ⅱ・B編』の **3-14** でやった円の方程式の求めかたと同じだ。球の半径を r とすると，**3つの平面に接するということは，3つの平面から中心までの距離がすべて r になる** ということだね。しかも，点 A(4, 5, 1) を通るということは，球の中心は x 座標，y 座標，z 座標すべて正の場所にあることになるね。

「ということは，球の中心は
x 軸，y 軸，z 軸の正のほうにそれ
ぞれ r 進んだところだから，(r, r, r)
になるのか。」

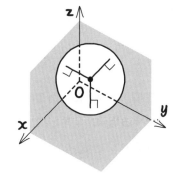

　そうだね。今度は標準形を使って，式を立てればいいね。その式に通る点を代入すれば終わりだ。じゃあ，ミサキさん，解いてみて。

「解答 半径をrとおくと，中心は(r, r, r)とおける。

球面の方程式は

$$(x-r)^2+(y-r)^2+(z-r)^2=r^2$$

これが点A(4, 5, 1)を通るので

$$(4-r)^2+(5-r)^2+(1-r)^2=r^2$$

$$16-8r+r^2+25-10r+r^2+1-2r+r^2=r^2$$

$$2r^2-20r+42=0$$

$$r^2-10r+21=0$$

$$(r-3)(r-7)=0$$

$$r=3, 7$$

よって，球面の方程式は

$$\underline{(x-3)^2+(y-3)^2+(z-3)^2=9}$$

$$\underline{(x-7)^2+(y-7)^2+(z-7)^2=49}$$ ◁ 答え 例題 **1-41**

ですね。」

　正解。ちなみに，例えば点$(-2, 1, 7)$を通りxy平面，yz平面，zx平面に接する場合，半径をrとおくと，球の中心はx座標が負，y座標，z座標が正になるから$(-r, r, r)$とおく。じゃあ，点$(3, -5, -6)$なら？

「$(r, -r, -r)$ですね。」

球面と他の図形との交わり

空間図形の問題は，位置関係を把握するのが難しいよね。何か身近なものを使って，どんな答えになるかを考えよう。

例題 1-42　定期テスト 出題度 ❗❗　共通テスト 出題度 ❗

球面$S：x^2+y^2+z^2-4x+8y-2z-17=0$について，次の問いに答えよ。

(1)　中心と半径を求めよ。

(2)　球面Sと，

直線：$\begin{cases} x=1+2t \\ y=-t \\ z=4+t \end{cases}$　（tは変数）

の交点を求めよ。

(3)　球面Sとzx平面が交わってできる円の，中心と半径を求めよ。

(1)は『数学Ⅱ・Ｂ編』の **3-11** の円の方程式の求めかたと同じだ。平方完成すればいい。

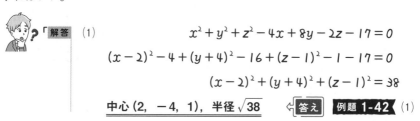

「**解答**　(1)
$$x^2+y^2+z^2-4x+8y-2z-17=0$$
$$(x-2)^2-4+(y+4)^2-16+(z-1)^2-1-17=0$$
$$(x-2)^2+(y+4)^2+(z-1)^2=38$$

<u>中心$(2,\ -4,\ 1)$，半径$\sqrt{38}$</u>　⇐**答え**　**例題 1-42** (1)

でいいんですか？」

そう。正解。(2)は……ミサキさん，わかる？

「交点を求めるのだから, 連立方程式で解けばいいんですよね！

解答　(2)　球面の方程式は, (1)より

$$(x-2)^2 + (y+4)^2 + (z-1)^2 = 38　\cdots\cdots①$$

直線の方程式は

$$\begin{cases} x = 1 + 2t & \cdots\cdots② \\ y = -t & \cdots\cdots③ \\ z = 4 + t & \cdots\cdots④ \end{cases}　(tは変数)$$

②, ③, ④を①に代入すると

$$(2t-1)^2 + (-t+4)^2 + (t+3)^2 = 38$$

$$4t^2 - 4t + 1 + t^2 - 8t + 16 + t^2 + 6t + 9 = 38$$

$$6t^2 - 6t - 12 = 0$$

$$t^2 - t - 2 = 0$$

$$(t+1)(t-2) = 0$$

$$t = -1,\ 2$$

②, ③, ④に代入すると,

交点は **(−1, 1, 3), (5, −2, 6)**

⇐答え　**例題 1-42** (2)

です。交点は2つあるんですね。」

そうだよ。例えば肉だんごに串を刺した図を思い出せばいい。2回交わるよね。

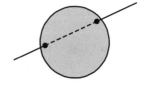

「あっ, そうですね。最後の(3)は……想像するのが難しいですね。」

球面と平面が交わったところは円というのはわかるかな？　スイカを包丁で切ったと考えればいいよ。切り口は円になるよね。

「なるほど。交わるところだから……。これも，連立？」

そうだよ。ハルトくん，解いてみて。

「解答　(3)　球面の方程式は，(1)より

$$(x-2)^2 + (y+4)^2 + (z-1)^2 = 38 \quad \cdots\cdots①$$

zx 平面の方程式は

$$y=0 \quad \cdots\cdots⑤$$

①，⑤より

$$(x-2)^2 + 4^2 + (z-1)^2 = 38$$

$$(x-2)^2 + (z-1)^2 = 22$$

よって，<u>中心 (2, 0, 1)，半径 $\sqrt{22}$</u>

答え　例題 1-42 (3)」

「すごい。アルファベットは y でなく z だけど，ちゃんと円の式の形になってる……。」

答えは合っているよ。ところで，"円の方程式" って何だと思う？

「$(x-2)^2 + (z-1)^2 = 22$ じゃないんですか？」

いや，そうじゃないんだ。

$$(x-2)^2 + (z-1)^2 = 22 \quad かつ \quad y=0$$

だよ。$y=0$ を書き忘れることが多いから注意してね。

　さて，実は，この問題は，式を求めなくても答えが出せるんだ。

まず，球面の中心 (2，-4，1) から，zx 平面つまり $y=0$ にまっすぐ点を落とすと，円の中心になるよね。垂線の足の求めかたは，例題 1-26 でやったよね。

「あっ，(2, 0, 1)です。」

そう。距離は？

「4です。」

そうだね。一方，球面の半径は $\sqrt{38}$ だ。図にすると右のようになる。

円の半径は，三平方の定理より，

$\sqrt{(\sqrt{38})^2 - 4^2} = \sqrt{22}$ になるね。

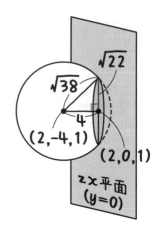

「あっ！　この方法だと，$ax + by + cz + d = 0$の形の平面と球面が交わるときでも，中心や，半径が求められそう！」

そうだね。中心は球の中心から平面に下ろした垂線の足だけど，これは 1-30 で習ったし，Point 29で点と平面の距離の公式も習ったもんね。

複素数平面

　『数学Ⅱ・B編』の 2 章 で，複素数というのを習ったよね。この章では，複素数の表す図形を調べてみようという話をするよ。

「それってグラフみたいなものをかくんですか？」

　うん。実数の場合は xy 平面の座標を使うんだけど，複素数の場合は複素数平面（ガウス平面）という特殊な座標平面みたいなものを使って，表すんだ。

「うーん。また，新しい話が出てきたな……。」

複素数平面（ガウス平面）

数学界ではガウスさんは偉大なんだ。『数学Ⅰ・A編』のお役立ち話 **20** でも出てきたよ。

　複素数平面（ガウス平面）というのは，座標のように複素数を平面上の点として表したものをいうんだ。横軸は**実軸**といい，複素数の実部を表す。また，縦軸は**虚軸**といい，虚部を表すよ。

　例えば，$8-5i$なら，原点から，右に8進んで，下に5進んだ点で表す。

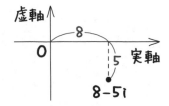

　実数のときは，4なら$4+0\cdot i$，-6なら$-6+0\cdot i$とみなせるから，実軸上にその点をとれるね。
　いいかたを変えると，**実軸上の点は実数を表す**ということになる。

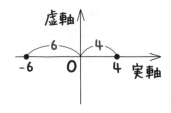

　一方，純虚数のときは，$3i$なら$0+3i$，$-i$なら$0-i$とみなせるから，虚軸上にその点をとれるね。
　いいかたを変えると，**虚軸上の点は純虚数を表す**ということになる。

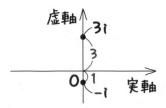

例題 **2-1**

定期テスト 出題度 **!!!** 共通テスト 出題度 **!!!**

複素数平面上において，0，$\alpha = 3 + 2i$，$\beta = 7 + mi$（ただし，m は実数）の表す3点が同一直線上にあるとき，m の値を求めよ。

「α の位置はわかりますね。β の位置はこのあたりで……。あっ，なんか，わかったかも！」

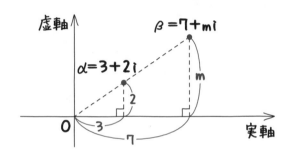

どうやって考えた？

「実部が3：7になっているということは，虚部も同じ比になっているんじゃないのかなぁ？」

そう，それでいいね。

解答 0，α，β の表す3点が同一直線上にあるから

$3 : 7 = 2 : m$

$3m = 14$

$m = \dfrac{14}{3}$ ⇦ 例題 **2-1**

例題 2-2　　定期テスト 出題度 ❗❗❗　　共通テスト 出題度 ❗❗

　複素数 α, β それぞれの表す点 A, B が下の複素数平面上の図の位置にあるとき，次の複素数の表す点を図示せよ。

(1)　$\alpha + \beta$ が表す点 C

(2)　$\alpha - \beta$ が表す点 D

(3)　$-2\alpha + \dfrac{3}{2}\beta$ が表す点 E

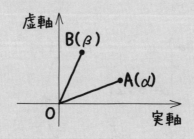

「α, β の複素数がわかっていないんですか？」

　もしわかっていたら，ふつうに $\alpha + \beta$ を求めて点をとればいいね。でも，わかっていなくても，ベクトルの考えかたを使えばできるんだ。$\overrightarrow{OA}$, $\overrightarrow{OB}$ はどのように表せる？

「$\overrightarrow{OA}$ は $\alpha - 0$ だから α だし，$\overrightarrow{OB}$ は β です。」

　そう。正解。ということは，$\alpha + \beta$ を表す点 C は，この2つのベクトル $\overrightarrow{OA}$ と $\overrightarrow{OB}$ を足したベクトルの終点になるんだ。

　$\overrightarrow{OA}$, $\overrightarrow{OB}$ を2辺とする平行四辺形 OACB をかいて，頂点 C を $\alpha + \beta$ の表す点とすればいい。

　答えは次のようになるよ。

解答 (1)

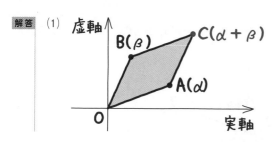

答え 例題 2-2 (1)

「(2)は，α＋（−β）と考えればよさそう。」

「−βは，ベクトルでいえばβの逆ベクトル。つまり，逆向きで同じ長さということね。」

そうだね。−βが表す点をB′とすると，α−βを表す点Dは下の図のようになる。

解答 (2)

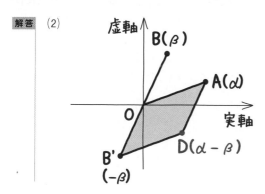

答え 例題 2-2 (2)

数C
2章

(3)は，$-2\alpha+\dfrac{3}{2}\beta$ だから，-2α と $+\dfrac{3}{2}\beta$ を足したもの，つまり，下の図の

点Eということになる。

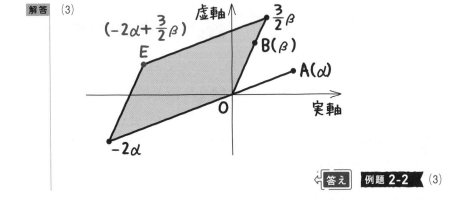

解答 (3)

 「複素数の足し算，引き算，実数倍は，ベクトルと同じようにやれば図

示できるのか！」

2-2 共役な複素数

共役な複素数は『数学Ⅱ・B編』の **2-1** で登場したけど，ここでは，よりくわしく勉強するよ。

$z=x+yi$（x，y は実数）に対して，$x-yi$ を**共役な複素数**というんだ。これは，$\bar{z}$（または，$\overline{x+yi}$）で表す。そして，次の **例題 2-3** で証明することがいえるよ。

例題 2-3

　　定期テスト 出題度 **!! **　　　共通テスト 出題度 **! **

複素数 α，β に対して，次の等式が成り立つことを証明せよ。

(1) $\overline{\alpha}+\overline{\beta}=\overline{\alpha+\beta}$
　　　(2) $\dfrac{\overline{\alpha}}{\overline{\beta}}=\overline{\left(\dfrac{\alpha}{\beta}\right)}$

証明は，とっても簡単だ。$\alpha=a+bi$，$\beta=c+di$（a，b，c，d は実数）とおいてみればいい。$\overline{\alpha}$ や $\overline{\beta}$ はすぐにわかるけど，$\overline{\alpha+\beta}$ はすぐにはわからないね。$\overline{\alpha+\beta}$ は，まず $\alpha+\beta$ を出してから求めるのがいいよ。

解答　(1) $\alpha=a+bi$，$\beta=c+di$（a，b，c，d は実数）

とおくと

$$(左辺)=\overline{\alpha}+\overline{\beta}=\overline{(a+bi)}+\overline{(c+di)}$$
$$=(a-bi)+(c-di)$$
$$=(a+c)-(b+d)i$$
$$\alpha+\beta=(a+bi)+(c+di)$$
$$=(a+c)+(b+d)i$$

より

$$(右辺) = \overline{\alpha} + \overline{\beta} = \overline{\{(a+c) + (b+d)i\}} = (a+c) - (b+d)i$$

よって，$\overline{\alpha + \beta} = \overline{\alpha} + \overline{\beta}$　が成り立つ。　⇐ 答え　例題 2-3 (1)

　同様に，$\overline{\alpha - \beta} = \overline{\alpha} - \overline{\beta}$ や，$\overline{\alpha}\ \overline{\beta} = \overline{\alpha\beta}$ も成り立つよ。証明のやりかたは(1)と同じだから，これは省略するね。

「はい。(2)は(1)と証明のやりかたが違うんですか？」

　基本は同じなんだけど，『数学Ⅱ・B編』の 2-1 で，分母から i をなくすという変形をしたよね。

「分母が $a + bi$ のときは，分母，分子に $a - bi$ を掛けるというやつですか？」

　そう，それ！　その計算を忘れずにやってほしいんだ。ハルトくん，解いてみて。

「解答　(2)　$\alpha = a + bi,\ \beta = c + di$ ($a,\ b,\ c,\ d$ は実数)
とおくと

$$\begin{aligned}
(左辺) &= \overline{\frac{\alpha}{\beta}} = \overline{\frac{(a+bi)}{(c+di)}} \\
&= \frac{a - bi}{c - di} = \frac{(a-bi)(c+di)}{(c-di)(c+di)} \\
&= \frac{ac + adi - bci - bdi^2}{c^2 - d^2 i^2} \quad \leftarrow i^2 = -1 \\
&= \frac{ac + adi - bci + bd}{c^2 + d^2} \\
&= \frac{(ac + bd) + (ad - bc)i}{c^2 + d^2}
\end{aligned}$$

$$\begin{aligned}
\frac{\alpha}{\beta} &= \frac{a + bi}{c + di} \\
&= \frac{(a + bi)(c - di)}{(c + di)(c - di)}
\end{aligned}$$

$$= \frac{ac - adi + bci - bdi^2}{c^2 - d^2i^2}$$

$$= \frac{ac - adi + bci + bd}{c^2 + d^2}$$

$$= \frac{(ac + bd) - (ad - bc)i}{c^2 + d^2}$$

より

$$(右辺) = \overline{\left(\frac{\alpha}{\beta}\right)} = \frac{(ac + bd) + (ad - bc)i}{c^2 + d^2}$$

よって、　$\overline{\dfrac{\alpha}{\beta}} = \overline{\left(\dfrac{\alpha}{\beta}\right)}$　が成り立つ。

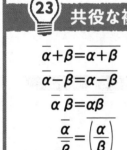

数C **2** 章

答え　例題 **2-3**　(2)」

正解。次の式は公式として覚えておこう。

Point 23　共役な複素数の性質

$$\overline{\alpha} + \overline{\beta} = \overline{\alpha + \beta}$$
$$\overline{\alpha} - \overline{\beta} = \overline{\alpha - \beta}$$
$$\overline{\alpha}\ \overline{\beta} = \overline{\alpha\beta}$$
$$\overline{\frac{\alpha}{\beta}} = \overline{\left(\frac{\alpha}{\beta}\right)}$$

「足し算, 引き算, 掛け算, 割り算すべてで成り立つのか！」

「上についている横棒をまとめたり, 分けたりすることができるということですね。」

例題 **2-4**　　定期テスト 出題度 ❗❗　　共通テスト 出題度 ❗

> 複素数 z の実部，虚部を z，$\bar{z}$ を用いて表せ。

解答　$z=x+yi$（x, y は実数）　……①　とおくと

$\bar{z}=x-yi$　……②

①＋②より

$z+\bar{z}=2x$

$x=\dfrac{z+\bar{z}}{2}$

①－②より

$z-\bar{z}=2yi$

$y=\dfrac{z-\bar{z}}{2i}$

よって，**z の実部は $\dfrac{z+\bar{z}}{2}$，虚部は $\dfrac{z-\bar{z}}{2i}$**　答え　例題 **2-4**

他にも，公式を紹介しておこう。

Point 24　z が実数または純虚数となるための条件

> z が実数　$\Longleftrightarrow$　$z=\bar{z}$
>
> z が純虚数　$\Longleftrightarrow$　$z=-\bar{z}$, $z \neq 0$

　理由は簡単だよ。

$z=x+yi$（x, y は実数）とすると，$\bar{z}=x-yi$ だ。

z が実数なら，$y=0$。つまり，$z=\bar{z}$ になる。

逆に，$z=\bar{z}$なら，$y=0$で，zは実数であるといえるね。

「同じようにして，純虚数のほうも証明できますね。」

　そうだね。さらに，複素数平面上に点をとれば次のことも成り立つよ。覚えておいてね。

Point 25　複素数平面上における対称点

点$\bar{z}$は点zと，実軸に関して対称な位置にある。

点$-z$は点zと，原点に関して対称な位置にある。

点$-\bar{z}$は点zと，虚軸に関して対称な位置にある。

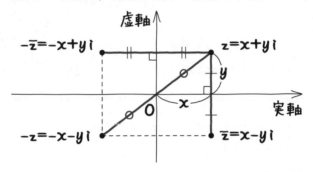

複素数の絶対値

複素数にも絶対値があるよ。

　複素数平面上で，点zと原点Oとの距離を複素数zの**絶対値**といい，$|z|$で表すんだ。

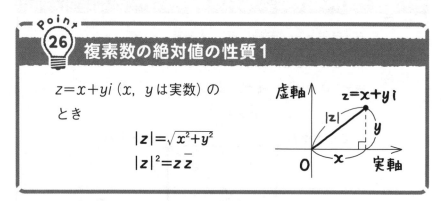

Point

26 **複素数の絶対値の性質1**

$z=x+yi$（x, yは実数）の
とき
$$|z|=\sqrt{x^2+y^2}$$
$$|z|^2=z\bar{z}$$

虚軸　$z=x+yi$

$|z|$　y

O　x　実軸

　ちなみに，$z=x+yi$なら，$\bar{z}=x-yi$になるから
$$z\bar{z}=(x+yi)(x-yi)$$
$$=x^2-y^2i^2$$
$$=x^2+y^2$$
ということで，2つめの式$|z|^2=z\bar{z}$も成り立っているね。

　これはよく使うから，覚えておこう。

数C
2
章

例題 **2-5**　定期テスト 出題度 !! 　共通テスト 出題度 !

　　複素数 α, β に対して，次の等式が成り立つことを証明せよ。

(1) $|\alpha||\beta| = |\alpha\beta|$

(2) $\dfrac{|\alpha|}{|\beta|} = \left|\dfrac{\alpha}{\beta}\right|$

できるかな……？　ミサキさん，証明してみて。

「解答　(1) $\alpha = a + bi$, $\beta = c + di$ (a, b, c, d は実数)

とおくと，$|\alpha| = \sqrt{a^2 + b^2}$, $|\beta| = \sqrt{c^2 + d^2}$ だから

$$(左辺) = |\alpha||\beta|$$
$$= \sqrt{a^2 + b^2} \cdot \sqrt{c^2 + d^2}$$
$$= \sqrt{(a^2 + b^2)(c^2 + d^2)}$$
$$= \sqrt{a^2c^2 + a^2d^2 + b^2c^2 + b^2d^2}$$

また

$$\alpha\beta = (a + bi)(c + di)$$
$$= ac + adi + bci + bdi^2$$
$$= ac + adi + bci - bd$$
$$= (ac - bd) + (ad + bc)i$$

より

$$(右辺) = |\alpha\beta|$$
$$= \sqrt{(ac - bd)^2 + (ad + bc)^2}$$
$$= \sqrt{a^2c^2 - 2abcd + b^2d^2 + a^2d^2 + 2abcd + b^2c^2}$$
$$= \sqrt{a^2c^2 + a^2d^2 + b^2c^2 + b^2d^2}$$

よって，$|\alpha||\beta| = |\alpha\beta|$ が成り立つ。

⇐答え　 例題 **2-5** 　(1)」

　そうだね。 例題 **2-3** でも似たような話をしたけど，いきなり$|\alpha\beta|$を求めるのはたいへんだから，前もって$\alpha\beta$を求めておくんだよ。

　さて，ミサキさんの証明方法でもいいんだけど，けっこう面倒くさい(笑)。そこで，もう少し簡単な方法を紹介するよ。例えば，$|z|$は「原点Oとzの距離」だから，0以上。ということは，両辺とも0以上なので，2乗どうしが等しいことを証明すればいいんだ。

　$|z|^2 = z\bar{z}$　だったよね。

　さらに， **2-2** に出てきた㉓も証明に使うよ。

$$
\begin{array}{|c|}
\hline
\overline{\alpha+\beta}=\overline{\alpha}+\overline{\beta} \\
\overline{\alpha-\beta}=\overline{\alpha}-\overline{\beta} \\
\overline{\alpha}\,\overline{\beta}=\overline{\alpha\beta} \\
\dfrac{\overline{\alpha}}{\overline{\beta}}=\overline{\left(\dfrac{\alpha}{\beta}\right)} \\
\hline
\end{array}
$$

　じゃあ，解いてみるよ。

解答　(1)　(左辺)$^2 = |\alpha|^2|\beta|^2$
　　　　　　　　$= \alpha\,\bar{\alpha}\,\beta\,\bar{\beta}$

　　　　　(右辺)$^2 = |\alpha\beta|^2$
　　　　　　　　$= \alpha\beta\,\overline{(\alpha\beta)}$
　　　　　　　　$= \alpha\beta\,\bar{\alpha}\,\bar{\beta}$　　$\left.\begin{array}{}\\\end{array}\right)\overline{\alpha\beta}=\bar{\alpha}\,\bar{\beta}$
　　　　　　　　$= \alpha\,\bar{\alpha}\,\beta\,\bar{\beta}$

　　　　よって，　$|\alpha||\beta|=|\alpha\beta|$　が成り立つ。　　例題 **2-5** (1)

「わっ，こっちのほうがずっとラクですね！」

複素数の証明を複雑にしないためには，できるだけ$a+bi$の形に変えない

でやる というのが大切なんだ。ハルトくん，(2)の$\dfrac{|\alpha|}{|\beta|}=\left|\dfrac{\alpha}{\beta}\right|$の証明も

$a+bi$にせずにやってみよう。

「解答　(2)　$(左辺)^2=\dfrac{|\alpha|^2}{|\beta|^2}$

$\qquad\qquad\quad=\dfrac{\alpha\,\overline{\alpha}}{\beta\,\overline{\beta}}$

$\qquad(右辺)^2=\left|\dfrac{\alpha}{\beta}\right|^2$

$\qquad\qquad\quad=\dfrac{\alpha}{\beta}\,\overline{\left(\dfrac{\alpha}{\beta}\right)}$

$\qquad\qquad\quad=\dfrac{\alpha}{\beta}\cdot\dfrac{\overline{\alpha}}{\overline{\beta}}\quad\Big)\ \overline{\left(\dfrac{\alpha}{\beta}\right)}=\dfrac{\overline{\alpha}}{\overline{\beta}}$

$\qquad\qquad\quad=\dfrac{\alpha\,\overline{\alpha}}{\beta\,\overline{\beta}}$

よって，$\dfrac{|\alpha|}{|\beta|}=\left|\dfrac{\alpha}{\beta}\right|$　が成り立つ。　**例題 2-5** (2)」

そうだね。正解。**例題 2-5** で証明した式は，公式として覚えておこう。

Point 27 複素数の絶対値の性質2

複素数 α, β に対して

$$|\alpha||\beta|=|\alpha\beta|$$

$$\dfrac{|\alpha|}{|\beta|}=\left|\dfrac{\alpha}{\beta}\right|$$

ちなみに，`絶対値では足し算・引き算は成り立たないからね。`

$$|\alpha|+|\beta|=|\alpha+\beta| \quad , \quad |\alpha|-|\beta|=|\alpha-\beta|$$

注意しよう。

例題 2-6

定期テスト 出題度 ❗❗ 　　共通テスト 出題度 ❗

複素数 α, β に対して，等式

$$|\alpha+\beta|^2+|\alpha-\beta|^2=2(|\alpha|^2+|\beta|^2)$$

が成り立つことを証明せよ。

まず，$|z|^2=z\bar{z}$ の公式を使うと，

$$|\alpha+\beta|^2=(\alpha+\beta)\overline{(\alpha+\beta)}$$

とできる。そして，$\overline{\alpha}+\overline{\beta}=\overline{\alpha+\beta}$ の公式を使うと，次のようになる。

$$(\alpha+\beta)\overline{(\alpha+\beta)}=(\alpha+\beta)(\bar{\alpha}+\bar{\beta})$$

「上についている横棒を分けてもいいんですね……。」

うん，`2-2` の 23 でも登場したよね。そのあとは，ふつうに展開すればいい。$\alpha\bar{\alpha}$ も出てくるけど，これは，$|\alpha|^2$ に直せるよ。

解答
$$\begin{aligned}
|\alpha+\beta|^2 &=(\alpha+\beta)\overline{(\alpha+\beta)} \quad \Big\rangle \overline{\alpha+\beta}=\bar{\alpha}+\bar{\beta}\\
&=(\alpha+\beta)(\bar{\alpha}+\bar{\beta})\\
&=\alpha\bar{\alpha}+\alpha\bar{\beta}+\beta\bar{\alpha}+\beta\bar{\beta}\\
&=|\alpha|^2+\alpha\bar{\beta}+\beta\bar{\alpha}+|\beta|^2
\end{aligned}$$

$$\begin{aligned}
|\alpha-\beta|^2 &=(\alpha-\beta)\overline{(\alpha-\beta)} \quad \Big\rangle \overline{\alpha-\beta}=\bar{\alpha}-\bar{\beta}\\
&=(\alpha-\beta)(\bar{\alpha}-\bar{\beta})\\
&=\alpha\bar{\alpha}-\alpha\bar{\beta}-\beta\bar{\alpha}+\beta\bar{\beta}\\
&=|\alpha|^2-\alpha\bar{\beta}-\beta\bar{\alpha}+|\beta|^2
\end{aligned}$$

よって

$$|\alpha+\beta|^2+|\alpha-\beta|^2=2|\alpha|^2+2|\beta|^2$$
$$=2(|\alpha|^2+|\beta|^2)$$

よって，等式は成り立つ。　**例題 2-6**

じゃあ，絶対値にちなんだ話をもう１つ。$|z|$は『原点Ｏと点zとの距離』だったよね。

さらに，**2-2** の $\stackrel{Point}{25}$ で，

> 点$\bar{z}$は点zと，実軸に関して対称な位置にある。
> 点$-z$は点zと，原点に関して対称な位置にある。
> 点$-\bar{z}$は点zと，虚軸に関して対称な位置にある。

というのを習ったよね。ということは，次の公式も成り立つよ。

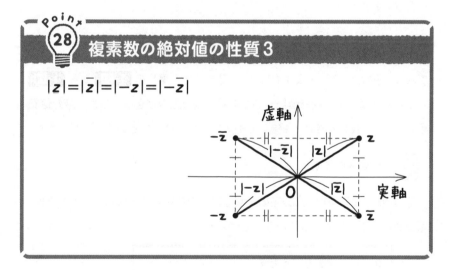

Point 28　複素数の絶対値の性質３

$$|z|=|\bar{z}|=|-z|=|-\bar{z}|$$

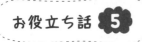

お役立ち話 **5**

「絶対値」で混乱？？

「絶対値って，関数（実数）でも，ベクトルでも，複素数でも登場したし……。なんか，混乱しそう。」

そうだね。それぞれ別のものだと考えたほうがいいよ。じゃあ，ここでふり返っておこう。

まず，**"関数（実数）の絶対値"**。$|x-4|$ とか $|-3x+6|$ みたいなヤツだね。これは，『0との差』を表すもので，『数学Ⅰ・A編』の 1-21 から 1-24 で説明したように，絶対値記号の中の数が0以上のときはそのまま絶対値記号をはずし，負のときは−1倍して絶対値記号をはずすということだったね。

「場合分けですね。」

その通り。以下のように，正の定数と等号や不等号で結ばれているときは，場合分けせずにはずせるというのも学んだね。

---

a を正の定数とするとき

❶ $|f(x)|=a \iff f(x)=-a,\ a$

❷ $|f(x)|<a \iff -a<f(x)<a$

❸ $|f(x)|>a \iff f(x)<-a,\ f(x)>a$

次に，**"ベクトルに絶対値記号がついたもの"** だ。これは，『ベクトルの大きさ(長さ)』を表すもので， **1-3** から **1-11** で出てきた。

$$\vec{a}=(a_1,\ a_2)\ \text{のとき}\ |\vec{a}|=\sqrt{a_1{}^2+a_2{}^2}$$

で計算できる。

$|m\vec{a}+n\vec{b}|$ の形で登場したときがミソだったよね。

成分がわかっているときは，$m\vec{a}+n\vec{b}$ の成分を求めて，上の公式を使えばいいけど，成分がわかっていないときは……。

「2乗して展開する！」

うん。そうだったね。$|\vec{a}|^2=\vec{a}\cdot\vec{a}$ の公式で展開するんだったね。くわしくは **1-11** をやってみよう。

最後に，**"複素数の絶対値"** だけど，これは，次のような関係が成り立つんだったね。

$$\alpha=a+bi\quad(a,\ b\text{は実数})\ \text{のとき}$$
$$|\alpha|=\sqrt{a^2+b^2}$$

これも，$|m\alpha+n\beta|$ の形で登場したときがミソなんだ。

α と β の実部，虚部がわかっているときは，$m\alpha+n\beta$ を求めて，絶対値の公式で求めればいい。実部，虚部がわかっていないときは，$|m\alpha+n\beta|^2$ を展開する。

「あれっ？　成分がわかっていないときのベクトルと同じ？」

うん。でも，展開の公式が違うんだ。$|\alpha|^2=\alpha\overline{\alpha}$ で計算するんだよね。さっきの証明でも出てきたね。

2点間の距離

xy平面では，2点間の距離を求めるときは公式を使って計算し，いちいち図をかかなくてもよかったね。複素数平面でもそうだよ。

ベクトルで，"2点A，B間の距離"ってどうやって表現したっけ？

「ベクトルなら，$|\overrightarrow{AB}|$とか，$|\overrightarrow{BA}|$とか……。」

そうだよね。じゃあ，複素数平面上でA(α)，B(β)とわかっているときの"2点A，B間の距離"は？

「$\overrightarrow{AB}$＝(終点)－(始点)だから，$\beta-\alpha$か！　じゃあ，

$|\overrightarrow{AB}|=|\beta-\alpha|$

でいいのかな。」

うん。その通り。

Point 29　2点間の距離

A(α)，B(β)のとき，2点A，B間の距離は

$$AB=|\beta-\alpha|$$

（または，$|\alpha-\beta|$）

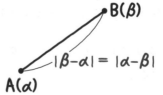

例題 2-7

定期テスト 出題度 **! ! !**　　共通テスト 出題度 **! ! !**

2点 A$(-6-2i)$，B$(1-5i)$ 間の距離を求めよ。

「**解答**　$AB = |(1-5i)-(-6-2i)|$

$= |7-3i|$

$= \sqrt{7^2+(-3)^2}$

$= \sqrt{58}$　⇐ 答え　例題 2-7

でいいのか！　ラクだな（笑）。」

数C **2** 章

内分点，外分点，平行四辺形を求める

xy 平面のときと同じやりかたで，位置ベクトルの内分・外分ができたよね。複素数平面でも変わらないよ。

　複素数平面上にできる線分の内分点，外分点，中点や三角形の重心は， 1-12 や『数学Ⅱ・B編』の 3-2 で学んだ公式と考え方は同じだよ。

コツ 12　内分点，外分点，重心

3点 A(α)，B(β)，C(γ) について，

線分 AB を $m:n$ の比に内分する点を表す複素数は

$$\frac{n\alpha + m\beta}{m+n}$$

線分 AB を $m:n$ の比に外分する点を表す複素数は

$$\frac{-n\alpha + m\beta}{m-n}$$

線分 AB の中点を表す複素数は

$$\frac{\alpha + \beta}{2}$$

△ABC の重心を表す複素数は

$$\frac{\alpha + \beta + \gamma}{3}$$

例題 2-8

定期テスト 出題度 **!!!**　共通テスト 出題度 **!!!**

3点 A$(-3+8i)$，B$(-1+2i)$，C$(5+4i)$ について，次の点を表す複素数を求めよ。

(1) 線分 AB を $3:1$ の比に内分する点

(2) 線分 AC の中点

(3) 四角形 ABCD が平行四辺形になるときの点 D

数C 2章

ハルトくん，解いてみて。

「解答 (1) $\dfrac{1\cdot(-3+8i)+3\cdot(-1+2i)}{3+1}=\dfrac{-3+7i}{2}$

答え 例題 **2-8** (1)

(2) $\dfrac{(-3+8i)+(5+4i)}{2}=\underline{1+6i}$

答え 例題 **2-8** (2)

(3)はどうすればいいんですか？」

過去に2通りのやりかたを勉強しているよ。

まず，『数学Ⅱ・B編』の **3-3** で習ったやりかたとしては，(2)で求めた線分 AC の中点を M とおく。すると，D は右の図のように，線分 BM を $2:1$ の比に外分する点と考えられるということなんだ。

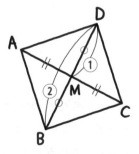

「あっ，そうだった！　思いだした。

(3) $\dfrac{-1\cdot(-1+2i)+2\cdot(1+6i)}{2-1}=\underline{3+10i}$

答え 例題 **2-8** (3)」

うん。他には，**1-6** で学んだ，ベクトルを使う手もある。

まず，求めたい点Dの複素数をzとおく。そして，四角形ABCDが平行四辺形になるということは，$\overrightarrow{BA}=\overrightarrow{CD}$ が成り立つことと同じなんだ。**2-4** で，2点A(α)，B(β) に対して，$\overrightarrow{AB}$ を$\beta-\alpha$としたのと同じように考えるんだ。

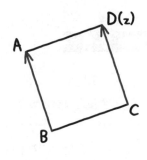

「$\overrightarrow{BA}$にあたるものは，$(-3+8i)-(-1+2i)$，
　$\overrightarrow{CD}$にあたるものは，$z-(5+4i)$ ですね。」

うん。じゃあ，ミサキさん，解ける？　やってみて。

「$\overrightarrow{BA}=\overrightarrow{CD}$より……」

あっ，ちょっと待って。

"ベクトルの考え方"で解くけど，**今は複素数平面の問題だからベクトルの表記を使わないで書くようにしよう。**

「**解答** (3)　$(-3+8i)-(-1+2i)=z-(5+4i)$
　　　　　　　$-2+6i=z-5-4i$
　　　　　　　$z=\underline{\underline{3+10i}}$
　　　　　　　　　　⇐ 答え　**例題 2-8** (3)」

そう，正解。今回は「四角形ABCDが平行四辺形になる」と，点の配置の順番が決まっていたけど，『4点A，B，C，Dを頂点とする平行四辺形』といわれたら，求める点DはA，B，Cどの点の向かいにあるかわからないから，3つ求めるんだったよね。これは，『数学Ⅱ・B編』の **3-3** のときと変わらないよ。

複素数の極形式

極形式は$re^{i\theta}$という表しかたもあり、これは大学の数学で勉強するよ。

複素数$z=a+bi$（a, bは実数）は**極形式**という形で表すこともできるんだ。まず、複素数平面上に複素数$z=a+bi$を表す点Pをとる。そのとき、右の図のように、OP$=r$、実軸の正の部分から反時計回りの角をθとすると、$z=r(\cos\theta+i\sin\theta)$で表せる。

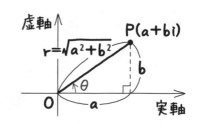

「どうして、そんな式で表せるんですか？」

図を見てごらん。$\cos\theta=\dfrac{a}{r}$, $\sin\theta=\dfrac{b}{r}$だよね。だから$a=r\cos\theta$, $b=r\sin\theta$となるよ。ちなみに、**原点との距離は$r=\sqrt{a^2+b^2}$になるんだけど、これは 2-3 で登場したzの絶対値$|z|$と同じ値**だね。

また、角θをzの**偏角**といい、**arg$z$**と書いて、『アーグメントz』と読むよ。

「複素数って、●＋●iの形に書くんでしょう？

$r(\cos\theta+\underline{\sin\theta i})$のように$i$を後ろに書かなくてもいいんですか？」

うーん……。いい指摘だと思うけど、一応数学のルールとして、極形式のときは、$r(\cos\theta+i\sin\theta)$の形に書くように決まっているんだよね。これは飲み込んでほしいな（笑）。

例題 2-9　定期テスト 出題度 ❶❶❶　共通テスト 出題度 ❶❶❶

$z=-1+i$ を極形式で表し，絶対値，偏角を答えよ。

解答　図のように，複素数平面上に複素数 z の表す点をとる。

原点との距離は

$$r=\sqrt{(-1)^2+1^2}=\sqrt{2}$$

実軸の正の部分から反時計回りに測っ

た角は，$\theta=\dfrac{3}{4}\pi$ だから

極形式　$z=\sqrt{2}\left(\cos\dfrac{3}{4}\pi+i\sin\dfrac{3}{4}\pi\right)$

絶対値　$|z|=\sqrt{2}$　 **例題 2-9**

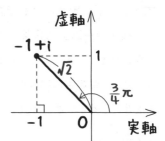

　絶対値 $|z|$ は $r(\cos\theta+i\sin\theta)$ に直したときの"r"の部分のことだったよね。また，偏角 $\arg z$ は"θ"の部分のことだ。

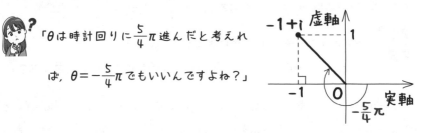

「θ は時計回りに $\dfrac{5}{4}\pi$ 進んだと考えれ

ば，$\theta=-\dfrac{5}{4}\pi$ でもいいんですよね？」

「『$0\leqq\theta<2\pi$』とか指定されているわけじゃないから，いいんじゃないのかなあ……。」

$\sqrt{2}\left\{\cos\left(-\dfrac{5}{4}\pi\right)+i\sin\left(-\dfrac{5}{4}\pi\right)\right\}$ と答えるということだね。うん，かまわないよ。

「1周してから $\dfrac{3}{4}\pi$ 進んだと考えれば,

$$\theta = \dfrac{3}{4}\pi + 2\pi = \dfrac{11}{4}\pi$$

と考えてもいいわけだし。」

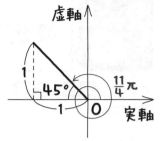

そうだね。$r(\cos\theta + i\sin\theta)$ で表すとき,θ の角度はどれを使ってもいい。だから,一般的に『偏角は？』と聞かれると,

$$\cdots\cdots,\quad -\dfrac{5}{4}\pi,\quad \dfrac{3}{4}\pi,\quad \dfrac{11}{4}\pi,\quad \cdots\cdots$$

これらぜんぶ答えになっちゃうんだよね。2π ごとに答えが無数に出てくる。

そこで,オシリに $+2n\pi$（n は整数）をつけて答えなきゃいけないんだ。一般角ということばで,『数学Ⅱ・B編』の **お役立ち話 9** でも登場したね。

「解答　偏角　$\arg z = \dfrac{3}{4}\pi + 2n\pi$　（n は整数）

ということですか？　"$+2n\pi$（n は整数）"ってつけるの忘れそう。」

そうだね。これは,注意しよう。

共役な複素数の極形式

ここでは，2-8，2-9 とともに，極形式を代表する公式を勉強するよ。ちゃんと覚えておこう。

例題 2-10　　定期テスト 出題度 **! ! !**　　共通テスト 出題度 **! ! !**

複素数 α が，$|\alpha|=7$，$\arg\alpha=\dfrac{2}{5}\pi$ を満たすとき，次の問いに答えよ。ただし，偏角はすべて $-\pi$ 以上 π 未満とする。

(1)　α を極形式で表せ。

(2)　$|\bar{\alpha}|$，$\arg\bar{\alpha}$ を求めよ。

ミサキさん，(1)を解いてみて。

「$|\alpha|$ は α の"絶対値"，$\arg\alpha$ は α の"偏角"ですよね。じゃあ……。

解答　(1)　$\underline{\alpha=7\left(\cos\dfrac{2}{5}\pi+i\sin\dfrac{2}{5}\pi\right)}$　　←**答え**　例題 **2-10** (1)」

うん。その通り。じゃあ，ハルトくん，(2)は？

「$\bar{\alpha}=\overline{7\left(\cos\dfrac{2}{5}\pi+i\sin\dfrac{2}{5}\pi\right)}$

　　$=7\left(\cos\dfrac{2}{5}\pi-i\sin\dfrac{2}{5}\pi\right)$

じゃ，ダメだろうなぁ……きっと。」

そう，ダメ(笑)。

極形式は，$r(\cos\bullet+i\sin\bullet)$（$r\geqq0$）の形をしていなきゃいけない。

今回は $i\sin$ の前の符号が負になってしまっているね。

ハルトくんのやりかたで強引に続けるとしたら，『数学Ⅱ・Ｂ編』の **4-5**
の ㉝ の⑬，⑭で登場した

$$\cos(-\theta)=\cos\theta, \ \sin(-\theta)=-\sin\theta$$

の公式を使えばいいよ。

解答　(2) $\bar{\alpha}=7\left\{\cos\left(-\dfrac{2}{5}\pi\right)+i\sin\left(-\dfrac{2}{5}\pi\right)\right\}$　になる。

$$|\bar{\alpha}|=7, \ \arg\bar{\alpha}=-\dfrac{2}{5}\pi \quad \Leftarrow \boxed{答え}　\blacktriangleright 例題 2\text{-}10 \blacktriangleleft (2)$$

が正解だね。

数C 2章

でも，もっとラクに求められる。例えば，複素数zの絶対値をr，偏角をθとする。そして，**2-2** の ㉕ で，『点$\bar{z}$は点zと，実軸に関して対称な位置にある。』というのを習ったよね。

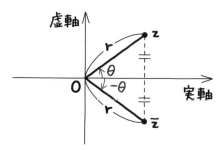

「$z=r(\cos\theta+i\sin\theta)$ なら，
　$\bar{z}=r\{\cos(-\theta)+i\sin(-\theta)\}$
になるということですね。」

$\bar{z}$は，zと比べて，絶対値が等しくて，偏角が-1倍だ。式にすると次のようになる。

$$|\bar{z}|=|z|$$
$$\arg\bar{z}=-\arg z$$

そうすると，極形式に直さなくても，

解答　(2)　$|\overline{\alpha}|=|\alpha|=\underline{\underline{7}}$

$\arg\overline{\alpha}=-\arg\alpha=\underline{\underline{-\dfrac{2}{5}\pi}}$　←**答え**　**例題 2-10** (2)

と解けるんだ。

「$|\overline{z}|=|z|$，$\arg\overline{z}=-\arg z$ は，点 z が実軸より下にある場合も，成り

　立ちますか？」

うん，z の場所に関係なく成り立つよ。

2-8 極形式の積，商

極形式の形のまま掛けたり割ったりできる便利な公式があるんだ。ちなみに，足し算，引き算は無理だよ。ふつうの複素数に直してから，足したり引いたりしよう。

例題 2-11

共通テスト 出題度 **! ! !**　定期テスト 出題度 **! ! !**

2つの複素数 z_1, z_2 が，

$$|z_1| = 6, \quad \arg z_1 = \frac{\pi}{4}, \quad |z_2| = 2, \quad \arg z_2 = \frac{\pi}{6}$$

を満たすとき，次の問いに答えよ。ただし，偏角はすべて0以上 2π 未満とする。

(1) z_1, z_2 を極形式で表せ。

(2) $|z_1 z_2|$, $\arg(z_1 z_2)$ を求めよ。

(3) $\left|\dfrac{z_1}{z_2}\right|$, $\arg \dfrac{z_1}{z_2}$ を求めよ。

ハルトくん，(1)を解いて。

「**解答** (1) $z_1 = 6\left(\cos\dfrac{\pi}{4} + i\sin\dfrac{\pi}{4}\right)$

$z_2 = 2\left(\cos\dfrac{\pi}{6} + i\sin\dfrac{\pi}{6}\right)$

←**答え** 例題 2-11 (1)」

そうだね，正解。そして，極形式どうしを掛けたり，割ったりする公式があるんだ。

積の極形式，商の極形式

$z_1 = r_1(\cos\theta_1 + i\sin\theta_1)$

$z_2 = r_2(\cos\theta_2 + i\sin\theta_2)$

のとき

$$z_1 z_2 = r_1 r_2 \{\cos(\theta_1+\theta_2) + i\sin(\theta_1+\theta_2)\}$$

$$\frac{z_1}{z_2} = \frac{r_1}{r_2}\{\cos(\theta_1-\theta_2) + i\sin(\theta_1-\theta_2)\}$$

　なぜこうしていいかは，**お役立ち話 7** で説明するよ。ミサキさん，とりあえずこの公式を使って(2)，(3)は解ける？

「**解答**　(2)　$z_1 z_2 = 6 \times 2\left\{\cos\left(\dfrac{\pi}{4}+\dfrac{\pi}{6}\right) + i\sin\left(\dfrac{\pi}{4}+\dfrac{\pi}{6}\right)\right\}$

　　　　　　　$= 12\left(\cos\dfrac{5}{12}\pi + i\sin\dfrac{5}{12}\pi\right)$

　　　よって，$|z_1 z_2| = 12$，$\arg(z_1 z_2) = \dfrac{5}{12}\pi$

　　　　　　　　　　　　　　　　　　←答え　**例題 2-11** (2)

　　(3)　$\dfrac{z_1}{z_2} = \dfrac{6}{2}\left\{\cos\left(\dfrac{\pi}{4}-\dfrac{\pi}{6}\right) + i\sin\left(\dfrac{\pi}{4}-\dfrac{\pi}{6}\right)\right\}$

　　　　　　$= 3\left(\cos\dfrac{\pi}{12} + i\sin\dfrac{\pi}{12}\right)$

　　　よって，$\left|\dfrac{z_1}{z_2}\right| = 3$，$\arg\dfrac{z_1}{z_2} = \dfrac{\pi}{12}$

　　　　　　　　　　　　　　　　　　←答え　**例題 2-11** (3)」

　そう。簡単だったかな？　さて，**30** の公式をもう一度振り返ってみると，まず，"掛け算" の場合

$$z_1 = r_1(\cos\theta_1 + i\sin\theta_1)$$

$$z_2 = r_2(\cos\theta_2 + i\sin\theta_2)$$

のとき

$$z_1 z_2 = r_1 r_2 \{\cos(\theta_1 + \theta_2) + i\sin(\theta_1 + \theta_2)\}$$

絶対値どうしは掛けて，偏角どうしは足す

ということなんだ。次のようないいかたもできるよ。

31 積の極形式（絶対値と偏角）

$$|z_1 z_2| = |z_1||z_2|$$
$$\arg(z_1 z_2) = \arg z_1 + \arg z_2$$

一方，"割り算"の場合

$$z_1 = r_1(\cos\theta_1 + i\sin\theta_1)$$

$$z_2 = r_2(\cos\theta_2 + i\sin\theta_2)$$

のとき

$$\frac{z_1}{z_2} = \frac{r_1}{r_2}\{\cos(\theta_1 - \theta_2) + i\sin(\theta_1 - \theta_2)\}$$

絶対値どうしは割って，偏角どうしは引く

ということになる。いいかたを変えると次のようになる。

32 商の極形式（絶対値と偏角）

$$\left|\frac{z_1}{z_2}\right| = \frac{|z_1|}{|z_2|}$$

$$\arg\frac{z_1}{z_2} = \arg z_1 - \arg z_2$$

　よって，例題 **2-10** でやったのと同じく，(1)のように極形式に直さなくて
も，

解答　(2)　$\underline{|z_1z_2|}=|z_1||z_2|=6\times2\underline{\underline{=12}}$

$\underline{\arg(z_1z_2)}=\arg z_1+\arg z_2=\dfrac{\pi}{4}+\dfrac{\pi}{6}\underline{\underline{=\dfrac{5}{12}\pi}}$

⇦答え　例題 **2-11** (2)

(3)　$\left|\dfrac{z_1}{z_2}\right|=\dfrac{|z_1|}{|z_2|}=\dfrac{6}{2}\underline{\underline{=3}}$

$\underline{\arg\dfrac{z_1}{z_2}}=\arg z_1-\arg z_2=\dfrac{\pi}{4}-\dfrac{\pi}{6}\underline{\underline{=\dfrac{\pi}{12}}}$

⇦答え　例題 **2-11** (3)

と解けるんだ。

2-9 回転移動

ある点を回転させた点の座標を求めるのに，ふつうの xy 平面のときは，原点を中心に $180°$ 回転させる場合しかできなかった（『数学Ⅰ・A編』の 3-7 で紹介）。でも，複素数平面ではどんな角の場合でも求められるよ。

数C
2章

　ここでは，複素数平面上の点を回転させる方法を学ぶよ。まずは，次の公式を覚えてね。

Point 33　複素数の回転

　複素数 $a+bi$ は $\cos\theta + i\sin\theta$ を掛けると，原点を中心に θ 回転する。

さらに，次のことも成り立つよ。

コツ 13　複素数の積と回転

　i を掛けると，原点を中心に $\dfrac{\pi}{2}$ だけ回転する。

　-1 を掛けると，原点を中心に π だけ回転する。

　$-i$ を掛けると，原点を中心に $\dfrac{3}{2}\pi\left(-\dfrac{\pi}{2}\right)$ だけ回転する。

　「$\dfrac{\pi}{2}$，π，$\dfrac{3}{2}\pi$ のときは，Point 33 の公式が変わるということですか？」

いや，そういうわけじゃないよ。ぜんぶ，$\cos\theta + i\sin\theta$ でやってもいい。

　「$\dfrac{\pi}{2}$ の回転なら，$\cos\dfrac{\pi}{2} + i\sin\dfrac{\pi}{2}$ を掛けてもいいってことですよね？」

うん，いいよ。でも，$\cos\dfrac{\pi}{2}$は0だし，$\sin\dfrac{\pi}{2}$は1だよね。ということは，$0+i\cdot1$つまり，iを掛けるということになる。だから，はじめから『iを掛ける』で覚えておくほうがラクなんだよね。

「あっ，そうか……。えっ？　じゃあ，πや$\dfrac{3}{2}\pi$も同じ理由ですか？」

そうだよ。ちょっと，問題に挑戦してみよう。

例題 2-12　　（定期テスト 出題度 **❗❗❗**）　（共通テスト 出題度 **❗❗❗**）

複素数平面上の点 $A(-2+4i)$ を，次のように移動したあとの点を表す複素数を求めよ。

(1)　原点を中心に$\dfrac{\pi}{2}$だけ回転し，原点からの距離を3倍にした点

(2)　原点を中心に$\dfrac{\pi}{4}$だけ回転させた点

(3)　原点を中心に$\dfrac{\pi}{12}$だけ回転させた点

(1)だが，まず，**回転の中心から点に向かうベクトルをイメージしてほしいんだ。**

今回は，OからAに向かうベクトルを考える。そうすると，『$\overrightarrow{OA}$はOからAまで座標がいくつ増えるか？』だ。

「Aの座標からOの座標を引けばいいんですね。

$(-2+4i)-0$だから，$-2+4i$です。」

そうだね。それを原点を中心に$\dfrac{\pi}{2}$だけ回転させるわけだから……。

「*i*を掛けるということか。」

そうだね。さらに，原点からの距離を3倍にする。つまり，ベクトルの大き

さ（長さ）を3倍にしたいから，3を掛ければいい。

「3*i*を掛ければいいんですね。」

うん。それが，求める点を表す複素
数ということなんだ。

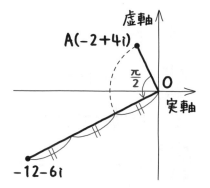

解答 (1) $(-2+4i)\cdot 3i$

$\qquad = -6i + 12i^2$

$\qquad = \underline{-12-6i}$

←**答え**　**例題 2-12** (1)

次に，(2)だ。今度は，$\dfrac{\pi}{4}$ 回転させる。つまり，$\cos\dfrac{\pi}{4}+i\sin\dfrac{\pi}{4}$ を掛けれ

ばいいんだね。ミサキさん，解いてみて。

「**解答** (2) $(-2+4i)\left(\cos\dfrac{\pi}{4}+i\sin\dfrac{\pi}{4}\right)$

$\qquad = (-2+4i)\left(\dfrac{1}{\sqrt{2}}+\dfrac{1}{\sqrt{2}}i\right)$

$\qquad = -\sqrt{2}-\sqrt{2}i+2\sqrt{2}i+2\sqrt{2}i^2$

$\qquad = -\sqrt{2}-\sqrt{2}i+2\sqrt{2}i-2\sqrt{2}$

$\qquad = \underline{-3\sqrt{2}+\sqrt{2}i}$　←**答え**　**例題 2-12** (2)

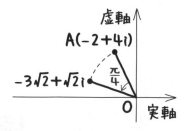

です。」

その通り。

 「例えば，『原点を中心に $\frac{\pi}{4}$ だけ回転し，原点からの距離を3倍にした点』なら，$3\left(\cos\frac{\pi}{4}+i\sin\frac{\pi}{4}\right)$ を掛けるということですか？」

そういうことになるね。

 「(3)も同じようにやればいいんですよね？」

 「$(-2+4i)\left(\cos\frac{\pi}{12}+i\sin\frac{\pi}{12}\right)$

ということか。あれっ？ $\cos\frac{\pi}{12}$，$\sin\frac{\pi}{12}$ って？」

 「$\frac{\pi}{12}$ は 15° だから，cos15° は 45°−30° つまり $\frac{\pi}{4}-\frac{\pi}{6}$ として，加法定理を使えばいいんじゃないの？」

加法定理は『数学Ⅱ・B編』の **4-10** でも登場したね。それでもいいんだけど，(2)で $\frac{\pi}{4}$ だけ回転させたんだよね？ ということは，これをさらに $-\frac{\pi}{6}$ だけ回転させたら，$\frac{\pi}{12}$ だけ回転させたことになるんじゃないの？

 「あっ，それ，いいですね（笑）。」

解答 (3) $(-3\sqrt{2}+\sqrt{2}i)\left\{\cos\left(-\frac{\pi}{6}\right)+i\sin\left(-\frac{\pi}{6}\right)\right\}$

$=(-3\sqrt{2}+\sqrt{2}i)\left(\dfrac{\sqrt{3}}{2}-\dfrac{1}{2}i\right)$

$=-\dfrac{3\sqrt{6}}{2}+\dfrac{3\sqrt{2}}{2}i+\dfrac{\sqrt{6}}{2}i-\dfrac{\sqrt{2}}{2}i^2$

$=-\dfrac{3\sqrt{6}}{2}+\dfrac{3\sqrt{2}}{2}i+\dfrac{\sqrt{6}}{2}i+\dfrac{\sqrt{2}}{2}$

$=\left(-\dfrac{3\sqrt{6}}{2}+\dfrac{\sqrt{2}}{2}\right)+\left(\dfrac{3\sqrt{2}}{2}+\dfrac{\sqrt{6}}{2}\right)i$

◁ 答え (3)

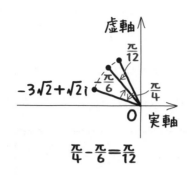

$$\frac{\pi}{4}-\frac{\pi}{6}=\frac{\pi}{12}$$

ちなみに$\sin\frac{\pi}{12}$, $\cos\frac{\pi}{12}$を求めると, それぞれ

$$\sin\left(\frac{\pi}{4}-\frac{\pi}{6}\right)=\sin\frac{\pi}{4}\cos\frac{\pi}{6}-\cos\frac{\pi}{4}\sin\frac{\pi}{6}=\frac{\sqrt{6}}{4}-\frac{\sqrt{2}}{4}$$

$$\cos\left(\frac{\pi}{4}-\frac{\pi}{6}\right)=\cos\frac{\pi}{4}\cos\frac{\pi}{6}+\sin\frac{\pi}{4}\sin\frac{\pi}{6}=\frac{\sqrt{6}}{4}+\frac{\sqrt{2}}{4}$$

これらを使って, $(-2+4i)\left(\cos\frac{\pi}{12}+i\sin\frac{\pi}{12}\right)$を計算してもいいね。

例題 2-13 定期テスト 出題度 !!! 共通テスト 出題度 !!!

$z=r(\cos\theta+i\sin\theta)$ $(r\geqq0)$ のとき, iz を極形式で表せ。

「解答 $iz=r(i\cos\theta+i^2\sin\theta)$

$\quad\quad=r(i\cos\theta-\sin\theta)$

$\quad\quad=r(-\sin\theta+i\cos\theta)$

$\cdots\cdots\cdots\cdots\cdots$

これでいいんですか?」

残念ながらダメなんだ。 2-7 でもいったけど, 極形式は,

$r(\cos\bullet+i\sin\bullet)$ $(r\geqq0)$ の形をしていなきゃいけない。cos, $i\sin$ ともに前

の符号は＋と決まっているからね。

「どうすればいいんですか?」

うーん……。もし, ミサキさんのやりかたでやるとしたら, 『数学Ⅱ・B編』

の **4-5** の ⭐**32** の④, ⑤で登場した公式で, 90°を$\dfrac{\pi}{2}$に変えた

$$\cos\left(\dfrac{\pi}{2}+\theta\right)=-\sin\theta,\ \sin\left(\dfrac{\pi}{2}+\theta\right)=\cos\theta$$

の公式を使えばいいよ。

$$iz=r\left\{\cos\left(\dfrac{\pi}{2}+\theta\right)+i\sin\left(\dfrac{\pi}{2}+\theta\right)\right\}$$

◁ 答え　例題 2-13

と求められる。

「『うーん……。』って, うなったのはどうしてですか?(笑)」

実は, ミサキさんのようにしなくったっ
て, ここは回転移動の考えかたを使えば,
もっとラクだよ。まず, zは絶対値r, 偏
角θだ。そして, iを掛けるということは,
90°つまり$\dfrac{\pi}{2}$だけ回転するわけだから,

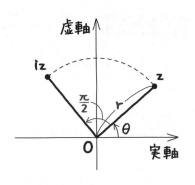

解答　izは絶対値r, 偏角$\dfrac{\pi}{2}+\theta$だから

$$iz=r\left\{\cos\left(\dfrac{\pi}{2}+\theta\right)+i\sin\left(\dfrac{\pi}{2}+\theta\right)\right\}$$

◁ 答え　例題 2-13

になる。

2-10 原点以外の点を中心に回転させる

実は，回転移動というのは，ふつうの xy 平面にもある。でも，現在の高校課程では登場しないんだ。大学に入ってから，「行列，一次変換」を習ったときに登場するよ。

例題 2-14

定期テスト 出題度 ❗❗❗　　共通テスト 出題度 ❗❗❗

複素数平面上の3点 A$(-3+6i)$, B$(1+4i)$, C があり，△ABC が正三角形であるとき，点Cの表す複素数を求めよ。

「まず，点Cの表す複素数を $a+bi$ とおけばいいでしょ？　そして，AB，BC，CAの長さを求めて，すべて同じ長さなので……として，計算すればいいですよね。」

「めっ，そうだな。2点間の距離は， 2-4 でやっているし。」

いや。もっとラクにできるよ。 2-3 で学んだことを思い出してほしい。複素数だからといって，$a+bi$ としなくても解けることも多いし，計算もラクなんだ。 **求める点Cの複素数は一文字でいい。** じゃあ，γ（ガンマ）としようか。

「でも，それじゃあ，BCやCAの長さがわからないですよね。どうやって計算すればいいんですか？」

　正三角形ということは、"2辺の長さが等しく、その間の角が60°の三角形"ともいえるよね。つまり、

Aを中心に、Bを$\frac{\pi}{3}$だけ回転させた点がC

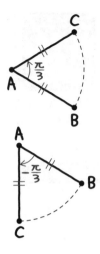

と考えればいいんだ。

　また、CがABをはさんで反対側にある場合もあるね。この場合は、

Aを中心に、Bを$-\frac{\pi}{3}$だけ回転させた点がC

になる。要するに、

『　**Aを中心に、Bを$\frac{\pi}{3}$または$-\frac{\pi}{3}$だけ回転させた点がC**　』

ということだ。

「あっ、そうか！　回転移動を使うのか！　うまいなあ……。」

　いいかたを変えると、$\overrightarrow{AC}$は$\overrightarrow{AB}$を$\frac{\pi}{3}$または$-\frac{\pi}{3}$だけ回転させたものといえるね。ところで$\overrightarrow{AC}$って何になる？

「(終点)－(始点)でしょ？　Aの複素数が$-3+6i$、Cの複素数がγだから、

$\gamma-(-3+6i)$

ですか？」

　その通り。じゃあ、ハルトくん、$\overrightarrow{AB}$は？

「$(1+4i)-(-3+6i)$　です。」

　そうだよね。$\gamma-(-3+6i)$ は $(1+4i)-(-3+6i)$ を$\frac{\pi}{3}$または$-\frac{\pi}{3}$回転させたものといえるね。

　じゃあ、あとは、いけるんじゃないかな？　ハルトくん、解いてみて。

「解答」　点Cの表す複素数をγとすると

$\gamma - (-3 + 6i)$

$= \{(1 + 4i) - (-3 + 6i)\}\left(\cos\dfrac{\pi}{3} + i\sin\dfrac{\pi}{3}\right)$

$= (4 - 2i)\left(\cos\dfrac{\pi}{3} + i\sin\dfrac{\pi}{3}\right)$

$= (4 - 2i)\left(\dfrac{1}{2} + \dfrac{\sqrt{3}}{2}i\right)$

$= 2 + 2\sqrt{3}i - i - \sqrt{3}i^2$

$= 2 + 2\sqrt{3}i - i + \sqrt{3}$

$= (2 + \sqrt{3}) + (-1 + 2\sqrt{3})i$

$\gamma = (-1 + \sqrt{3}) + (5 + 2\sqrt{3})i$

または

$\gamma - (-3 + 6i)$

$= \{(1 + 4i) - (-3 + 6i)\}\left\{\cos\left(-\dfrac{\pi}{3}\right) + i\sin\left(-\dfrac{\pi}{3}\right)\right\}$

$= (4 - 2i)\left\{\cos\left(-\dfrac{\pi}{3}\right) + i\sin\left(-\dfrac{\pi}{3}\right)\right\}$

$= (4 - 2i)\left(\dfrac{1}{2} - \dfrac{\sqrt{3}}{2}i\right)$

$= 2 - 2\sqrt{3}i - i + \sqrt{3}i^2$

$= 2 - 2\sqrt{3}i - i - \sqrt{3}$

$= (2 - \sqrt{3}) + (-1 - 2\sqrt{3})i$

$\gamma = (-1 - \sqrt{3}) + (5 - 2\sqrt{3})i$

よって，点Cの表す複素数は

$\underline{(-1 \pm \sqrt{3}) + (5 \pm 2\sqrt{3})i}$　（複号同順）

「答え」　例題 2-14

その通り。正解。

回転移動は xy 平面にも応用できる

> 3点 A$(-3, 6)$，B$(1, 4)$，C があり，△ABC が正三角形であるとき，点 C の座標を求めよ。

ミサキさんは，どう解く？

　「まず，C(x, y) として，3辺AB，BC，CAの長さを求めて，すべて同じ長さなので……とします。」

今までの知識なら，そうだね。でも，せっかく回転移動を習ったのだから，それを使えばいいよ。xy 平面上の座標を，複素数平面上で考えれば，A$(-3+6i)$，B$(1+4i)$，C となるよね。そうすると，例題 2-14 の解きかたでいける。

　「あっ，そうか。さっきの問題と同じだから，

$(-1\pm\sqrt{3}) + (5\pm 2\sqrt{3})i$（複号同順）と求められるな。」

そう。そして，これを再び xy 平面上の座標に変えると，

C$(-1\pm\sqrt{3},\ 5\pm 2\sqrt{3})$（複号同順）　◁答え

と求められるわけだ。

お役立ち話 7

なぜ，極形式の積，商の公式が成り立つのか

例題 2-11 の(2)で，どうして $z_1=6\left(\cos\dfrac{\pi}{4}+i\sin\dfrac{\pi}{4}\right)$ に

$z_2=2\left(\cos\dfrac{\pi}{6}+i\sin\dfrac{\pi}{6}\right)$ を掛けると，絶対値が2倍になり，偏角が $\dfrac{\pi}{6}$ 増える

のか説明しよう。

2-9 の"回転移動"で考えると，まず，2を掛けるから，原点からの距離が2倍になる，つまり，絶対値が2倍だ。

さらに，$\cos\dfrac{\pi}{6}+i\sin\dfrac{\pi}{6}$ を掛けると，$\dfrac{\pi}{6}$ だけ回

転するわけなので，偏角が $\dfrac{\pi}{6}$ 増えるんだよね。

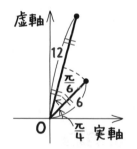

「なるほど……。じゃあ，z_1 を z_2 で割ると，絶対値が $\dfrac{1}{2}$ 倍になり，

偏角が $\dfrac{\pi}{6}$ 減るのはどうしてですか？」

「z_2 で割るということは，$\dfrac{1}{z_2}=\dfrac{1}{2\left(\cos\dfrac{\pi}{6}+i\sin\dfrac{\pi}{6}\right)}$ を掛けると考え

ればいいんじゃないの？」

「あっ，そうか！　頭いいな（笑）。$\dfrac{1}{2}$ を掛けると，原点からの距離

が $\dfrac{1}{2}$ 倍になるよね。絶対値が $\dfrac{1}{2}$ 倍……。あれっ？　でも，

$\dfrac{1}{\cos\dfrac{\pi}{6}+i\sin\dfrac{\pi}{6}}$ を掛けると，どうなるの？」

変形すると

$$\dfrac{1}{\cos\dfrac{\pi}{6}+i\sin\dfrac{\pi}{6}}=\dfrac{\cos\dfrac{\pi}{6}-i\sin\dfrac{\pi}{6}}{\left(\cos\dfrac{\pi}{6}+i\sin\dfrac{\pi}{6}\right)\left(\cos\dfrac{\pi}{6}-i\sin\dfrac{\pi}{6}\right)}$$

$$=\dfrac{\cos\dfrac{\pi}{6}-i\sin\dfrac{\pi}{6}}{\cos^2\dfrac{\pi}{6}-i^2\sin^2\dfrac{\pi}{6}}$$

$$=\dfrac{\cos\dfrac{\pi}{6}-i\sin\dfrac{\pi}{6}}{\cos^2\dfrac{\pi}{6}+\sin^2\dfrac{\pi}{6}}\ {\leftarrow}1$$

$$=\cos\dfrac{\pi}{6}-i\sin\dfrac{\pi}{6}$$

例題 **2-10** (2)でやったように，$\cos(-\theta)=\cos\theta$，
$\sin(-\theta)=-\sin\theta$ を使って変形すると

$$\dfrac{1}{\cos\dfrac{\pi}{6}+i\sin\dfrac{\pi}{6}}=\cos\left(-\dfrac{\pi}{6}\right)+i\sin\left(-\dfrac{\pi}{6}\right)$$

というわけで，$\dfrac{1}{\cos\dfrac{\pi}{6}+i\sin\dfrac{\pi}{6}}$ を掛けると $-\dfrac{\pi}{6}$ 回転するんだよね。

「偏角が $\dfrac{\pi}{6}$ 減るのは，そのためなんですね！」

極形式のk乗

『ド・モアブルの定理』は，『数学Ⅰ・A編』の **2-3** で登場した「ド・モルガンの法則」といい間違える人が多いから，気をつけよう。

複素数の累乗の計算では，

$$z=\cos\theta+i\sin\theta \quad \text{のとき，} \quad z^k=\cos k\theta+i\sin k\theta$$

（ただし，kは整数）

という計算ができるよ。z^kはθ回転をk回行うことを意味するから，ぜんぶで$k\theta$だけ回転するという考えを使っているんだ。これは，**ド・モアブルの定理**と呼ばれている。これを応用すれば，次の公式も成り立つ。

ド・モアブルの定理の応用1

$z=r(\cos\theta+i\sin\theta)$のとき

$$z^k=r^k(\cos k\theta+i\sin k\theta) \quad \text{（ただし，kは整数）}$$

この公式はkが負の整数や0のときでも，成り立つんだ。つまり，

"k乗"の場合，絶対値はk乗し，偏角はk倍する

でいい。これは，次のようないいかたもできるよ。

ド・モアブルの定理の応用2

$$|z^k|=|z|^k$$
$$\arg(z^k)=k\arg z \quad \text{（ただし，kは整数）}$$

例題 **2-15**

定期テスト 出題度 ❗❗　　共通テスト 出題度 ❗❗❗

$z = \dfrac{1+\sqrt{3}i}{1+i}$ のとき，次の問いに答えよ。

(1) z^8 を求めよ。

(2) z^{p+2} が実数となる最小の自然数 p を求めよ。

(3) z^{p-7} が純虚数となる最小の自然数 p を求めよ。

「えっ？　8乗？　計算が面倒くさそうだな。」

　そのまま8乗せずに，**分子，分母ともに極形式に直し，割り算してから8乗する**といいよ。ミサキさん，やってみて。

「**解答**　(1) $z^8 = \left(\dfrac{1+\sqrt{3}i}{1+i} \right)^8$

$= \left\{ \dfrac{2\left(\cos\dfrac{\pi}{3} + i\sin\dfrac{\pi}{3}\right)}{\sqrt{2}\left(\cos\dfrac{\pi}{4} + i\sin\dfrac{\pi}{4}\right)} \right\}^8$

$\dfrac{z_1}{z_2} = \dfrac{r_1}{r_2}\{\cos(\theta_1 - \theta_2) + i\sin(\theta_1 - \theta_2)\}$

$= \left[\dfrac{2}{\sqrt{2}}\left\{\cos\left(\dfrac{\pi}{3} - \dfrac{\pi}{4}\right) + i\sin\left(\dfrac{\pi}{3} - \dfrac{\pi}{4}\right)\right\} \right]^8$

$= \left\{ \sqrt{2}\left(\cos\dfrac{\pi}{12} + i\sin\dfrac{\pi}{12}\right) \right\}^8$

$(\sqrt{2})^8\left\{\cos\left(\dfrac{\pi}{12}\times 8\right) + i\sin\left(\dfrac{\pi}{12}\times 8\right)\right\}$

$= 16\left(\cos\dfrac{2}{3}\pi + i\sin\dfrac{2}{3}\pi\right)$

$= 16\left(-\dfrac{1}{2} + \dfrac{\sqrt{3}}{2}i\right)$

$= \underline{-8 + 8\sqrt{3}i}$　⇦ **答え**　例題 **2-15**　(1)」

　正解。よくできました。

「(2)は，2乗，3乗，……と求めていけば，いつかは実数になりそうだな（笑）。」

　間違っていないが，やはり，面倒だよね。これも，**お役立ち話 7** のように回転移動で考えてみればいいよ。

　まず，z^0 では1の地点にいる。

　そして，(1)より，$z=\sqrt{2}\left(\cos\dfrac{\pi}{12}+i\sin\dfrac{\pi}{12}\right)$ を1回掛けるごとに原点との距離が $\sqrt{2}$ 倍になって，さらに $\dfrac{\pi}{12}$ 回転するんだよね。ということは，**12回掛ければ π 回転して，実軸の負の部分にたどりつく**ことになるよね。

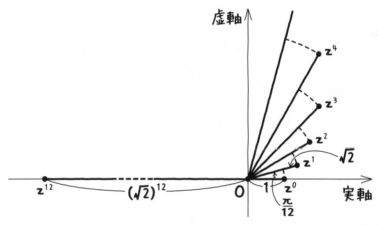

「実軸上にあるということは，実数だ！」

　そうだね。**2-1** でやったよね。

「さらに12回掛けたら，半周回って，実軸の正の部分に行きますね。」

「さらに12回掛けたら，実軸の負の部分にくるし……。12回掛けるごとに実数になりそうだ。」

　その通り。z を"12の倍数回"掛ければ実数になるね。

解答 (2)　$p+2=12k$（kは整数）だから，

　　　　$p=12k-2$（kは整数）より，最小の自然数pは$k=1$のときで，

　　　　$\underline{p=10}$　◁**答え**　**例題 2-15** (2)

じゃあ，(3)で純虚数になるのは？

「純虚数ということは，虚軸上に来ればいいわけでしょう？　6回掛け

れば$\dfrac{\pi}{2}$回転して，そうなりそう！　$p-7=6$ですね。」

いや，そうじゃない。いったん，整数mなどを使った式で表してから考え

よう。

「6回掛けた後は12回掛けるごとにπ回転して虚軸上に来るから，zを

"$6+$（12の倍数）回"掛ければいいことになって……

　解答 (3)　$p-7=6+12m$　（mは整数）

　　　　　　$p=12m+13$　（mは整数）

です。」

そうだね。じゃあ，最小の自然数pは？

「あっ，$m=-1$のときがありますね！

　　　　$\underline{p=1}$　◁**答え**　**例題 2-15** (3)

です！」

そうだね。

数C
2
章

例題 **2-16**   定期テスト 出題度 **! !**   共通テスト 出題度 **! !**

$z = \cos \dfrac{2}{5}\pi + i \sin \dfrac{2}{5}\pi$ のとき，次の問いに答えよ。

(1) $1 + z + z^2 + z^3 + z^4$ の値を求めよ。

(2) $\cos \dfrac{2}{5}\pi$ の値を求めよ。

$\sin \dfrac{1}{2}\pi$，$\cos \dfrac{2}{3}\pi$，$\sin \dfrac{3}{4}\pi$ など，分母が2，3，4になっている角なら求められるよね。でも，分母が5では無理だから，**5乗の値を求めて使うんだ。**

解答 (1) $z^5 = \left(\cos \dfrac{2}{5}\pi + i \sin \dfrac{2}{5}\pi \right)^5$ $\cos\left(\dfrac{2}{5}\pi \times 5\right) + i\sin\left(\dfrac{2}{5}\pi \times 5\right)$

$= \cos 2\pi + i \sin 2\pi$

$= 1$

$1 + z + z^2 + z^3 + z^4$ は，初項1，公比 z，項数5の等比数列の和より，

$$1 + z + z^2 + z^3 + z^4 = \frac{1 - z^5}{1 - z} \quad (z \neq 1)$$

$$= \underline{\underline{0}} \quad \Leftarrow \boxed{答え}\; \text{例題 } \textbf{2-16}\; (1)$$

 「例えば，分母が7なら，まず7乗を求めるということですか？」

そうだよ。そして，(2)は(1)の結果を利用する。$\dfrac{2}{5}\pi$，$\dfrac{4}{5}\pi$，$\dfrac{6}{5}\pi$，$\dfrac{8}{5}\pi$ の角が出てくるが，角度を 2π 減らしても，単位円の同じ場所になるから，sin，cos の値は変わらない。$\dfrac{6}{5}\pi$，$\dfrac{8}{5}\pi$ を変えれば，$\sin(-\theta) = -\sin\theta$，$\cos(-\theta) = \cos\theta$（『数学Ⅱ・B編』の **4-5** の $\overset{\text{Point}}{\textbf{33}}$ の⑬，⑭）と，2倍角の公式（『数学Ⅱ・B編』の **4-12**）で解けるよ。

解答　(2)　(1)より，

$$1+z+z^2+z^3+z^4=0$$

$$1+\left(\cos\frac{2}{5}\pi+i\sin\frac{2}{5}\pi\right)+\left(\cos\frac{4}{5}\pi+i\sin\frac{4}{5}\pi\right) \quad \leftarrow z^n=\cos\frac{2n}{5}\pi+i\sin\frac{2n}{5}\pi$$

$$+\left(\cos\frac{6}{5}\pi+i\sin\frac{6}{5}\pi\right)+\left(\cos\frac{8}{5}\pi+i\sin\frac{8}{5}\pi\right)=0$$

$$\frac{6}{5}\pi-2\pi=-\frac{4}{5}\pi$$

$$1+\left(\cos\frac{2}{5}\pi+i\sin\frac{2}{5}\pi\right)+\left(\cos\frac{4}{5}\pi+i\sin\frac{4}{5}\pi\right)$$

$$\frac{8}{5}\pi-2\pi=-\frac{2}{5}\pi$$

$$+\left\{\cos\left(-\frac{4}{5}\pi\right)+i\sin\left(-\frac{4}{5}\pi\right)\right\}+\left\{\cos\left(-\frac{2}{5}\pi\right)+i\sin\left(-\frac{2}{5}\pi\right)\right\}=0$$

$$1+\cos\frac{2}{5}\pi+i\sin\frac{2}{5}\pi+\cos\frac{4}{5}\pi+i\sin\frac{4}{5}\pi$$

$$+\cos\frac{4}{5}\pi-i\sin\frac{4}{5}\pi+\cos\frac{2}{5}\pi-i\sin\frac{2}{5}\pi=0 \quad \leftarrow\cos(-\theta)=\cos\theta$$
$$\sin(-\theta)=-\sin\theta$$

$$1+2\cos\frac{2}{5}\pi+2\cos\frac{4}{5}\pi=0$$

$$1+2\cos\frac{2}{5}\pi+2\left(2\cos^2\frac{2}{5}\pi-1\right)=0 \quad \leftarrow 2倍角の公式$$
$$\cos2\theta=2\cos^2\theta-1$$

$$4\cos^2\frac{2}{5}\pi+2\cos\frac{2}{5}\pi-1=0$$

$$0<\cos\frac{2}{5}\pi<1 \text{ より，} \qquad \cos\frac{2}{5}\pi=x \text{とおき，}$$

$$4x^2+2x-1=0 \text{を解の公式で解く}$$

$$\cos\frac{2}{5}\pi=\frac{-1+\sqrt{5}}{4} \qquad \Leftarrow 答え \quad 例題 2\text{-}16 \;(2)$$

2-12 複素数を $\frac{1}{k}$ 乗する

1乗からk乗を求めるときと，k乗から1乗を求めるときとではやりかたが違うよ。注意しよう。

数C 2章

例題 2-17

定期テスト 出題度 ❗❗❗　　共通テスト 出題度 ❗❗❗

$z^4 = -\dfrac{1}{2} + \dfrac{\sqrt{3}}{2}\,i$ を満たす複素数 z を求めよ。

「$z = a + bi$ とおいて，4乗して，見比べればいいんじゃないのかな……？」

まあ，2乗くらいなら，それで解いてもいいかもしれないけど，4乗するとなると，さすがにたいへんな式になりそうだね。

「 2-11 のように，極形式に直して解けばいいんじゃないの？」

「あっ，そうか！　それがいいな。

絶対値は，$r = \sqrt{\left(-\dfrac{1}{2}\right)^2 + \left(\dfrac{\sqrt{3}}{2}\right)^2} = 1$

偏角 θ は，右の図から $\theta = \dfrac{2}{3}\pi$

$z^4 = 1\left(\cos\dfrac{2}{3}\pi + i\sin\dfrac{2}{3}\pi\right)$

になるな。」

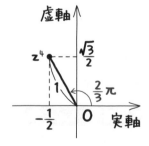

「4乗から1乗を求めるということは，全体を $\dfrac{1}{4}$ 乗すればいいわけでしょう？

　　　　絶対値の1は，$\frac{1}{4}$乗すれば1，偏角の$\frac{2}{3}\pi$は，$\frac{1}{4}$倍すれば$\frac{\pi}{6}$。

　　　　よって，$z = \cos\frac{\pi}{6} + i\sin\frac{\pi}{6}$

　　　　　　　　$= \frac{\sqrt{3}}{2} + \frac{1}{2}i$　　　　　　　　　ですね。」

　ちょっと待って。ここで，大切なことがあるよ。今回，$\theta = \frac{2}{3}\pi$にしたけど，

2-6 でもいった通り，$\theta = \frac{2}{3}\pi + 2\pi = \frac{8}{3}\pi$ としてもいいんだよね。そうすると

$$z^4 = \cos\frac{8}{3}\pi + i\sin\frac{8}{3}\pi$$

$$z = \cos\frac{2}{3}\pi + i\sin\frac{2}{3}\pi$$

$$= -\frac{1}{2} + \frac{\sqrt{3}}{2}i$$

というふうに，別の答えが求められるんだ。

「あっ，ホントだ……。」

　さらに別の答えもあるよ。

「答えは，すべて求めなきゃいけないんですよね……。どうやって解けばいいんですか？」

　2-6 で，$z = r(\cos\theta + i\sin\theta)$ で表すときのθはあてはまるうちの1つの

角を使えばいいということだった。しかし，**$\frac{1}{k}$乗（kは自然数）するときは**

一般角を使うんだ。

　つまり，こういうことなんだ。

解答　右辺の絶対値は，$r = \sqrt{\left(-\frac{1}{2}\right)^2 + \left(\frac{\sqrt{3}}{2}\right)^2} = 1$

　　　　偏角は，$\theta = \frac{2}{3}\pi + 2n\pi$（nは整数）

$$z^4=\cos\left(\dfrac{2}{3}\pi+2n\pi\right)+i\sin\left(\dfrac{2}{3}\pi+2n\pi\right)$$

$$z=\cos\left(\dfrac{\pi}{6}+\dfrac{n}{2}\pi\right)+i\sin\left(\dfrac{\pi}{6}+\dfrac{n}{2}\pi\right)$$

$\left(\dfrac{2}{3}\pi+2n\pi\right)$の$\dfrac{1}{4}$倍

$$z=\dfrac{\sqrt{3}}{2}+\dfrac{1}{2}i,\ \ -\dfrac{1}{2}+\dfrac{\sqrt{3}}{2}i,\ \ -\dfrac{\sqrt{3}}{2}-\dfrac{1}{2}i,\ \ \dfrac{1}{2}-\dfrac{\sqrt{3}}{2}i$$

 「えっ？　最後のところがよくわからない……。」

数C **2** 章

まず， $\boxed{\dfrac{1}{k}\text{乗（}k\text{は自然数）すると答えは}k\text{個求まる}}$ と覚えておいてほしい。

 「じゃあ，今回は4個求まるということですね。」

うん。だから，

$$z=\cos\left(\dfrac{\pi}{6}+\dfrac{n}{2}\pi\right)+i\sin\left(\dfrac{\pi}{6}+\dfrac{n}{2}\pi\right)\quad(n\text{は\underline{整数}})$$

となったあとは，**n に"連続した4つの整数"を代入すればいいんだ。**

$n=0$なら，　$z=\cos\dfrac{\pi}{6}+i\sin\dfrac{\pi}{6}$

$$=\underline{\underline{\dfrac{\sqrt{3}}{2}+\dfrac{1}{2}i}}$$

$n=1$なら，　$z=\cos\dfrac{2}{3}\pi+i\sin\dfrac{2}{3}\pi$

$$=\underline{\underline{-\dfrac{1}{2}+\dfrac{\sqrt{3}}{2}i}}$$

$n=2$なら，　$z=\cos\dfrac{7}{6}\pi+i\sin\dfrac{7}{6}\pi$

$$=\underline{\underline{-\dfrac{\sqrt{3}}{2}-\dfrac{1}{2}i}}$$

$n=3$なら，　$z=\cos\dfrac{5}{3}\pi+i\sin\dfrac{5}{3}\pi$

$$=\underline{\underline{\dfrac{1}{2}-\dfrac{\sqrt{3}}{2}i}}\quad\Leftarrow\boxed{\text{答え}}\ \boxed{\text{例題 2-17}}$$

というふうになって，4個の答えが求められるんだよね。

「n＝4, 5, ……と代入していったら, 別の答えが出るんじゃないんですか？」

いや, 出ない。$\dfrac{\sqrt{3}}{2}+\dfrac{1}{2}i$, $-\dfrac{1}{2}+\dfrac{\sqrt{3}}{2}i$, $-\dfrac{\sqrt{3}}{2}-\dfrac{1}{2}i$, $\dfrac{1}{2}-\dfrac{\sqrt{3}}{2}i$ の4つの答えがローテーションで出てくるんだ。

「nに負の整数を代入してもそうなるのですか？」

うん。n＝－4, －3, －2, －1とか, n＝－2, －1, 0, 1とか入れても結果は同じだ。

「k乗するときは, 一般角を使わなくてもいいんですよね。」

そうだね。別に, 使っても間違いにはならないけど, やる必要はないよ。

例えば, 例題 2-15 (1)で, $z=\sqrt{2}\left(\cos\dfrac{\pi}{12}+i\sin\dfrac{\pi}{12}\right)$ を8乗するとき,

$$z=\sqrt{2}\left\{\cos\left(\dfrac{\pi}{12}+2n\pi\right)+i\sin\left(\dfrac{\pi}{12}+2n\pi\right)\right\}$$

$$z^8=16\left\{\cos\left(\dfrac{2}{3}\pi+16n\pi\right)+i\sin\left(\dfrac{2}{3}\pi+16n\pi\right)\right\}$$

と計算したとする。nにどんな整数を入れても, $-8+8\sqrt{3}i$ になるよ。

これは，複素数平面の単元の心臓部にあたる問題といえる。しっかりマスターしておこう。

例題 2-18

定期テスト 出題度 **! ! !**　　共通テスト 出題度 **! ! !**

複素数平面上に3点 A$(3+i)$，B$(4-i)$，C(6) があるとき，次の問いに答えよ。

(1) ∠BAC の大きさを求めよ。

(2) △ABC はどのような三角形か。

さて，複素数平面上では「角度」の表しかたが今までと違うんだ。3点A(α)，B(β)，C(γ) とすると

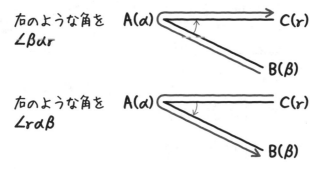

右のような角を
∠βαγ

右のような角を
∠γαβ

と書くんだよ。反時計回りに角度がどのくらいか？　で答えるんだ。例えば上の図のなす角の大きさが $\frac{\pi}{6}$ だったとき，∠βαγ＝$\frac{\pi}{6}$，∠γαβ＝$-\frac{\pi}{6}$ になる。注意しようね。

「えっ？　そうなんですか？」

　　ちなみに「∠BACの大きさ」「∠CABの大きさ」ならいずれも$\frac{\pi}{6}$になるよ。

　さて，複素数平面上の∠βαγや，それをはさむ辺の長さの比を求めるには，βを分母の頭に配置し，αを分母，分子のお尻にして引いて，γを分子の頭におくんだ。そして，

❶　$\boxed{\dfrac{\gamma-\alpha}{\beta-\alpha}\text{を計算し，極形式に直す。}}$（実数，純虚数なら極形式に直さなくてよい）

❷　両辺に$\beta-\alpha$を掛ける。

でできるんだ。

解答　(1)　$\alpha=3+i,\ \beta=4-i,\ \gamma=6$とすると

$$\frac{\gamma-\alpha}{\beta-\alpha}=\frac{6-(3+i)}{(4-i)-(3+i)}=\frac{3-i}{1-2i}$$

$$=\frac{(3-i)(1+2i)}{(1-2i)(1+2i)}$$

$$=\frac{3+6i-i-2i^2}{1-4i^2}$$

$$=\frac{5+5i}{5}$$

$$=1+i$$

$$=\sqrt{2}\left(\cos\frac{\pi}{4}+i\sin\frac{\pi}{4}\right)$$

$$\gamma-\alpha=\sqrt{2}\left(\cos\frac{\pi}{4}+i\sin\frac{\pi}{4}\right)(\beta-\alpha)$$

$\angle\beta\alpha\gamma=\dfrac{\pi}{4}$より

∠BACの大きさは$\underline{\dfrac{\pi}{4}}$　⇦**答え**　**例題 2-18** (1)

A($\alpha=3+i$)

C($\gamma=6$)

B($\beta=4-i$)

「この解答ってどういうことですか？
$\beta-\alpha$は$\overrightarrow{AB}$, $\gamma-\alpha$は$\overrightarrow{AC}$にあたりますよね。」

そうだね。 2-9 でやったように，∠BACの大きさを求めたいなら，Aから，B，Cに向かうベクトルを考えるんだ。そして

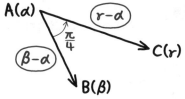

$$\gamma-\alpha=\sqrt{2}\left(\cos\frac{\pi}{4}+i\sin\frac{\pi}{4}\right)(\beta-\alpha)$$

ということは，

"$\gamma-\alpha$ は $\beta-\alpha$ を $\dfrac{\pi}{4}$ 回転させて，$\sqrt{2}$ 倍したもの"

になるね。

「ということは，∠$\beta\alpha\gamma=\dfrac{\pi}{4}$ とわかるわけか。」

慣れてくると，❷を省略する人も多いよ。

$$\frac{\gamma-\alpha}{\beta-\alpha}=\sqrt{2}\left(\cos\frac{\pi}{4}+i\sin\frac{\pi}{4}\right)$$

の段階で，分子の $\gamma-\alpha$ は分母の $\beta-\alpha$ を $\dfrac{\pi}{4}$ 回転させて，$\sqrt{2}$ 倍したものと考えるようにすればいいんだ。

$\dfrac{\gamma-\alpha}{\beta-\alpha}=k(\cos\theta+i\sin\theta)$ としたとき，k は $\left|\dfrac{\gamma-\alpha}{\beta-\alpha}\right|$ とも書けるね。これが「ACの長さがABの長さの何倍か？」つまり，$\dfrac{\text{AC}}{\text{AB}}$ を表すし，θ は $\arg\dfrac{\gamma-\alpha}{\beta-\alpha}$ とも書けるね。これが∠$\beta\alpha\gamma$ を表すんだ。

「$\dfrac{\text{AC}}{\text{AB}}=\left|\dfrac{\gamma-\alpha}{\beta-\alpha}\right|$，∠$\beta\alpha\gamma=\arg\dfrac{\gamma-\alpha}{\beta-\alpha}$ ということですね。」

「今回はAの角を求めるということで，α をお尻にしたけど，γ，β が逆の $\dfrac{\beta-\alpha}{\gamma-\alpha}$ で計算しちゃダメなんですか？」

うん，いいよ。同じように計算すれば∠$\gamma\alpha\beta=-\dfrac{\pi}{4}$ になる。

数C 2章

「でも結局，∠CABの大きさは$\frac{\pi}{4}$になるんじゃない？」

「あっ，そうか。」

続いて(2)だが，ACは，ABの$\sqrt{2}$倍でしかもなす角が$\frac{\pi}{4}$ということは……。

「1：1：$\sqrt{2}$の直角三角形になりますね！」

解答　(2)　∠BACの大きさは$\frac{\pi}{4}$，かつ，

AB：AC＝1：$\sqrt{2}$より，

AB：BC：AC＝1：1：$\sqrt{2}$

よって，AB＝BCの直角二等辺三角形

⇐ 答え　例題 2-18 (2)

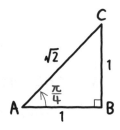

「単に，直角二等辺三角形だけじゃダメなんですか？」

　あっ，それは，ダメ。直角二等辺三角形といっても，AB＝ACのものや，AC＝BCのものがあるからね。これは，『数学Ⅰ・A編』の 4-12 でも説明しているよ。

例題 2-19

定期テスト 出題度 ❗❗　　共通テスト 出題度 ❗❗❗

　複素数平面上に3点 A(α)，B(β)，C(γ) があり，次の関係が成り立つとき，∠ABCの大きさを求めよ。

$$(1-\sqrt{3}\,i)\alpha + (-3+\sqrt{3}\,i)\beta + 2\gamma = 0$$

「今回は∠ABCの大きさを求めるのだから，さっきの方程式でやると，

$\dfrac{\gamma-\beta}{\alpha-\beta}$ を計算するということですか？」

「えっ？　座標がわかっていないですよ。」

いや，気にする必要はない。$\gamma=$にして，$\dfrac{\gamma-\beta}{\alpha-\beta}$に代入すればいいんだ。

きっと解けるはずだよ。ハルトくん，やってみて。

「**解答**　$(1-\sqrt{3}i)\alpha+(-3+\sqrt{3}i)\beta+2\gamma=0$

$2\gamma=(-1+\sqrt{3}i)\alpha+(3-\sqrt{3}i)\beta$

$\gamma=\dfrac{-1+\sqrt{3}i}{2}\alpha+\dfrac{3-\sqrt{3}i}{2}\beta$　より

$\dfrac{\gamma-\beta}{\alpha-\beta}=\dfrac{\boxed{\dfrac{-1+\sqrt{3}i}{2}\alpha+\dfrac{3-\sqrt{3}i}{2}\beta-\beta}}{\alpha-\beta}$

$\Big)\ \dfrac{3-\sqrt{3}i}{2}\beta-\dfrac{2}{2}\beta=\dfrac{3-\sqrt{3}i-2}{2}\beta$

$=\dfrac{\dfrac{-1+\sqrt{3}i}{2}\alpha+\dfrac{1-\sqrt{3}i}{2}\beta}{\alpha-\beta}$

$\Big)\ \dfrac{-1+\sqrt{3}i}{2}\alpha-\dfrac{-1+\sqrt{3}i}{2}\beta$

$=\dfrac{\dfrac{-1+\sqrt{3}i}{2}(\alpha-\beta)}{\alpha-\beta}$

$=\dfrac{-1+\sqrt{3}i}{2}$

$=\cos\dfrac{2}{3}\pi+i\sin\dfrac{2}{3}\pi$

$\angle\alpha\beta\gamma=\dfrac{2}{3}\pi$より

∠ABCの大きさは$\underline{\dfrac{2}{3}\pi}$　◁**答え**　**例題 2-19**」

そう，正解。お見事！

数C **2** 章

例題 2-20

定期テスト 出題度 ❗❗　　共通テスト 出題度 ❗❗❗

複素数平面上の原点でない2点 A(α)，B(β) について，

$\alpha^2 - 2\alpha\beta + 4\beta^2 = 0$ という関係が成り立つとき，次の問いに答えよ。

(1)　$\dfrac{\alpha}{\beta}$ を求めよ。

(2)　△OAB の3つの内角の大きさを求めよ。

まずは(1)だ。与えられた式の両辺をβ^2で割ると，$\left(\dfrac{\alpha}{\beta}\right)^2 - 2\cdot\dfrac{\alpha}{\beta} + 4 = 0$ と

なって，$\dfrac{\alpha}{\beta}$の2次方程式になるんだよね。これを解けばいいんだ。

解答　(1)　$\alpha^2 - 2\alpha\beta + 4\beta^2 = 0$

両辺をβ^2で割ると

$$\left(\dfrac{\alpha}{\beta}\right)^2 - 2\cdot\dfrac{\alpha}{\beta} + 4 = 0$$

解の公式から，$\dfrac{\alpha}{\beta} = \underline{1 \pm \sqrt{3}i}$　◁ 答え　例題 2-20 (1)

次の(2)は，(1)の結果を使って考えるよ。

解答　(2)　(1)より，$\dfrac{\alpha}{\beta} = 1 \pm \sqrt{3}i$ だから

$$\dfrac{\alpha}{\beta} = 2\left\{\cos\left(\pm\dfrac{\pi}{3}\right) + i\sin\left(\pm\dfrac{\pi}{3}\right)\right\}　(複号同順)$$

ここで，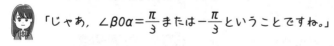

「じゃあ，∠βO$\alpha = \dfrac{\pi}{3}$ または $-\dfrac{\pi}{3}$ ということですね。」

うん。図でいうと，$\alpha-0$にあたるものが$\overrightarrow{OA}$であ
り，$\beta-0$にあたる$\overrightarrow{OB}$の2倍の長さになっているね。

「あっ，そうか。OA：OB＝2：1でその間
の角が$\dfrac{\pi}{3}$だから，

OB：AB：OA＝1：$\sqrt{3}$：2の直角三角形

ということか。」

A(α)

$\alpha-0$

$\beta-0$

$\dfrac{\pi}{3}$

O　　B(β)

$-\dfrac{\pi}{3}$

$\alpha-0$

A(α)

そう。つまり，

△OABの3つの内角は，　$\angle A=\dfrac{\pi}{6}$，　$\angle O=\dfrac{\pi}{3}$，　$\angle B=\dfrac{\pi}{2}$

⇐答え　　例題 2-20 (2)

ということになるね。

　さて，　例題 2-19 　例題 2-20 　では分数式を求めたが，初めから書かれて
いることもある。たいてい，　頭をそろえた形で出てくるんだ。そのときは分
子，分母を−1倍してお尻をそろえよう。

$$\dfrac{z-\beta}{z-\alpha} \text{は} \dfrac{\beta-z}{\alpha-z}$$

というふうにね。

2-14　なす角や長さの比から, $\dfrac{\gamma-\alpha}{\beta-\alpha}$ を求める

入試問題で, かなりよく出題される問題を1つ紹介するよ。

例題 2-21　｜定期テスト 出題度 ❗❗｜　｜共通テスト 出題度 ❗❗❗｜

複素数平面上の2点 $A(\alpha)$, $B(\beta)$ を直径の両はしとする円周上に点 $P(z)$ があり, $\dfrac{PB}{PA}=2$ のとき, $\dfrac{\beta-z}{\alpha-z}$ を求めよ。ただし, 偏角はすべて $-\pi$ 以上 π 未満とする。

2-13 では, 与えられた条件から, なす角や長さの比を求めたけど, 今度は逆に, なす角や長さの比を与えられて $\dfrac{\gamma-\alpha}{\beta-\alpha}$ などを求める場合を学んでいこう。

コツ 14　$\dfrac{\beta-z}{\alpha-z}$ の求めかたの手順

❶　図をかいて, $\beta-z$, $\alpha-z$ はどの部分になるかを調べる。

❷　"分子"にあたるほう (今回は, $\beta-z$) は,
　　"分母"にあたるほう (今回は, $\alpha-z$) を,
　　何倍して, どれだけ回転したものか？　で式を作る。

❸　$\dfrac{\beta-z}{\alpha-z}$ を求める。

まずは問題文にあるとおりに図をかこう。

そうすると，1か所角度がわかるよ。『数学Ⅰ・

A編』の **4-14** で登場した円周角の定理を

使えばいい。ABは直径なのだから……。

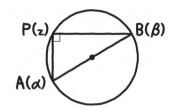

　「あっ，∠APBの大きさは $\dfrac{\pi}{2}$ ですね。」

そうだね。じゃあ，手順のとおりに解いていこう。

❶ 例えば，この図の場合，

$\beta-z$ ってどの部分になる？

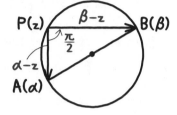

　「(終点) − (始点) だから，

　　　z が始点，β が終点。$\overrightarrow{PB}$ だ！」

そうだね。じゃあ，$\alpha-z$ は？

　「$\overrightarrow{PA}$ です。」

その通り。これで $\beta-z$ と $\alpha-z$ がどの部分かわかったから，次の手順だ。

❷ $\beta-z$ は，$\alpha-z$ を $\dfrac{\pi}{2}$ だけ回転したものだね。そして $\dfrac{PB}{PA}=2$ だから，$\beta-z$

は $\alpha-z$ の2倍の長さだ。つまり，

$$\beta-z=2\left(\cos\frac{\pi}{2}+i\sin\frac{\pi}{2}\right)(\alpha-z)$$

$$\beta-z=2i(\alpha-z)$$

とできる。ちなみに **2-9** の **コツ⑬** で $\dfrac{\pi}{2}$ 回転のときは i を掛けると習ったよ

ね。だから初めから

$$\beta-z=2i(\alpha-z)$$

としてもいいよ。

❸ $\dfrac{\beta-z}{\alpha-z}=2i$

となるんだ。

さて，この問題では，1つ見落としやすいことがある。

PがABに対して反対側にあることもあるよね。その場合は，❷ $\beta-z$ は，$\alpha-z$ を $-\dfrac{\pi}{2}$ 回転して2倍したことになる。

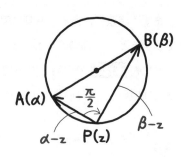

 「じゃあ，

$$\beta-z=2\left\{\cos\left(-\frac{\pi}{2}\right)+i\sin\left(-\frac{\pi}{2}\right)\right\}(\alpha-z) \text{ ですか？」}$$

そうだね。これも，$-\dfrac{\pi}{2}$ 回転のときは $-i$ を掛けるというのを使えば初めから

$$\beta-z=-2i(\alpha-z)$$

でいけるよ。

解答 $\beta-z=\pm2i(\alpha-z)$

よって，$\dfrac{\beta-z}{\alpha-z}=\underline{\pm2i}$ ⇐答え 例題 2-21

例題 2-22 定期テスト 出題度 ‼ 共通テスト 出題度 ‼❗

$\alpha,\ \beta$ を複素数とする。$|\alpha|=|\beta|=|\alpha+\beta|=1$ のとき，$\dfrac{\beta}{\alpha}$ の値を求めよ。

 「$|\alpha+\beta|=1$ の両辺を2乗すればいいんですよね。(計算して，)あれっ？解けない？？」

うん。 例題 2-6 や，お役立ち話 5 の最後で登場した話だね。複素数 α, β がわかっていなくて，$|\alpha+\beta|$ が出てきているから，2乗して展開してみる。

でも，それだけでは解けないこともあるんだ。その場合は図形で考えればいい。

3点 O(0)，A(α)，B(β) とすると，$\overrightarrow{OA}=\alpha$，$\overrightarrow{OB}=\beta$ で，$\overrightarrow{OC}=\alpha+\beta$ とすると，OA=OB=OC=1で，四角形OACBは平行四辺形になるし，△OAC，△OBCともに正三角形とわかる。後は， 例題 2-21 と同じだ。

数C 2章

解答　O(0)，A(α)，B(β) とし，OA，OB を2辺とする平行四辺形の残りの頂点をC($\alpha+\beta$) とおくと，△OAC，△OBCはともに正三角形になる。

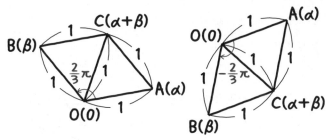

$$\beta=\left(\cos\frac{2}{3}\pi+i\sin\frac{2}{3}\pi\right)\alpha,\ \text{または}\ \beta=\left\{\cos\left(-\frac{2}{3}\pi\right)+i\sin\left(-\frac{2}{3}\pi\right)\right\}\alpha$$

$$\frac{\beta}{\alpha}=\cos\frac{2}{3}\pi+i\sin\frac{2}{3}\pi,\ \text{または}\ \frac{\beta}{\alpha}=\cos\left(-\frac{2}{3}\pi\right)+i\sin\left(-\frac{2}{3}\pi\right)$$

すなわち

$$\frac{\beta}{\alpha}=-\frac{1}{2}\pm\frac{\sqrt{3}}{2}i$$ ⇐ 答え 例題 2-22

「$\left|\dfrac{\beta}{\alpha}\right|=1$, $\arg\dfrac{\beta}{\alpha}=\pm\dfrac{2}{3}\pi$ ですね。」

2-15 3点が一直線上や垂直の位置にあるとき

垂直の場合，ベクトルなら内積0でやった。複素数平面のときは，回転移動の考えかたでできる。まあ，公式を覚えちゃうのがいちばん早いんだけどね。

例題 2-23

定期テスト 出題度 ❗❗　　共通テスト 出題度 ❗❗❗

複素数平面上の3点 $A(-2+5i)$, $B(3+4i)$, $C(a-7i)$ が次の位置関係にあるとき，実数 a の値を求めよ。

(1) 3点 A，B，C が一直線上にある

(2) BA⊥CA の位置関係にある

まず，A, B, C の表す複素数をそれぞれ α, β, γ としよう。A から B, C に向かうベクトルを考えてみると，わかりやすいよ。(1)は，$\gamma-\alpha$ と $\beta-\alpha$ は平行だから， **2-5** でもやったように一方が他方の実数倍になる。

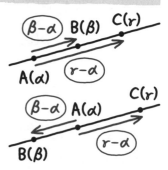

Point 36 3点が一直線上にあるための条件

3点 $A(\alpha)$, $B(\beta)$, $C(\gamma)$ が一直線上にある

$$\iff \frac{\gamma-\alpha}{\beta-\alpha} \text{が実数}$$

$$\left(\frac{\beta-\alpha}{\gamma-\alpha}, \ \frac{\gamma-\beta}{\alpha-\beta}, \ \frac{\alpha-\beta}{\gamma-\beta}, \ \frac{\beta-\gamma}{\alpha-\gamma}, \ \frac{\alpha-\gamma}{\beta-\gamma} \text{が実数で} \right.$$

$\left. \text{もよい} \right)$

後で計算するけど，結果から先に言うと，

$$\frac{\gamma-\alpha}{\beta-\alpha}=\frac{(5a+22)+(a-58)i}{26}$$

になる。これが実数ということは，虚部が0と考えればいいね。

「$\dfrac{\beta-\alpha}{\gamma-\alpha}$ で計算して，実数としてもいいんですよね。」

うん，それでもいい。$\alpha-\beta$ と $\gamma-\beta$，$\alpha-\gamma$ と $\beta-\gamma$ もそれぞれ平行になるから，β や γ をお尻にした分数でもいいよ。一方，(2)のほうだけど，$\gamma-\alpha$ は $\beta-\alpha$ を $\dfrac{\pi}{2}$ または $-\dfrac{\pi}{2}$ 回転させ，何倍かしたものといえる。

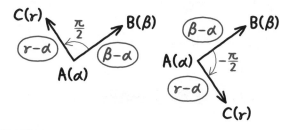

「 例題 2-21 のように，$\gamma-\alpha=ki(\beta-\alpha)$ や $\gamma-\alpha=-ki(\beta-\alpha)$（$k$ は

正の実数）になるということですね。$\dfrac{\gamma-\alpha}{\beta-\alpha}=ki,\ -ki$ になるわけだ

から……純虚数？」

そうだね。次の公式が成り立つよ。

2直線が垂直に交わるための条件（その1）

2直線 AB，AC が垂直
（つまり BA⊥CA）

$\iff\ \dfrac{\gamma-\alpha}{\beta-\alpha}$ が純虚数

$\left(\dfrac{\beta-\alpha}{\gamma-\alpha}$ が純虚数でもよい$\right)$

解答 (1) A，B，Cの表す複素数をそれぞれα，β，γとすると

$$\frac{\gamma-\alpha}{\beta-\alpha}=\frac{(a-7i)-(-2+5i)}{(3+4i)-(-2+5i)}$$

$$=\frac{(a+2)-12i}{5-i}$$

$$=\frac{\{(a+2)-12i\}(5+i)}{(5-i)(5+i)}$$

$$=\frac{5(a+2)+(a+2)i-60i-12i^2}{25-i^2}$$

$$=\frac{5(a+2)+(a+2)i-60i+12}{26}$$

$$=\frac{(5a+22)+(a-58)i}{26}$$

$\dfrac{\gamma-\alpha}{\beta-\alpha}$が実数になればいいので — 虚部が0

$a-58=0$ ←

$\underline{a=58}$ ⇦答え 例題 2-23 (1)

(2) $\dfrac{\gamma-\alpha}{\beta-\alpha}$が純虚数になればいいので — 実部が0

$5a+22=0$ ←

$\underline{\underline{a=-\dfrac{22}{5}}}$ ⇦答え 例題 2-23 (2)

　(2)のようにAという決まった場所でなく，単に2直線が垂直に交わる場合もあるよ。例えば，A(α)，B(β)，C(γ)，D(δ) とする。あっ，δ は「デルタ」と読むよ。

　2直線AB，CDが垂直ということは，$\overrightarrow{AB}$と$\overrightarrow{CD}$が垂直といえる。

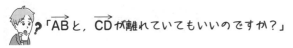

「$\overrightarrow{AB}$と，$\overrightarrow{CD}$が離れていてもいいのですか？」

いいよ。だって，ベクトルは大きさや向きを変えなければ，場所を移動させることができるからね。

$\overrightarrow{AB}$ は $\beta-\alpha$，$\overrightarrow{CD}$ は $\delta-\gamma$ と表され，一方を他方で割ると純虚数ということだ。

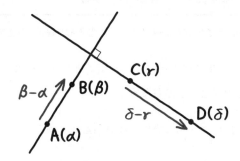

ちなみに，$\overrightarrow{AB}$ の代わりに $\overrightarrow{BA}$ つまり $\alpha-\beta$，$\overrightarrow{CD}$ の代わりに $\overrightarrow{DC}$ つまり $\gamma-\delta$ を使ってもいいよ。

2直線が垂直に交わるための条件（その2）

4点 A(α)，B(β)，C(γ)，D(δ) とすると，

$$\text{2直線AB，CDが垂直} \iff \frac{\delta-\gamma}{\beta-\alpha} \text{が純虚数}$$

（α と β，γ と δ はそれぞれ入れかわってもいいし，分子，分母が逆でもいい。）

複素数平面上の図形の方程式

複素数平面上の図形だってグラフの一種だから，もちろん方程式が存在するよ。

1-17 で，ベクトル方程式というのが出てきたが，それと同様に，複素数平面上の図形の方程式というのもあるんだ。

「今までと同じやりかたで作ればいいんですか？」

そうだよ。動く点はP(z) としよう。"複素数平面"だからね。zは，もちろん複素数だよ。

例えば，A(α) を中心とする半径rの円を考えてみよう。

円周上でP(z) を動かす。

そして，Pの位置に関係なく常に成り立つというのは，**"A, P間の距離は半径に等しい"**ということだ。

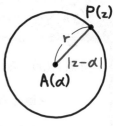

「『A, P間の距離』は，$|z-\alpha|$ですね。」

そうだね。**2-4** でやったね。よって，$|z-\alpha|=r$が成り立つ。

「|動点－中心|＝半径。あれっ？　何か，前に出てきたような気が……。」

1-17 の 🔆 の ❶ のベクトル方程式と一緒だよ。動点$\vec{p}$がzに，中心$\vec{c}$がαになっているだけだ。他の複素数平面上の図形の方程式も，ベクトル方程式と同じ形をしているよ。

数C **2**章

複素数平面上の図形の方程式

❶ 点A(α) を中心とする
半径rの円
$$|z-\alpha|=r$$

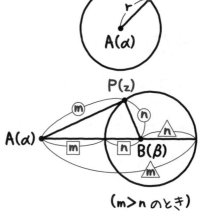

❷ 2点A(α),
B(β) とするとき,
線分ABを$m:n$
$(m \neq n)$ の比に内分
する点と外分する点
を直径の両端とする円
$$|z-\alpha| : |z-\beta|$$
$$=m:n$$
または
$$n|z-\alpha|=m|z-\beta|$$

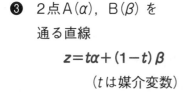

（$m>n$ のとき）

❸ 2点A(α), B(β) を
通る直線
$$z=t\alpha+(1-t)\beta$$
　　　　（t は媒介変数）

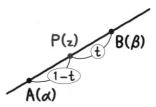

❹ 2点A(α), B(β) とする
とき, 線分ABの垂直二等
分線
$$|z-\alpha|=|z-\beta|$$

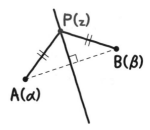

「『直径の両端がA，Bの円』とか，『点Aを通り，$\vec{n}$に垂直な直線』とかはベクトル方程式にあっても，今回はないんですね……。」

そうだね。複素数に"内積"はないからね。

例題 2-24

定期テスト 出題度 ❗❗❗) (共通テスト 出題度 ❗❗❗)

複素数zが次のような図形上を動くとき，zが満たす方程式を求めよ。ただし，(1)は媒介変数としてtを用いること。

(1)　2点 A$(-2-5i)$，B$(4-8i)$ を通る直線

(2)　2点 A$(3-i)$，B$(-1+7i)$ を直径の両端とする円

ミサキさん，(1)は，できる？

 「$\overset{Point}{39}$の❸の形ですよね。

$$z = t(-2-5i) + (1-t)(4-8i)$$
$$z = -2t - 5ti + 4 - 8i - 4t + 8ti$$
$$z = (4-6t) + (-8+3t)i$$

です。」

うん。まあ，いいね。あえていえば，$(1-t)(4-8i)$ はふつうに展開するよりは，**$(1-t)$ をひとかたまりとして，展開すると，**

$(4-4t) + (-8+8t)i$ となって，**●+●iの形**だから，そのあとが足しやすいよ。

解答 (1)　$z = t(-2-5i) + (1-t)(4-8i)$

$z = -2t - 5ti + (4-4t) + (-8+8t)i$

$\underline{\underline{z = (4-6t) + (-8+3t)i}}$　⇦答え　例題 2-24 (1)

「(2)は，**❶**っぽいな。でも，中心や半径が書かれていないですよ。」

『数学Ⅱ・B編』の 例題 **3-15** でやったよ。中心を例えばCとすると，Cは線分ABの中点ということになるね。

「あっ，そうか。中点は **2-5** の **コツ**⑫ のやりかたで求められるな。」

「半径は，2点A，C間の距離ということね。」

その通り。これは， **2-4** の公式で計算できる。じゃあ，ハルトくん，解いてみて。

「**解答** (2) 中心をCとすると，

Cは線分ABの中点より

$$\frac{(3-i)+(-1+7i)}{2}=1+3i$$

半径は，2点A，C間の距離より

$$|(1+3i)-(3-i)|$$
$$=|-2+4i|$$
$$=\sqrt{(-2)^2+4^2}$$
$$=2\sqrt{5}$$

よって，求める方程式は

$$\underline{|z-1-3i|=2\sqrt{5}}$$ ◁ **答え** 例題 **2-24** (2)」

そうだね。正解。

数C 2章

方程式から図形を求める

2-16 と逆のことをしてみよう。

例題 2-25

定期テスト 出題度 ❗❗❗　　共通テスト 出題度 ❗❗❗

　　複素数 z について，次の方程式が成り立つとき，動点 $P(z)$ はどの
ような図形を描くか。

(1) $z\bar{z} = 4$

(2) $|z+5| = |\bar{z} - 3 + 2i|$

(1)は，2-3 の 26 で，$|z|^2 = z\bar{z}$ という公式があったね。それを使って変形
すればいいよ。

「解答　(1) $z\bar{z} = 4$ より

　　　　　$|z|^2 = 4$　　$|z| = 2$

　　　　　$\cdots\cdots\cdots\cdots\cdots$

えっ？　この後は？」

z は，$z - 0$ とみなせるよ。

「　　　　　$|z - 0| = 2$

原点を中心とする半径2の円　　⇐ 答え　例題 2-25 (1)

ということか。」

そうだね。2-16 の 39 で登場した複素数平面上の図形の方程式のうち，❶
の形をしているね。

「(2)は，式を見ると，❹ $|z - \alpha| = |z - \beta|$ っぽいですけど，右辺の z に
"横棒"がついているし……。」

うん。この"横棒"を何とかすればいいと思う。じゃあ，まず，右辺全体の上に横棒をつけよう。$-3+2i$ は，$-3-2i$ の共役な複素数だから，$\overline{-3-2i}$ と書けるね。だから，

解答　(2)　$|z+5|=|\bar{z}-3+2i|$ より

$$|z+5|=|\overline{z-3-2i}|$$

となる。そして，**2-3** の で，$|z|=|\bar{z}|$ という公式があったね。だから $|z-3-2i|=|\overline{z-3-2i}|$ といえる。

それを使うと，

$$|z+5|=|z-3-2i|$$

となって，⑨の❹の形だから，

A(-5)，B$(3+2i)$ とするとき，線分 AB の垂直二等分線

⇦**答え**　**例題 2-25** (2)

が正解だ。

「絶対値の中の $\bar{z}$ を z にするために，全体に横棒をつけるのね。うまい方法ですね！」

例題 2-26

定期テスト 出題度 ❗❗　　**共通テスト 出題度 ❗❗❗**

$|z-\alpha|=r$ を満たす複素数 z は，α の表す点を中心とする半径 r の円を描く。

これを利用して，$2|z-3i|=|z+6|$ を満たす z は，どのような図形を描くかを求めよ。

両辺を 2 乗して展開してみよう。$|z|^2=z\bar{z}$ を使うよ。

解答 $2|z-3i|=|z+6|$ の両辺を2乗して

$$4|z-3i|^2=|z+6|^2$$

$$\left.\begin{array}{l}4(z-3i)\overline{(z-3i)}=(z+6)\overline{(z+6)}\end{array}\right)\ |z|^2=z\bar{z}$$

$$4(z-3i)(\bar{z}-\overline{3i})=(z+6)(\bar{z}+\bar{6})$$

$$4(z-3i)(\bar{z}+3i)=(z+6)(\bar{z}+6)$$

$$4(z\bar{z}+3iz-3i\bar{z}-9i^2)=z\bar{z}+6z+6\bar{z}+36$$

$$4z\bar{z}+12iz-12i\bar{z}+36=z\bar{z}+6z+6\bar{z}+36$$

$$3z\bar{z}+(-6+12i)z+(-6-12i)\bar{z}=0$$

$$z\bar{z}+(-2+4i)z+(-2-4i)\bar{z}=0\quad\cdots\cdots①$$

「$\overline{3i}$ ということは、$3i$ の共役な複素数だから……。

あっ、$-3i$ か。」

そうだね。$3i$ は $0+3i$ とみなせるからね。共役な複素数は $0-3i$。つまり、$-3i$ になる。

「$\bar{6}$ は、6 の共役な複素数だから、6 ですね。」

その通り。6 は $6+0\cdot i$ とみなせるから、共役な複素数は $6-0\cdot i$ で、6 ということだ。**2-2** の 24 を覚えておくと、もっと楽だよ。

さて、計算の続きをやってみよう。『数学Ⅰ・A編』の **8-2** で、

$$(x+a)(y+b)=xy+bx+ay+ab$$

の右辺の形を左辺の形に変えるという計算があったよね。今回もそれを使うよ。上の式の右辺の

$$x\,y+b\,x+a\,y+a\,b$$

と①の左辺の

$$z\,\bar{z}+(-2+4i)\,z+(-2-4i)\,\bar{z}$$

を見比べると形は似ているよね。x を z、y を $\bar{z}$、b を $-2+4i$、a を $-2-4i$ とみなすと、ab にあたる数である $(-2-4i)(-2+4i)$ を補充すればいいんだよね。左辺に足したら、当然、右辺にも足すことになる。

①の左辺は，$(x+a)(y+b)$ の形……つまり，

$(\underline{z-2-4i})(\underline{\bar{z}-2+4i})$ に変形できるし，
　$z+(-2-4i)$　$\bar{z}+(-2+4i)$

右辺は，そのまま計算してしまえばいいよ。

①の式の両辺に $(-2-4i)(-2+4i)$ を足すと

$z\bar{z}+(-2+4i)z+(-2-4i)\bar{z}+(-2-4i)(-2+4i)$

$$=(-2-4i)(-2+4i)$$

$(z-2-4i)(\bar{z}-2+4i)=4-16i^2$

$(z-2-4i)(\bar{z}-2+4i)=20$

このあとは，左辺を $(\ \ )(\overline{\ \ \ })$ の形にするんだ。$-2+4i$ は，$-2-4i$ の共役な複素数だよね。だから，$-2+4i$ は，$\overline{-2-4i}$ と直せるよ。

$(z-2-4i)(\overline{z-2-4i})=20$

$|z-2-4i|^2=20$

$|z-2-4i|=2\sqrt{5}$

点 $2+4i$ を中心とする半径 $2\sqrt{5}$ の円　← 答え　例題 2-26

 の  の❷を使っても解ける。

『A($3i$)，B(-6) とすると，線分 AB を 1：2 の比に内分する点と外分する点を直径の両端とする円』ということになるね。

ミサキさん，内分点，外分点を表す複素数はそれぞれどうなる？

「A($3i$)，B(-6) で，線分 AB を 1：2 の比に内分する点は

$$\frac{2\cdot 3i+1\cdot(-6)}{1+2}=\frac{6i-6}{3}=-2+2i$$

線分 AB を 1：2 の比に外分する点は

$$\frac{-2\cdot 3i+1\cdot(-6)}{1-2}=\frac{-6i-6}{-1}=6+6i$$

です。」

そうだね。**2点−2+2i, 6+6iを直径の両端とする円**ともいえるよ。

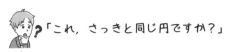「これ, さっきと同じ円ですか?」

そうだよ。円の中心を表す複素数を求めてみて。

「$\dfrac{(-2+2i)+(6+6i)}{2}=\dfrac{4+8i}{2}=2+4i$

です。あっ, ホントだ。中心は同じですね。」

半径は, 直径の一方と中心間の距離ということだね。 **2-4** の2点間の距離の公式で,

$$|(2+4i)-(-2+2i)| \quad ←\text{A}(\alpha),\ \text{B}(\beta) \text{ のとき,}$$
$$\qquad\qquad\qquad\qquad\quad 2点\text{A, B間の距離は}$$
$$\qquad\qquad\qquad\qquad\quad \text{AB}=|\beta-\alpha|$$
$$=|4+2i|$$
$$=\sqrt{4^2+2^2} \quad ←z=x+yi\text{のとき}$$
$$\qquad\qquad\quad\ |z|=\sqrt{x^2+y^2}$$
$$=\sqrt{20}$$
$$=2\sqrt{5}$$

となる。つまり, 点2+4iを中心とする半径2√5の円だとわかるね。

「こっちの解きかたのほうが楽ですよね。」

そう思う。でも, 今回は問題で❶$|z-\alpha|=r$を使うよう指示されているから, 前半のように解かなきゃいけないんだ。

「そうか……ありがた迷惑だな(笑)。」

他に, $\sqrt{2}|z-3i|=|z+6|$のように

絶対値の中の係数を1にしたとき, 前に √ がついているときも❷だと計算が面倒になる。❶でやるといいよ。

お役立ち話 8

複素数平面上の図形の方程式を xy 平面上のふつうの方程式に直す

　1-18 でベクトル方程式を，"ふつうの方程式"に直せるということを学んだ。

　複素数平面上の図形の方程式の場合は，$z=x+yi$（x，yは実数）を代入すれば，やはり，ふつうの方程式に直せるんだ。

　2-17 の問題をやってみよう。

例題 2-25　定期テスト 出題度 **! ! !**　共通テスト 出題度 **! ! !**

　　複素数zについて，次の方程式が成り立つとき，動点$P(z)$はどのような図形を描くか。

(1)　$\overline{z}z=4$

(2)　$|z+5|=|\overline{z}-3+2i|$

ミサキさん，$z=x+yi$とおいて，解いてみて。

解答　$z=x+yi$（x，yは実数）とする。

(1)　$(x+yi)(x-yi)=4$　←$\overline{x+yi}=x-yi$

　　　　　$x^2-y^2i^2=4$

$$x^2 + y^2 = 4$$

原点を中心とする半径2の円 ⇦答え 例題 **2-25** (1)

(2)　$z + 5 = (x + 5) + yi$ ←$x + yi + 5$

$\overline{z} - 3 + 2i = (x - 3) + (-y + 2)i$ より ←$x - yi - 3 + 2i$

$$\sqrt{(x + 5)^2 + y^2} = \sqrt{(x - 3)^2 + (-y + 2)^2}$$

↑$z = x + yi$のとき
$|z| = \sqrt{x^2 + y^2}$

$$(x + 5)^2 + y^2 = (x - 3)^2 + (-y + 2)^2$$

$$x^2 + 10x + 25 + y^2 = x^2 - 6x + 9 + y^2 - 4y + 4$$

$$16x + 4y + 12 = 0$$

直線$4x + y + 3 = 0$ ⇦答え 例題 **2-25** (2)」

そうだね。図にすると次のようになるよ。

(2)はA(-5)，B$(3+2i)$とするとき，線分ABの垂直二等分線だったから，同じ図形だね。

(1) 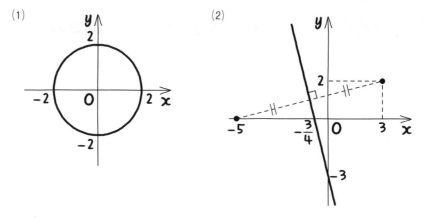 (2)

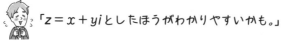「$z = x + yi$としたほうがわかりやすいかも。」

この例題では，計算がそんなにたいへんじゃないかもしれないけど，なるべくzのまま解いたほうがいいよ。

複素数平面上の軌跡

「また,軌跡?」って,うんざりしないでね。軌跡は数学Ⅱ以上に,数学Cでよく登場するよ。

例題 2-27   定期テスト 出題度 !! 　 共通テスト 出題度 !!!

$z + \dfrac{1}{z}$ が実数であるとき,複素数 z が描く図形を図示せよ。

「『描く図形』ということは,軌跡ですね。」

　そうだね。まず,分母は0でないので $z \neq 0$ とわかる。そのあとはハルトくん,解ける?

「**解答** $z = x + yi$ (x, y は実数) とおくと

$$z + \frac{1}{z}$$

$$= x + yi + \frac{1}{x + yi}$$

$$= x + yi + \frac{x - yi}{(x + yi)(x - yi)}$$

$$= x + yi + \frac{x - yi}{x^2 - y^2 i^2}$$

$$= x + yi + \frac{x - yi}{x^2 + y^2}$$

$$= \frac{x(x^2 + y^2) + y(x^2 + y^2)i + x - yi}{x^2 + y^2}$$

$$= \frac{\{x(x^2 + y^2) + x\} + \{y(x^2 + y^2) - y\}i}{x^2 + y^2}$$

実数になるということは

$$y(x^2 + y^2) - y = 0$$ ← 虚部が0

$$y\{(x^2+y^2)-1\}=0$$

$$y=0 \quad または \quad x^2+y^2=1$$

よって，直線$y=0$（x軸）と円$x^2+y^2=1$である。

ただし，原点を除く。

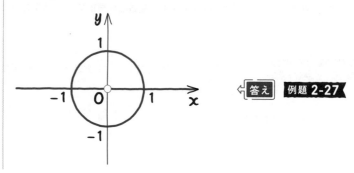

←答え　例題 2-27

　　わーっ……！！　ムチャクチャたいへんだった。」

　うん，正解だね。でも，とても面倒だ。ここも，$z=x+yi$とおかないで，2-2 の💡24 で登場した

zが実数 $\iff z=\bar{z}$
zが純虚数 $\iff z=-\bar{z},\ z\neq0$

を使うといい。

　『$z+\dfrac{1}{z}$が実数』ということは，$z+\dfrac{1}{z}=\overline{z+\dfrac{1}{z}}$が成り立つということだ。こ

れを変形すればいいよ。

解答　$z+\dfrac{1}{z}=\overline{z+\dfrac{1}{z}}$

$z+\dfrac{1}{z}=\bar{z}+\overline{\left(\dfrac{1}{z}\right)}$

$z+\dfrac{1}{z}=\bar{z}+\dfrac{\bar{1}}{\bar{z}}$

$z+\dfrac{1}{z}=\bar{z}+\dfrac{1}{\bar{z}}$

両辺に $z\bar{z}$ を掛けると

$z^2\bar{z}+\bar{z}=z(\bar{z})^2+z$

$z^2\bar{z}-z(\bar{z})^2-z+\bar{z}=0$

$z\bar{z}(z-\bar{z})-(z-\bar{z})=0$

$(z-\bar{z})(z\bar{z}-1)=0$

$(z-\bar{z})(|z|^2-1)=0$

$z=\bar{z}$ または $|z|=1$

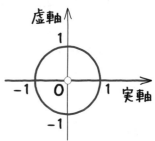

$z=\bar{z}$ ということは，z は実数だから実軸上にある。ただし，点0は除く。

また，$|z|=1$ ということは，原点を中心とする半径1の円になる。

⇐ 答え　例題 2-27

結局，同じ答えになるよね。

例題 2-28

定期テスト 出題度 ❗❗　　共通テスト 出題度 ❗❗❗

複素数平面上に点 $A(-1+4i)$ がある。$P(z)$ が原点を中心とする半径2の円周上を動くとき，線分 AP を $1:3$ の比に内分する点の描く図形を求めよ。

同じような軌跡の問題を，『数学Ⅱ・B編』の 例題 3-29 でやったね。その手順でやってみよう。

まず，❶ 軌跡上の点をQとしようか。ふつうの座標の場合は，(X, Y) とおくところだが，今回は複素数平面上だから，複素数でおくことになるね。

？「$Q(x+yi)$ とおくということですか？」

いや，複素数zとか，複素数wとか**1文字でおけばいい**。zはもう使われているから，wにしよう。**$Q(w)$ とおく**んだ。

次に，❷ **式を作る**。まず，『$P(z)$ が原点を中心とする半径2の円周上を動く』といっている。

「$|z-0|=2$，つまり，

　　$|z|=2$　……①

ですね。」

その通り。さらに，『点Q(w) は，線分APを1：3の比に内分する点』とある。

「Qの表す複素数wは，A($-1+4i$)，P(z) で，線分APを

1：3に内分するんだから，

$$\frac{3\cdot(-1+4i)+1\cdot z}{1+3}=\frac{-3+12i+z}{4}$$

になりますね。」

そう。$w=\dfrac{-3+12i+z}{4}$　……②　になる。

❸　計算をする。

今回はQ(w) の軌跡を求めたいんだよね？　ということは，w以外の変数を消せばいい。

「" w以外の変数 "は，zか。」

「消したい文字＝～の形にして，代入するんですね。」

ふつうは，最後に❹　**x, yに直して答える**ところだが，今回は，X, Yで計算していないからね。やる必要はない。

じゃあ，最初から通して，解いてみるよ。

解答　軌跡上の点をQ(w) とおく。

P(z) が原点を中心とする半径2の円周上を動くので

　　$|z|=2$　……①

また，点Qは，線分APを1：3の比に内分する点より，複素数wは

$$w=\frac{3\cdot(-1+4i)+1\cdot z}{1+3}=\frac{-3+12i+z}{4} \quad \cdots\cdots②$$

②より

$$4w=-3+12i+z$$

$$z=4w+3-12i \quad \cdots\cdots②'$$

②'を①に代入すると

$$|4w+3-12i|=2$$

$$\left|w+\frac{3}{4}-3i\right|=\frac{1}{2}$$

点$-\dfrac{3}{4}+3i$を中心とする半径$\dfrac{1}{2}$の円 ⟵ 答え 例題 2-28

「えっ？　最後のところの変形がよくわからないんですが……。」

$|4w+3-12i|=2$は，**2-16** の ③ で登場した，

❶ 点A(α)を中心とする半径rの円は$|z-\alpha|=r$

の形に近いよね。今回は動点がzでなくwだが，形は一緒だ。

「係数の4が邪魔だな。」

うん。そこで，絶対値の中を4で割ればいいんだ。$|4|$つまり，4で割ることになるね。

「左辺を4で割ったんだから，右辺も4で割ったんですね。」

そうだよ。

複素数平面上の領域

複素数平面上でも領域というのがあるよ。

Point

40 複素数平面上の領域

点A(α) を中心とする半径rの
円の内側は，Aからの距離がr
より小

$$|z-\alpha|<r$$

外側は，Aからの距離がrより
大

$$|z-\alpha|>r$$

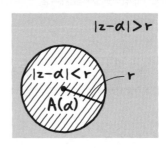

2点A(α)，B(β) とす
るとき，線分ABの垂
直二等分線で仕切られ
たうち，Aのある側は，
Aとの距離がBとの距
離より小

$$|z-\alpha|<|z-\beta|$$

Bのある側は，Aとの距離がBとの距離より大

$$|z-\alpha|>|z-\beta|$$

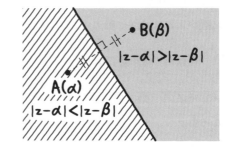

$\overset{\text{Point}}{40}$ は，それぞれの領域に点 P(z) をおいてみるとよくわかるよ。では例題を解いてみよう。

例題 2-29

定期テスト 出題度 **❗❗**　　共通テスト 出題度 **❗❗❗**

複素数平面上で，P(z) が点 $-i$ を中心とする半径 $\sqrt{2}$ の円の内側を動くとき，$w=\dfrac{2z-2}{z+1}$ の存在する領域を図示せよ。

例題 2-28 と同じような手順で解くんだ。$\overset{\text{Point}}{40}$ も使うよ。

解答　P(z) が点 $-i$ を中心とする半径 $\sqrt{2}$ の円の内側を動くので

$$|z+i|<\sqrt{2} \quad \cdots\cdots①$$

また，$w=\dfrac{2z-2}{z+1}$ より

$$w(z+1)=2z-2$$
$$wz+w=2z-2$$
$$wz-2z=-w-2$$
$$(w-2)z=-w-2$$

$w=2$ なら，左辺$=0$，右辺$=-4$ より不適。

よって $w\neq2$ より，両辺を2で割ると

$$z=\frac{-w-2}{w-2} \quad \cdots\cdots②$$

②を①に代入すると

$$\left|\frac{-w-2}{w-2}+i\right|<\sqrt{2}$$

両辺に $|w-2|$ を掛けると

$$|(-w-2)+i(w-2)|<\sqrt{2}|w-2|$$
$$|-w-2+iw-2i|<\sqrt{2}|w-2|$$

$$|(-1+i)w-2-2i|<\sqrt{2}\,|w-2|$$

両辺を$|-1+i|$で割る

$$\left|w+\frac{-2-2i}{-1+i}\right|<|w-2|$$

$$\left|w+\frac{(-2-2i)(-1-i)}{(-1+i)(-1-i)}\right|<|w-2|$$

$$\left|w+\frac{2+2i+2i+2i^2}{1-i^2}\right|<|w-2|$$

$$\left|w+\frac{4i}{2}\right|<|w-2|$$

$$|w+2i|<|w-2| \quad \leftarrow |z-\alpha|=|z-\beta|\text{は}$$
点A(α), 点B(β) とするとき,
線分ABの垂直二等分線

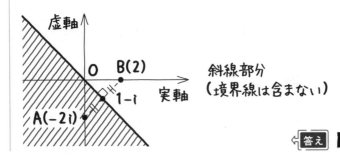

斜線部分
（境界線は含まない）

答え　例題 2-29

A$(-2i)$, B(2) としたとき, $|w+2i|<|w-2|$ は "線分ABの垂直二等分線
で仕切られたうち, Aのある側"ということになるね。

「$|(-1+i)w-2-2i|<\sqrt{2}\,|w-2|$
　の後は, wの係数を1にすればいいんですね。」

「ということは, $|-1+i|$で割るということか。」

うん。左辺を$|-1+i|$で割ったわけだから, 右辺も同じもので割らなければ
ならない。

$$|-1+i|=\sqrt{(-1)^2+1^2}=\sqrt{2}$$

だから, 右辺は$\sqrt{2}$で割ればいいね。

2-20 $z+\bar{z}$, $z-\bar{z}$を含む 方程式，不等式

zの実部をRe(z)，虚部をIm(z)と書くこともあるよ。Reはreal part，Imはimaginary partの略だよ。

例題 2-30

定期テスト 出題度 !!!　共通テスト 出題度 !!!

複素数zが，次の関係を満たすとき，zの描く図形を図示せよ。
(1) $z+\bar{z}=-6$
(2) $z-\bar{z}=5i$

例題 2-4 で登場した知識を使うよ。

コツ15 $z+\bar{z}$, $z-\bar{z}$を含む方程式，不等式

$z+\bar{z}$が登場したときには$\dfrac{z+\bar{z}}{2}$の形を作る。これはzの実部になる。

$z-\bar{z}$が登場したときには$\dfrac{z-\bar{z}}{2i}$の形を作る。これはzの虚部になる。

(1)なら，$\dfrac{z+\bar{z}}{2}=-3$より，『zの実部が-3』ということだ。

「$-3+5i$とか，$-3-i$とか……？」

うん。これらの表す点をすべて集めると，点-3を通り，虚軸に平行な直線になるね。

解答 (1) $z+\bar{z}=-6$ より $\dfrac{z+\bar{z}}{2}=-3$

z の実部が -3

よって，次のような直線になる。

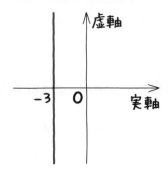

 答え 例題 **2-30** (1)

ハルトくん，(2)はどうなる？

「$\dfrac{z-\bar{z}}{2i}=\dfrac{5}{2}$ だから，『z の虚部が $\dfrac{5}{2}$』か……

解答 (2) $z-\bar{z}=5i$ より $\dfrac{z-\bar{z}}{2i}=\dfrac{5}{2}$

z の虚部が $\dfrac{5}{2}$

よって，次のような直線になる。

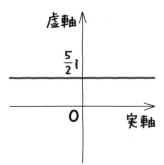

答え 例題 **2-30** (2)

ですか？」

そう，正解。$1+\dfrac{5}{2}i$ とか $-\sqrt{7}+\dfrac{5}{2}i$ とかいった点を，すべて集めると，点 $\dfrac{5}{2}i$ を通り実軸に平行な直線になるね。

例題 2-31　　定期テスト 出題度 **❶❶❶**　　共通テスト 出題度 **❶❶❶**

　　複素数 z が，次の関係を満たすとき，z の描く図形を図示せよ。

(1)　$z+\bar{z}\leqq 7$

(2)　$\dfrac{z-\bar{z}}{2i}>4$

(1)は，$\dfrac{z+\bar{z}}{2}\leqq\dfrac{7}{2}$ より，『z の実部が $\dfrac{7}{2}$ 以下』ということだ。

解答　(1)　$z+\bar{z}\leqq 7$

$\dfrac{z+\bar{z}}{2}\leqq\dfrac{7}{2}$ より

z の実部は $\dfrac{7}{2}$ 以下

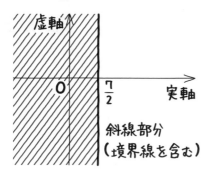

斜線部分
（境界線を含む）

⇐**答え**　**例題 2-31** (1)

「(2)は変じゃないですか？　虚数に大小はないから不等式は登場しない
はずですよね？」

えっ？　あっ，なるほど，『数学Ⅱ・B編』の 2-5 でいったことを覚えていたんだね。たしかにそうなんだけど，そもそも $\dfrac{z-\bar{z}}{2i}$ は虚数じゃないんだよ。$z=x+yi,\ \bar{z}=x-yi$ なら $z-\bar{z}=2yi$ だよね。分子，分母の i が約分されて実数になるよ。

「そうか。両辺とも実数だから，式としてはおかしくないんだ！」

そうだね。ミサキさん，答えはわかる？

「『z の虚部が4より大きい』から，

解答　(2)　$\dfrac{z-\bar{z}}{2i}>4$ より

z の虚部は4より大きい。

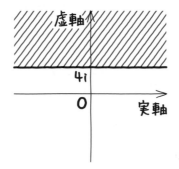

斜線部分
（境界線は含まない）

⇦答え　例題 2-31 (2)

ですか？」

うん。その通り。

平面上の曲線

この章では，放物線，楕円，双曲線，サイクロイドなど，直交座標（xy 座標）を使ったいろいろな曲線が登場するよ。

「放物線は数学 I で出てきたし，楕円って円がつぶれたような図形ですよね。双曲線って？」

中学で習った反比例のグラフも双曲線の一種なんだ。今回は，それとは向きや形が違うものを扱うけどね。

「サイクロイドって？」

円を転がしたときの円周上の定点の軌跡のことで，お寺の屋根を作るときこの曲線が使われたりするんだよ。

放物線

2次関数のグラフを放物線といったよね。例えば，$y=x^2$なら，$x^2=y$という形にすれば，これから学ぶ焦点や準線が求められるよ。

例題 3-1　〔定期テスト 出題度 ❗❗❗〕　〔共通テスト 出題度 ❗❗❗〕

　　　点 F$(p,\ 0)$ と直線 $x=-p$ から等距離にある点 Q の軌跡の方程式を求めよ。

　軌跡は，『数学Ⅱ・B編』の 3-22 でやったね。図はかかなくても求められるんだけど，一応，かいておこう。p は正か負かわからないから，$p>0$の場合と$p<0$の場合に分けてかくと次のような感じになる。

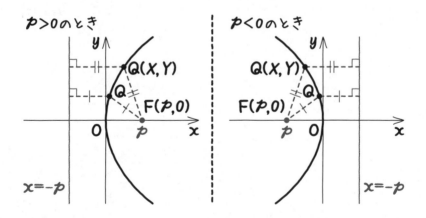

　点 F$(p,\ 0)$ と直線 $x=-p$ から等距離にある点 Q は無数にあるんだけど，それらの点を集めると，どんな図形になるかということなんだ。

　「$p>0$の場合と，$p<0$の場合で，場合分けして計算するんですか？」

いや，場合分けは必要ないよ。『数学Ⅱ・B編』の 3-22 の コツ₉ で説明した「軌跡の基本の解きかた」にそって，まずはやってみようか。

---

❶　軌跡を求めたい点の座標を (X, Y) とおく。

　　　$Q(X, Y)$ とおくと，…

❷　与えられた条件を満たす式を作る。

　　　$QF=(Q$ と直線 $x=-p$ の距離$)$

❸　計算し，どんな図形かわかるように変形する。

❹　X, Y を x, y に直す。

---

❸については，3-1 ～ 3-3 で新しく図形を表す式を紹介するので，出てきたら覚えるようにしようね。

解答　$Q(X, Y)$ とする。

$$\underbrace{\sqrt{(X-p)^2+Y^2}}_{QF}=\underbrace{|X+p|}_{Q \text{と直線} x=-p \text{の距離}}$$

$$\sqrt{X^2-2pX+p^2+Y^2}=|X+p|$$

両辺を2乗すると

$$X^2-2pX+p^2+Y^2=(X+p)^2$$

$$X^2-2pX+p^2+Y^2=X^2+2pX+p^2$$

$$Y^2=4pX$$

（逆に，点Qがこの放物線上にあれば条件を満たす。）

よって，求める方程式は，**放物線 $y^2=4px$**　⇐ 答え　例題 3-1

 「『Qと直線 $x=-p$ の距離』がどうして $|X+p|$ になるんですか？」

例えば，『点 $(7, -4)$ と直線 $x=2$ の距離』はわかる？

 「5 です。」

そうだよね。直線がまっ縦だから，x座標の差を求めればいいよね。7と2の差ということで，7−2=5になるね。

「じゃあ，今回はx座標がXと$-p$だから

$$X-(-p)=X+p$$

じゃないんですか？」

いや，違うよ。**Xと$-p$のどちらが大きいかわかっていない**からね。『数学Ⅰ・A編』の お役立ち話 **13** でも話したけど，**差を求めたいが，大小が不明のときは，一方から他方を引いて絶対値をつける**んだ。

「あっ，そうか。$|X-(-p)|=|X+p|$になるんだ！」

そういうことだね。さて，話を戻そう。　**定点と定直線から等しい距離にある点の軌跡は放物線になる**　んだ。このときの定点を**焦点**，定直線を**準線**という。

「さっきの例だと，放物線$y^2=4px$の焦点は$F(p, 0)$，準線は$x=-p$ですね。」

うん。実際に放物線をかくときは，**まず，焦点と準線をかき込む**。そして，焦点から準線に垂線を下ろしたとき，その真ん中の点が**頂点**になるんだ。頂点というのは，数学Ⅰで2次関数のグラフとして学んだときの放物線の頂点と同じだよ。

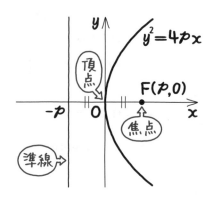

「頂点は原点ということか。」

そうだね。そして，**原点を頂点にして焦点を包み込むように放物線をか
けばいいん**だ。もちろん，焦点が左，準線が右になることもあるし，上下に
なることもある。でも，ぜんぶこの方式でかけばいいよ。

放物線の方程式

（i）　焦点がx軸上，準線がy軸に平行の場合

$$y^2 = 4px$$

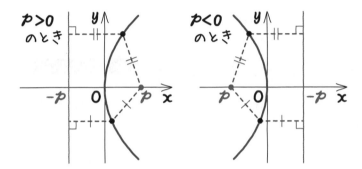

頂点は原点，焦点 $(p, 0)$，準線　$x = -p$

（ii）　焦点がy軸上，準線がx軸に平行の場合

$$x^2 = 4py$$

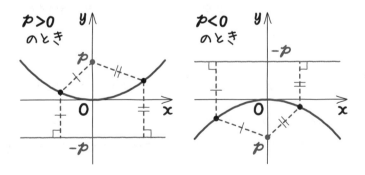

頂点は原点，焦点 $(0, p)$，準線　$y = -p$

例題 3-2

定期テスト 出題度 ❗❗❗　共通テスト 出題度 ❗❗❗

次の放物線の焦点, 準線の方程式を求め, 概形をかけ。

$$x^2 = -12y$$

「$x^2 = 4py$ と見比べればいいんですよね。

解答　求める放物線の式を $x^2 = 4py$ とおくと

$4p = -12$ より

$p = -3$

焦点 (0, -3), 準線 $y = 3$ ◁ 答え　例題 3-2 」

その通り。じゃあ, 放物線もかいてみよう。まず, 焦点と準線をかき込む。両方の真ん中にある点は?

「えーっと……原点です。」

そうだね。だから, 原点を頂点にして, 焦点を包み込むように放物線をかけばいいよ。

「でも, カーブの曲がり具合がわからないから補助線がいるな。$x = 1$ のとき, $1 = -12y$ だから $y = -\dfrac{1}{12}$ とかかな。」

「$y = -1$ になるときの x を調べてもいいよね。$x = \pm 2\sqrt{3}$ ですね。」

うん。それでもいいけど, せっかく焦点があるわけだから, 焦点の上下左右のところの座標を調べてもいいね。焦点の y 座標 -3 を式に代入して x を求めると

$$x^2 = -12 \times (-3), \quad x^2 = 36, \quad x = \pm 6$$

したがって，2点 $(6, -3)$，$(-6, -3)$ を通ることがわかるね。

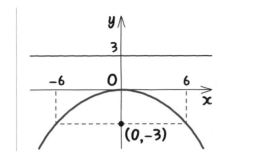

←答え　例題 3-2

例題 3-3

定期テスト 出題度 ❗❗❗　　共通テスト 出題度 ❗❗❗

　　点 $F(2, 0)$ と直線 $x = -2$ から等距離にある点 P の軌跡の方程式を求めよ。

「放物線の定義から考えれば，要するに，$(2, 0)$ が焦点，$x = -2$ が準線ということですよね。」

　うん。㊶の(ⅰ)で説明したとおり，『焦点 $(p, 0)$，準線 $x = -p$ なら，焦点と準線が左右にあるから，方程式は $y^2 = 4px$』となるよ。今回は p にあたる数が2だよ。

解答　$(2, 0)$ が焦点，$x = -2$ が準線だから，
　　　求める方程式は，$\underline{y^2 = 8x}$　←答え　例題 3-3

この方程式の表す図形は下のような放物線になる。

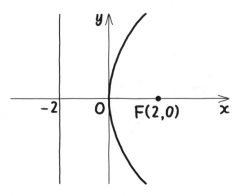

　今回は問題でグラフをかけといわれていないからいいけど, もし, かかなきゃ

いけないときは補助線を入れておこうね。

3-2 楕円

楕円は，英語でoval（オーバル）。アメリカの大統領執務室は室内が楕円の形をしていることから，the Oval Officeと呼ばれているよ。

例題 3-4

定期テスト 出題度 !! 　共通テスト 出題度 !!!

$a>b>0$とする。次の問いに答えよ。

(1) $-\dfrac{a^2}{\sqrt{a^2-b^2}}$ と$-a$の大小を比較せよ。

(2) 平面上に2点 $F(\sqrt{a^2-b^2},\ 0)$，$F'(-\sqrt{a^2-b^2},\ 0)$ がある。その2点からの距離の和が$2a$になる点Pの軌跡の方程式を求めよ。

(1)は『数学Ⅱ・B編』の **1-20** でやったように，2乗どうしを比較すればいい。

$-\dfrac{a^2}{\sqrt{a^2-b^2}}$，$-a$はともに負だから，$\dfrac{a^2}{\sqrt{a^2-b^2}}$と$a$で考えよう。正どうしなら，2乗が大きいほうが大きいといえる。

解答 (1) まず，$\dfrac{a^2}{\sqrt{a^2-b^2}}$と$a$の大小を比較すると，

$$\left(\dfrac{a^2}{\sqrt{a^2-b^2}}\right)^2-a^2=\dfrac{a^4}{a^2-b^2}-a^2$$
$$=\dfrac{a^4-a^2(a^2-b^2)}{a^2-b^2}$$
$$=\dfrac{a^2b^2}{a^2-b^2}$$

>0より，$\dfrac{a^2}{\sqrt{a^2-b^2}}>a$

よって，$-\dfrac{a^2}{\sqrt{a^2-b^2}}<-a$ ⟵**答え** 例題 3-4 (1)

(2)はふつうに計算すると大変なので，$\sqrt{a^2-b^2}=c$とおいてやってみよう。

例題 **3-1** と同じやりかたで解くよ。

解答　(2)　$P(X,\ Y)$ とする。$PF+PF'=2a$ より，$\sqrt{a^2-b^2}=c$ とおくと

$$\underset{PF}{\underline{\sqrt{(X-c)^2+Y^2}}}+\underset{PF'}{\underline{\sqrt{(X+c)^2+Y^2}}}=2a$$

$$\sqrt{X^2-2cX+c^2+Y^2}+\sqrt{X^2+2cX+c^2+Y^2}=2a$$

$$\sqrt{X^2-2cX+c^2+Y^2}=2a-\sqrt{X^2+2cX+c^2+Y^2}$$

両辺を2乗すると

$$X^2-2cX+c^2+Y^2$$
$$=4a^2-4a\sqrt{X^2+2cX+c^2+Y^2}+(X^2+2cX+c^2+Y^2)$$

$$4a\sqrt{X^2+2cX+c^2+Y^2}=4a^2+4cX$$

$$a\sqrt{X^2+2cX+c^2+Y^2}=a^2+cX$$

さらに，$a^2+cX\geqq0$，つまり，$X\geqq-\dfrac{a^2}{\sqrt{a^2-b^2}}$ で，2乗すると

$$a^2(X^2+2cX+c^2+Y^2)=(a^2+cX)^2$$

$$a^2X^2+2a^2cX+a^2c^2+a^2Y^2=a^4+2a^2cX+c^2X^2$$

$$(a^2-c^2)X^2+a^2Y^2=a^4-a^2c^2$$

$\sqrt{a^2-b^2}=c$ より，$a^2-c^2=b^2$，$a^2c^2=a^4-a^2b^2$ だから

$$b^2X^2+a^2Y^2=a^2b^2$$

両辺を a^2b^2 で割ると，$\dfrac{X^2}{a^2}+\dfrac{Y^2}{b^2}=1$

(1)の結果より，これは $X\geqq-\dfrac{a^2}{\sqrt{a^2-b^2}}$ の条件を満たす。

(逆に，点Pがこの楕円上にあれば条件を満たす。)

求める方程式は，**楕円 $\dfrac{x^2}{a^2}+\dfrac{y^2}{b^2}=1$** ⇦ 答え　**例題 3-4** (2)

　この方程式の表す図形は**楕円**になる。このときの2点F，F'を**焦点**というよ。つまり，**2つの焦点からの距離の和が一定になるように図形をかくと，楕円になる** んだ。

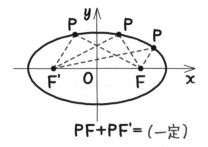

$PF+PF'=$（一定）

例題 **3-4** の結果が，の(i)になるよ。

ちなみに，直線 $x = -\dfrac{a^2}{\sqrt{a^2-b^2}}$ は楕円より左にある。(2)の解答の終わりの

『$\dfrac{X^2}{a^2} + \dfrac{Y^2}{b^2} = 1$ なら，$X \geqq -\dfrac{a^2}{\sqrt{a^2-b^2}}$ を満たす』というのは，そういう意味な

んだ。

「直線 $x = -\dfrac{a^2}{\sqrt{a^2-b^2}}$ って，グラフにかかなきゃいけないのですか？」

いや。かかなくていいよ。

「その直線って，何かしらの意味があるのですか？」

それは **3-12** の **コツ** **18** で登場するから，今は考えなくてもいいよ。

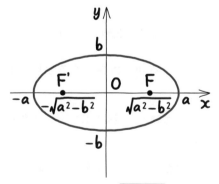

Point 42 楕円の方程式

（ⅰ）　焦点が x 軸上にある場合

$$\frac{x^2}{a^2} + \frac{y^2}{b^2} = 1 \quad (a > b > 0)$$

焦点F，F′は $(\pm\sqrt{a^2-b^2},\ 0)$

楕円上の点と２つの焦点からの距離の和は **2a**

（ⅱ）　焦点が y 軸上にある場合

$$\frac{x^2}{a^2}+\frac{y^2}{b^2}=1 \quad (b>a>0)$$

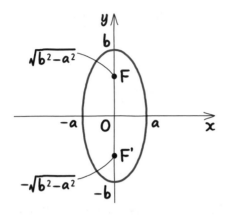

焦点F，F′は $(0,\ \pm\sqrt{b^2-a^2})$

楕円上の点の2つの焦点からの距離の和は **2b**

また，どちらの楕円も x 軸，y 軸との交点は，

$(a,\ 0)$，$(-a,\ 0)$，$(0,\ b)$，$(0,\ -b)$

で，これを楕円の**頂点**というよ。

「へーっ……，楕円の形は縦長と横長の2種類あるのか！」

うん。方程式は同じ形だが，**縦長になるか，横長になるかは，aとbの**
どちらが大きいかで決まるよ。

　a のほうが大きければ，2つの焦点は x 軸上に横並びになり，それらを包み
込むように横長の楕円をかけばいい。

　一方，b のほうが大きければ，2つの焦点は y 軸上に縦並びになる。同様に，
包み込むように縦長の楕円をかけばいい。

焦点をF，F′とすると，

『直線FF′のうち，楕円の中にある部分』まあ，簡単にいえば，"長いほうの直径"のことだけど，これを**長軸**という。

一方，『線分FF′の垂直二等分線のうち，楕円の中にある部分』つまり，"短いほうの直径"を**短軸**というよ。

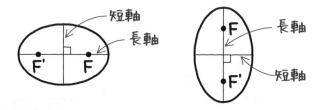

例題 3-5

定期テスト 出題度 **!** **!** **!**　　共通テスト 出題度 **!** **!** **!**

次の楕円の焦点，頂点，長軸・短軸の長さを求め，概形をかけ。

(1)　$9x^2 + 4y^2 = 36$

(2)　$x^2 + 5y^2 = 1$

(1)は，まず，$\dfrac{x^2}{a^2} + \dfrac{y^2}{b^2} = 1$ の形にすればいいよ。a，bの値がわかるし，その大小から，2種類の楕円のどちらになるのかもわかる。

解答　(1)　$9x^2 + 4y^2 = 36$の両辺を36で割ると

$$\dfrac{x^2}{4} + \dfrac{y^2}{9} = 1$$

楕円の方程式を

$\dfrac{x^2}{a^2} + \dfrac{y^2}{b^2} = 1 \ (a>0,\ b>0)$ とすると

$a^2 = 4,\ b^2 = 9$　より

$a = 2,\ b = 3$

$b > a > 0$より，y軸方向に長い（縦長の）楕円となるから

焦点は $(0, \pm\sqrt{3^2-2^2})$ より，**$(0, \pm\sqrt{5})$**

頂点は **$(\pm2, 0)$, $(0, \pm3)$**

長軸の長さ $2b=\underline{\underline{6}}$

短軸の長さ $2a=\underline{\underline{4}}$

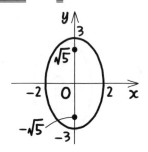

⇐答え　**例題 3-5** (1)

「(2)は，右辺は1になっているから，割らなくていいのかな？

あれっ？　でも，$\dfrac{x^2}{a^2}+\dfrac{y^2}{b^2}=1$ の形をしていないな……。」

まず，x^2 のほうは，$\dfrac{x^2}{1}$ とみなせばいい。

一方，$5y^2$ のほうだけど，『5を掛ける』ということは『$\dfrac{1}{5}$ で割る』ということなので，$\dfrac{y^2}{\frac{1}{5}}$ と変形すればいいんだ。それでやってみて。

「**解答**　(2)　$x^2+5y^2=1$ より，　　$\dfrac{x^2}{1}+\dfrac{y^2}{\frac{1}{5}}=1$

楕円の方程式を

$\dfrac{x^2}{a^2}+\dfrac{y^2}{b^2}=1$ $(a>0, b>0)$ とすると

$a^2=1$, $b^2=\dfrac{1}{5}$ より

$a=1$, $b=\dfrac{1}{\sqrt{5}}$

$a>b>0$ より，x 軸方向に長い（横長の）楕円となるから

$$\underline{\underline{焦点は}} \left(\pm\sqrt{1^2 - \left(\frac{1}{\sqrt{5}}\right)^2},\ 0 \right)\ より,\ \underline{\underline{\left(\pm\frac{2}{\sqrt{5}},\ 0 \right)}}$$

$$\underline{\underline{頂点は}}\ (\pm1,\ 0),\ \left(0,\ \pm\frac{1}{\sqrt{5}} \right)$$

$$\underline{\underline{長軸の長さ}}\ 2a = \underline{\underline{2}}$$

$$\underline{\underline{短軸の長さ}}\ 2b = \underline{\underline{\frac{2}{\sqrt{5}}}}$$

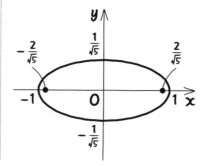

⇐ 答え 例題 3-5 (2)」

数C 3章

そうだね。正解！

例題 3-6

定期テスト 出題度 ❗❗❗   共通テスト 出題度 ❗❗❗

平面上に2点 F(3, 0), F'(−3, 0) がある。
その2点からの距離の和が10になる点 P の軌跡を求めよ。

「F(3, 0), F'(−3, 0) からの距離の和が一定だから楕円で, F, F' が焦点ですね。」

その通り。さて，楕円の方程式を求めるときは，まず，横長なのか縦長なのかを考えるのが大切だよ。焦点が (±3, 0) つまり, x 軸上に横並びになっている。

「じゃあ，横長だ！」

そうだね。方程式は$\dfrac{x^2}{a^2}+\dfrac{y^2}{b^2}=1\,(a>b>0)$ になる。そして，焦点の座標は $(\pm\sqrt{a^2-b^2},\ 0)$ になるはずだから，比較してみると

$$\sqrt{a^2-b^2}=3$$

になるね。

また，2つの焦点からの距離の和は，横長なので$2a$になるはずだから，これも比較してみると

$$2a=10$$

になる。これらを使えば，a, bの値がわかるよ。

| 解答 | 焦点の位置より，x軸方向に長い（横長の）楕円であるので，求める方程式を

$$\dfrac{x^2}{a^2}+\dfrac{y^2}{b^2}=1\ (a>b>0)$$

とおく。

焦点の座標は $(\pm\sqrt{a^2-b^2},\ 0)$ より

$$\sqrt{a^2-b^2}=3$$
$$a^2-b^2=9\quad\cdots\cdots①$$

また，2つの焦点からの距離の和は$2a$より

$$2a=10$$
$$a=5\quad\cdots\cdots②$$

②を①に代入すると

$$25-b^2=9$$
$$b^2=16$$

$b>0$より，$b=4$

よって，求める軌跡は

楕円 $\dfrac{x^2}{25}+\dfrac{y^2}{16}=1$ **例題 3-6**

双曲線

双子のような曲線なので，双曲線と呼ばれているよ。

3-2 で，楕円は2つの焦点からの距離の和が一定になる点の軌跡という
のを習ったね。

今回は，**2つの焦点からの距離の差が一定になる点の軌跡**だ。これは，**双曲線**という図形になるよ。

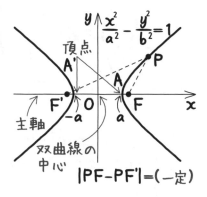

双曲線 $\dfrac{x^2}{a^2} - \dfrac{y^2}{b^2} = 1$ と x 軸との2

つの交点 $A(a, 0)$, $A'(-a, 0)$ を
双曲線の**頂点**といい，直線 AA' を**主
軸**，O を双曲線の**中心**というんだ。

これも，例題 3-4 と同じようにすれば出せる。次のことを覚えておこう。

双曲線の方程式

(ⅰ)　焦点F，F′ が x 軸上にある場合（標準形）

$$\dfrac{x^2}{a^2}-\dfrac{y^2}{b^2}=1 \ (a>0, \ b>0)$$

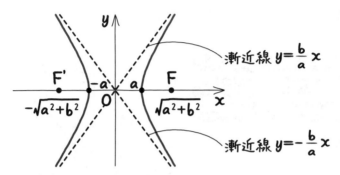

焦点F，F′ は $\left(\pm\sqrt{a^2+b^2}, \ 0\right)$

双曲線上の点の2つの焦点からの距離の差は $2a$

頂点は $(\pm a, \ 0)$

漸近線の方程式は $y=\pm\dfrac{b}{a}x$

(ⅱ)　焦点F，F′ が y 軸上にある場合

$$\dfrac{x^2}{a^2}-\dfrac{y^2}{b^2}=-1 \ (a>0, \ b>0)$$

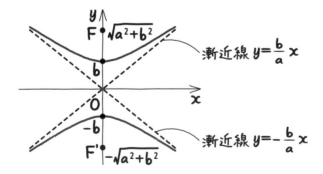

> 焦点F，F´ は $(0, \ \pm\sqrt{a^2+b^2})$
>
> 双曲線上の点の2つの焦点からの距離の差は **$2b$**
>
> 頂点は $(0, \ \pm b)$
>
> 漸近線の方程式は $y=\pm\dfrac{b}{a}x$

「双曲線も2種類あるんですね。左右に広がるものと，上下に広がるもの。これって，a と b のどちらが大きいかで決まるんじゃないんですね……。」

そうなんだ。**左辺を $\dfrac{x^2}{a^2}-\dfrac{y^2}{b^2}$ に変形したときに右辺が1になるか -1 になるかで区別される**んだ。

　右辺が1になるならば，2つの焦点は x 軸上に横並びになる。図は，まず，**2つの焦点と漸近線をかいた後，$(a, \ 0)$，$(-a, \ 0)$ を頂点として，左右に広がるような形にかくんだ。焦点を包み込むように，ひらがなの"く"をイメージしてかく**といい。

　一方，右辺が -1 になるならば，2つの焦点は y 軸上に縦並びになるし，$(0, \ b)$，$(0, \ -b)$ を頂点とした，上下に広がるような形になる。

「漸近線は，$y=\tan\theta$ とか指数関数，対数関数のグラフで登場しました。」

そうだね。『数学Ⅱ・B編』の 4-6 ，5-8 ，5-18 で習ったね。限りなく近づく線という意味だった。ちなみに，2つの漸近線が直角に交わっているときの双曲線を**直角双曲線**というんだ。そのままの名前だけどね（笑）。

例題 3-7

定期テスト 出題度 **❗❗❗**　　共通テスト 出題度 **❗❗❗**

次の双曲線の焦点，頂点，漸近線の方程式を求め，概形をかけ。

(1) $7x^2 - 2y^2 = 14$

(2) $-x^2 + 9y^2 = 1$

まずは(1)を解いてみるよ。

解答　(1)　$7x^2 - 2y^2 = 14$ の両辺を14で割ると

$$\frac{x^2}{2} - \frac{y^2}{7} = 1$$

左右に開く双曲線となり，方程式を $\dfrac{x^2}{a^2} - \dfrac{y^2}{b^2} = 1$ $(a>0,\ b>0)$ とすると

$a^2 = 2,\ b^2 = 7$　より

$a = \sqrt{2},\ b = \sqrt{7}$

<u>**焦点**</u>は $(\pm\sqrt{(\sqrt{2})^2 + (\sqrt{7})^2},\ 0)$ より，<u>**$(\pm 3,\ 0)$**</u>

<u>**頂点**</u>は <u>**$(\pm\sqrt{2},\ 0)$**</u>

<u>**漸近線の方程式**</u>は，$y = \pm\sqrt{\dfrac{7}{2}}\, x$

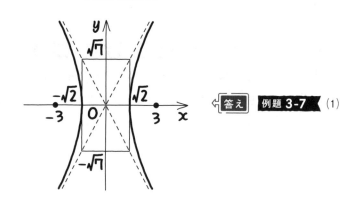

答え　例題 **3-7** (1)

「グラフの真ん中にある長方形はなんですか？」

これは漸近線の傾きがよくわかるようにかいた補助線だよ。$x=1$ を代入してもよかったんだけど，せっかく頂点があるから $x=\pm\sqrt{2}$ のときで調べたよ。

「$x=\sqrt{2}$ を $y=\pm\sqrt{\dfrac{7}{2}}\,x$ に代入すると，$y=\pm\sqrt{7}$ （複号同順）。

$x=-\sqrt{2}$ でも同じですね。」

「あれっ？　双曲線のほうの補助線はかかなくていいの？」

漸近線があれば曲線のカーブの具合がわかりやすくなるからね。そっちは必要ないよ。

(2)はミサキさん，やってみよう。

「(2)は，右辺がすでに 1 になっているから，両辺を割らなくていいですよね。$-\dfrac{x^2}{1}+\dfrac{y^2}{\frac{1}{9}}=1$ だから，左右に開く双曲線で……。」

いや。そうじゃないんだ。$\dfrac{x^2}{a^2}-\dfrac{y^2}{b^2}=\pm1$ の形をしていないよ。$\dfrac{x^2}{a^2}$ のアタマにマイナスはつかないはずだもん。

「あっ，そうか。じゃあ，どうすればいいんですか？」

アタマを正にしたいから，両辺を -1 で割るんだ。$\dfrac{x^2}{1}-\dfrac{y^2}{\frac{1}{9}}=-1$ となっ

て，上下に開く双曲線とわかるんだ。じゃあ，最初から解いてみて。

「**解答** (2)　$-x^2+9y^2=1$ より，　　$-\dfrac{x^2}{1}+\dfrac{y^2}{\frac{1}{9}}=1$

両辺を -1 で割ると

$$\dfrac{x^2}{1}-\dfrac{y^2}{\frac{1}{9}}=-1$$

上下に開く双曲線となり, 方程式を $\dfrac{x^2}{a^2}-\dfrac{y^2}{b^2}=-1$ $(a>0,$

$b>0)$ とすると

$a^2=1,\ b^2=\dfrac{1}{9}$　より

$a=1,\ b=\dfrac{1}{3}$

焦点は $\left(0,\ \pm\sqrt{1^2+\left(\dfrac{1}{3}\right)^2}\right)$ より, $\left(0,\ \pm\dfrac{\sqrt{10}}{3}\right)$

頂点は $\left(0,\ \pm\dfrac{1}{3}\right)$

漸近線の方程式は, $y=\pm\dfrac{1}{3}x$

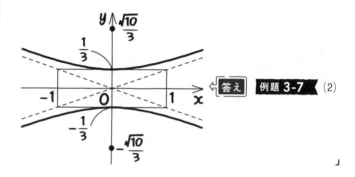

←答え　例題 3-7 (2)

　漸近線を引くための補助線は, 漸近線の方程式の $y=\pm\dfrac{1}{3}x$ に, 頂点の y 座

標 $y=\dfrac{1}{3},\ -\dfrac{1}{3}$ を代入して $x=\pm1$ (複号同順) を求めたんだね。よくできま

した。

例題 **3-8**　定期テスト 出題度 ❗❗❗　共通テスト 出題度 ❗❗❗

次の双曲線の方程式を求めよ。

(1) 焦点が $(0, 5)$, $(0, -5)$ で，2頂点間の距離が6である双曲線

(2) 漸近線が $y = \pm 2x$ であり，点 $(-5, 8)$ を通る双曲線

楕円のときと同じように，　双曲線の方程式を求めるときは，まず，左右，
上下どちらに開く双曲線なのかを考えるのが大切　だよ。

「焦点が $(0, \pm 5)$ ということは，上下に開く双曲線ですね。」

そうだね。ミサキさん，やってみて。

「 解答 　(1) 焦点の位置より，上下に開く双曲線になるから，求める方
程式を

$$\frac{x^2}{a^2} - \frac{y^2}{b^2} = -1 \ (a > 0, \ b > 0)$$

とおく。

焦点の座標は $(0, \pm\sqrt{a^2 + b^2})$ より

$$\sqrt{a^2 + b^2} = 5$$

$$a^2 + b^2 = 25 \quad \cdots\cdots ①$$

また，2つの頂点は $(0, b)$, $(0, -b)$ で，

2頂点間の距離は $2b$ より

$$2b = 6$$

$$b = 3 \quad \cdots\cdots ②$$

②を①に代入すると

$$a^2 + 9 = 25$$

$$a^2 = 16$$

$a > 0$ より，$a = 4$

よって，求める方程式は

$$\frac{x^2}{16} - \frac{y^2}{9} = -1$$ 答え　例題 3-8 (1)」

正解。(2)も，まず，左右，上下どちらに開く双曲線なのかを考える。

「焦点がかかれていないから，わからない……。」

グラフに漸近線と点をかいてみるとわかるよ。

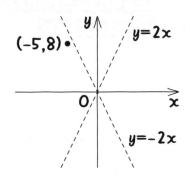

直線 $y = -2x$ は，x 座標が -5 のときの y 座標が 10。つまり，点 $(-5, 10)$ を通るね。点 $(-5, 8)$ はそこよりちょっと下だから，バツの形の漸近線の左側にあるよね。

「あっ，そうか。ここを通るということは，左右に開く双曲線ということか。」

「『点 $(-5, 8)$ を通る』はどうやって式を立てればいいんですか？」

"通る" ということは，$x = -5$，$y = 8$ を代入したとき式が成り立つということだ。じゃあ，ハルトくん。これらのヒントを参考に，最初から解いてみて。

「解答」(2)　漸近線と通る点の位置より，左右に開く双曲線となるから，求める方程式を

$$\frac{x^2}{a^2} - \frac{y^2}{b^2} = 1 \ (a > 0, \ b > 0)$$

とおく。

漸近線の方程式は $y = \pm 2x$ より

$$\frac{b}{a} = 2$$

$$b = 2a \quad \cdots\cdots ①$$

また，双曲線は点 $(-5, 8)$ を通るので，

$$\frac{25}{a^2} - \frac{64}{b^2} = 1 \quad \cdots\cdots ②$$

①を②に代入すると

$$\frac{25}{a^2} - \frac{64}{4a^2} = 1$$

$$\frac{25}{a^2} - \frac{16}{a^2} = 1$$

$$\frac{9}{a^2} = 1$$

$$a^2 = 9$$

$a > 0$ より，$a = 3$

①に代入すると，$b = 6$

よって，求める方程式は

$$\frac{x^2}{9} - \frac{y^2}{36} = 1$$

←答え　例題 3-8 (2)」

そうだね。よくできました。(2)は少し難しかったかな？　あとでしっかり復習もしてね。

2次曲線と円錐曲線

放物線, 楕円, 双曲線, および『数学Ⅱ・B編』で登場した円はひっくるめて, **2次曲線**と呼ばれているんだ。

「式が, x または y の2次式になっているからですか?」

正解。また, **円錐曲線**ともいうよ。

「えっ?　円錐とどんな関係があるんですか?」

円錐を用意して, 図のように, 斜めの平面で切ると, 切り口は楕円になるんだ。

「あっ, ホントだ!　水平に切ると円になりますよね?」

うん, その通り。また, 円錐の母線と平行な平面で切ると, 放物線になるんだ。

さらに, 図のように同じ円錐をもう1つ用意して, 頂点どうしがくっつくように, まっすぐにして逆さまにつける。

そして, 上下の円錐の両方と交わり, 頂点を通らないように切ると双曲線になるんだ。

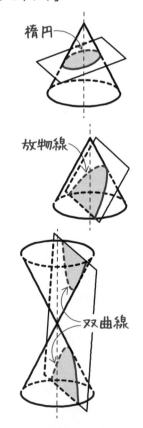

2次曲線と直線

数学Ⅰ，数学Ⅱで習ったことと同じで，目新しさは何もない。知っている人にはちょっと退屈かも。まあ，復習のつもりでやってみよう。

例題 **3-9**   定期テスト 出題度 ❗❗❗   共通テスト 出題度 ❗❗❗

> 双曲線 $2x^2 - y^2 = -1$ と，直線 $4x - 3y + m = 0$ について，次の問いに答えよ。ただし，m は定数とする。
> (1) 双曲線と直線の位置関係を調べよ。
> (2) 双曲線と直線の共有点が2つあるとき，それらを A，B とすると，線分 AB の中点 M の座標を m を用いて表せ。

(1)は，『数学Ⅰ・A編』の **3-19** でやったような，連立させて，判別式を考える方法でいいよ。

解答 (1) $2x^2 - y^2 = -1$ ……①

$4x - 3y + m = 0$ ……②

②より

$$y = \frac{4}{3}x + \frac{m}{3} \quad \cdots\cdots ②'$$

②′を①に代入すると

$$2x^2 - \left(\frac{4}{3}x + \frac{m}{3}\right)^2 = -1$$

$\left(\dfrac{4}{3}x + \dfrac{m}{3}\right)^2 = \left\{\dfrac{1}{3}(4x+m)\right\}^2$

$$18x^2 - (4x + m)^2 = -9$$

$= \dfrac{1}{9}(4x+m)^2$ なので両辺を9倍する

$$18x^2 - 16x^2 - 8mx - m^2 = -9$$

$$2x^2 - 8mx - m^2 + 9 = 0 \quad \cdots\cdots ③$$

判別式 $\dfrac{D}{4} = (-4m)^2 - 2(-m^2 + 9)$

$$= 16m^2 + 2m^2 - 18$$

数C 3章

$$=18m^2-18$$

$$=18(m^2-1)$$

$$=18(m+1)(m-1)$$

$m<-1$，$1<m$のとき，異なる2点で交わる

$m=-1$，1のとき，　　1点で接する

$-1<m<1$のとき，　　共有点なし

⇐ 答え　例題 3-9　(1)

「最後，場合分けをするのは，

> 連立させて，$ax^2+bx+c=0$ $(a\neq0)$となったとき，
> 判別式 $D=b^2-4ac>0$ ⟺ 異なる2点で交わる。
> 　　　　　$D=b^2-4ac=0$ ⟺ 1点で接する。
> 　　　　　$D=b^2-4ac<0$ ⟺ 共有点をもたない。

を使ったんですよね。」

そういうことだね。判別式を計算したら，$\dfrac{D}{4}=18(m+1)(m-1)$になるけど，これは，正なのか0なのか負なのかわからないよね。

「いずれかになる可能性があるから，場合分けしてぜんぶ書くのか。なんだ。今までと一緒だな。」

「(2)は，交点を求めるのだから，①と②を連立させて……あっ，もう，(1)でやっていますね（笑）。③を解けば，交点の x 座標が求められますね。」

「えっ？　ものすごい値になるんじゃないですか？」

これも、『数学Ⅱ・B編』の `3-24` で登場したよ。**2次方程式の解が複雑な ときは、解をα，βとして、解と係数の関係を使う**んだったよね。

「あっ、そうか……それがあった。忘れてました！」

判別式は(1)ですでにやっているからいいね。ミサキさん、解いてみて。

「解と係数の関係より

$$\alpha+\beta=4m$$

$$\alpha\beta=\frac{-m^2+9}{2}$$

で、交点A，Bのx座標はα，βということですよね……。」

②′の式に代入すれば、y座標もα，βで表せるよね。

「そして、線分ABの中点だから、足して2で割ればいいんですね！ じゃあ、最初からやってみます。

| 解答 | (2) (1)より、$2x^2-8mx-m^2+9=0$　……③

2次方程式③の解をα，βとすると、解と係数の関係より

$$\alpha+\beta=4m \qquad \cdots\cdots④$$

$$\alpha\beta=\frac{-m^2+9}{2} \qquad \cdots\cdots⑤$$

また、(1)の②′より、$x=\alpha$のとき、$y=\dfrac{4}{3}\alpha+\dfrac{m}{3}$

$$x=\beta\text{のとき、}y=\frac{4}{3}\beta+\frac{m}{3}$$

になるから、

$A\left(\alpha,\ \dfrac{4}{3}\alpha+\dfrac{m}{3}\right)$，$B\left(\beta,\ \dfrac{4}{3}\beta+\dfrac{m}{3}\right)$とすると、

ABの中点Mは$\left(\dfrac{\alpha+\beta}{2},\ \dfrac{2}{3}(\alpha+\beta)+\dfrac{m}{3}\right)$

④を代入すると、<u>M$(2m,\ 3m)$（ただし、$m<-1$，$1<m$）</u>

⟸答え　例題 3-9 (2)」

そうだね。正解。

接点がわかっているときの 2次曲線の接線

円の接線がわかっていればカンタンなはずだよ。

　『数学Ⅱ・B編』の **3-17** で，接点がわかっているときの円の接線の方程式を求めるというのがあったね。楕円，双曲線の接線の方程式を求めるときも，それと同じ方式だよ。$x^2 = x \cdot x$ の一方の x に接点の x 座標，$y^2 = y \cdot y$ の一方の y に接点の y 座標を代入すればいいんだ。

44 楕円，双曲線の接線の方程式

● 楕円 $\dfrac{x^2}{a^2} + \dfrac{y^2}{b^2} = 1$ 上の点 $(x_1, \ y_1)$

　における接線の方程式は

$$\frac{x_1 x}{a^2} + \frac{y_1 y}{b^2} = 1$$

● 双曲線 $\dfrac{x^2}{a^2} - \dfrac{y^2}{b^2} = 1$ 上の点 $(x_1, \ y_1)$

　における接線の方程式は

$$\frac{x_1 x}{a^2} - \frac{y_1 y}{b^2} = 1$$

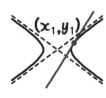

● 双曲線 $\dfrac{x^2}{a^2} - \dfrac{y^2}{b^2} = -1$ 上の点 $(x_1, \ y_1)$

　における接線の方程式は

$$\frac{x_1 x}{a^2} - \frac{y_1 y}{b^2} = -1$$

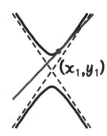

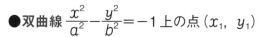

「放物線は違うんですか？」

　例えば，$y^2=4px$ なら，y は2乗になっているから，一方の y に接点の y 座標を代入する。x のほうは1乗なんだけど，こちらは $4px$ を分解するんだ。$4px=2px+2px$ だから，$2p(x+x)$ として，一方の x に接点の x 座標を代入する。$x^2=4py$ なら，x と y を逆にして，同じことをするよ。

45 放物線の接線の方程式

● 放物線 $y^2=4px$ 上の点 $(x_1,\ y_1)$ における接線の方程式は

$$y_1y=2p(x+x_1)$$

● 放物線 $x^2=4py$ 上の点 $(x_1,\ y_1)$ における接線の方程式は

$$x_1x=2p(y+y_1)$$

数C 3章

例題 3-10

定期テスト 出題度 ❗❗❗　　共通テスト 出題度 ❗❗❗

　次の接線の方程式を求めよ。

(1)　放物線 $y^2=-18x$ 上の点 $(-2,\ 6)$ における接線

(2)　楕円 $\dfrac{x^2}{32}+\dfrac{y^2}{18}=1$ 上の点 $(4,\ -3)$ における接線

(3)　双曲線 $\dfrac{x^2}{48}-\dfrac{y^2}{75}=1$ 上の点 $(-8,\ -5)$ における接線

ミサキさん，すべてやってみて。

「解答　(1)　$y^2 = -18x$ 上の点 $(-2, 6)$ における接線の方程式は

　　　　　$\underset{y^2 = 4px}{\underline{}}$ 　　$\underset{(x_1, y_1)}{}$

$$6y = -9(x-2) \leftarrow y_1y = 2p(x+x_1)$$

$$6y = -9x + 18$$

$$9x + 6y = 18$$

$$\underline{3x + 2y = 6}$$　⇦ 答え　**例題 3-10** (1)

(2)　$\dfrac{x^2}{32} + \dfrac{y^2}{18} = 1$ 上の点 $(4, -3)$ における接線の方程式は

　　　$\underset{\frac{x^2}{a^2} + \frac{y^2}{b^2} = 1}{}$ 　　　　$\underset{(x_1, y_1)}{}$

$$\dfrac{4x}{32} + \dfrac{-3y}{18} = 1 \leftarrow \dfrac{x_1 x}{a^2} + \dfrac{y_1 y}{b^2} = 1$$

$$\dfrac{x}{8} - \dfrac{y}{6} = 1$$

$$\underline{3x - 4y = 24}$$　⇦ 答え　**例題 3-10** (2)

(3)　$\dfrac{x^2}{48} - \dfrac{y^2}{75} = 1$ 上の点 $(-8, -5)$ における接線の方程式は

　　　$\underset{\frac{x^2}{a^2} - \frac{y^2}{b^2} = 1}{}$ 　　　　$\underset{(x_1, y_1)}{}$

$$\dfrac{-8x}{48} - \dfrac{-5y}{75} = 1 \leftarrow \dfrac{x_1 x}{a^2} - \dfrac{y_1 y}{b^2} = 1$$

$$-\dfrac{x}{6} + \dfrac{y}{15} = 1$$

$$\underline{-5x + 2y = 30}$$　⇦ 答え　**例題 3-10** (3)」

そうだね。正解。

3-6 楕円の接線，面積

3章を勉強する前，楕円は「円を伸ばしたり縮めたりしたもの」という知識しかなかったが，今は「2定点からの距離の和が一定になる点の軌跡」と答えられる。でも，前の考えかたも意外に大切なんだ。

例題 3-11

定期テスト 出題度 **! !**　　共通テスト 出題度 **! !**

数C 3章

楕円 $C : x^2 + 4y^2 = 100$ について，次の問いに答えよ。

(1) 楕円 C の接線のうち，点 P(2, 7) を通るものの方程式と，その接点の座標を求めよ。

(2) (1)で求めた接点を A, B とするとき，線分 AB と楕円 C で囲まれる図形のうち小さいほうの部分の面積を求めよ。

(1)は，『数学Ⅱ・B編』の **3-18** で勉強したやりかたで解ける。

「接点も求めるわけだから，(x_1, y_1) とおくほうの求めかたですね。」

その通り。『数学Ⅱ・B編』の **お役立ち話 5** で勉強したけど，点を2文字でとったときは，その点は図形上にあるので代入して……①とするんだったよね。じゃあ，この問題はミサキさんにやってもらおう。ちなみに，C の式の両辺を100で割って，$\dfrac{x^2}{100} + \dfrac{y^2}{25} = 1$ として解いてもいいけど，実は，**3-5** の

44 の "x の一方に x 座標を代入し，y の一方に y 座標を代入する。" は，**変形前の式でもできるよ。**

楕円 $C : x^2 + 4y^2 = 100$ 上の点 (x_1, y_1) における接線の方程式なら，

$x_1 x + 4y_1 y = 100$

というふうになる。

「あっ，そうなんですね……じゃあ，解いてみます。

解答 (1) 接点を $(x_1,\ y_1)$ とおくと，この点は楕円C上にあるので，

$$x_1{}^2 + 4y_1{}^2 = 100 \quad \cdots\cdots ①$$

また，楕円Cの点 $(x_1,\ y_1)$ における接線の方程式は，

$$x_1 x + 4y_1 y = 100$$

で，これは点P$(2,\ 7)$を通るので，

$$2x_1 + 28y_1 = 100$$

$$x_1 + 14y_1 = 50 \quad \cdots\cdots ②$$

②より，

$$x_1 = -14y_1 + 50 \quad \cdots\cdots ②'$$

②'を①に代入すると，

$$(-14y_1 + 50)^2 + 4y_1{}^2 = 100$$

両辺を4で割ると，

$$(-7y_1 + 25)^2 + y_1{}^2 = 25$$

$$49y_1{}^2 - 350y_1 + 625 + y_1{}^2 = 25$$

$$50y_1{}^2 - 350y_1 + 600 = 0$$

両辺を50で割ると，

$$y_1{}^2 - 7y_1 + 12 = 0$$

$$(y_1 - 3)(y_1 - 4) = 0$$

$$y_1 = 3,\ 4$$

②'に代入すると，

$y_1 = 3$のとき，$x_1 = 8$

$y_1 = 4$のとき，$x_1 = -6$

<u>接点$(8,\ 3)$</u>で，そのときの接線の方程式は，

$8x + 4\cdot 3y = 100$より

<u>$2x + 3y = 25$</u>　⇦答え　例題 3-11 (1)

<u>接点$(-6,\ 4)$</u>で，そのときの接線の方程式は，

$$-6x + 4 \cdot 4y = 100 \text{より,}$$

$$-3x + 8y = 50 \quad \Leftarrow \boxed{\text{答え}} \quad \boxed{\text{例題 3-11}} \, (1)」$$

正解。さて，『数学Ⅱ・B編』の $\boxed{4\text{-}7}$ の $\overset{\text{Point}}{34}$ で，グラフの拡大・縮小というのを習ったね。

---

x 軸方向に a 倍に拡大・縮小 $\Longleftrightarrow$ 式は $x \to \dfrac{x}{a}$ になる。

y 軸方向に b 倍に拡大・縮小 $\Longleftrightarrow$ 式は $y \to \dfrac{y}{b}$ になる。

右の図のような楕円 $\dfrac{x^2}{a^2} + \dfrac{y^2}{b^2} = 1$ は，円 $x^2 + y^2 = 1$ を x 軸方向に a 倍に拡大，y 軸方向に b 倍に縮小したものなんだ。実際に公式で式を変形してみよう。

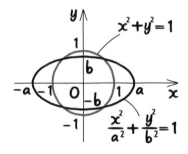

「$x^2 + y^2 = 1$ の x を $\dfrac{x}{a}$，y を $\dfrac{y}{b}$ にすると，

$$\left(\dfrac{x}{a}\right)^2 + \left(\dfrac{y}{b}\right)^2 = 1$$

$$\dfrac{x^2}{a^2} + \dfrac{y^2}{b^2} = 1$$

ということか。たしかにそうだ！」

(2)の"楕円によって囲まれた部分の面積"を求める場合も，この知識を使えばいいよ。 楕円を上下か左右に拡大・縮小して，円にして，"円によって囲まれた部分の面積"を求める。そして，再び元に戻して面積が何倍かを考えればいいんだ。 もちろん，拡大・縮小すれば，点も直線も全部変わるからね。気をつけよう。

「"円によって囲まれた部分の面積"って，どうやって求めるのですか？」

『数学Ⅱ・B編』の 7-19 でも紹介したよ。**円の中心や交点をつなげば，三角形や扇形の面積を考えることができる。**

解答 (2) A(8, 3)，B(−6, 4)とする。

y軸を中心に，x軸方向に$\dfrac{1}{2}$倍に縮小すると，楕円Cは，原点を中心とする半径5の円になる。

さらに，3点A，B，P(2, 7)は，それぞれA′(4, 3)，B′(−3, 4)，P′(1, 7)に移動し，

接線$2x+3y=25$は，$2\cdot 2x+3y=25$より，

接線ℓ_1：$4x+3y=25$になり，

接線$-3x+8y=50$は，$-3\cdot 2x+8y=50$より，

接線ℓ_2：$-3x+4y=25$になる。

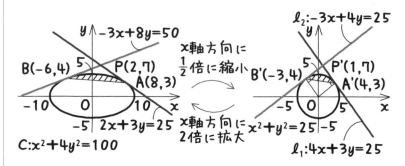

2直線ℓ_1，ℓ_2は，$4\cdot(-3)+3\cdot 4=0$より，垂直。

さらに，$\angle OA'P'=\angle OB'P'=\dfrac{\pi}{2}$，かつ，$OA'=OB'=5$より，

四角形$OA'P'B'$は正方形になる。

上の右図の斜線部の面積は，

（扇形$OA'B'$の面積）−（三角形$OA'B'$の面積）

$$= \frac{1}{2} \cdot 5^2 \cdot \frac{\pi}{2} - \frac{1}{2} \cdot 5^2$$

$$= \frac{25}{4}\pi - \frac{25}{2}$$

求めるものは，これを x 軸方向に2倍に拡大したものより，

面積も2倍なので

$$2\left(\frac{25}{4}\pi - \frac{25}{2}\right) = \underline{\underline{\frac{25}{2}\pi - 25}}$$　◁ 答え　例題 3-11 (2)

「2直線 ℓ_1，ℓ_2 が垂直になるところがよくわからないです……。」

数C 3章

2直線 $\begin{cases} a_1x + b_1y + c_1 = 0 \\ a_2x + b_2y + c_2 = 0 \end{cases}$ が垂直ならば

　$a_1a_2 + b_1b_2 = 0$

『数学Ⅱ・B編』の 3-6 の 24 で出てきたよ。

例題 3-12 〔定期テスト 出題度 ❗〕〔共通テスト 出題度 ❗❗〕

放物線 $y^2 = 4px$（p は正の定数）について，次の問いに答えよ。

(1)　放物線上の点 $A(x_1,\ y_1)$ における接線と x 軸との交点Bの座標を x_1 を用いて表せ。

(2)　次の図のように点C，Dをとり，AC∥BF，かつ，∠CAD＝∠FAB になるように x 軸上に点Fをとる。このとき，Fは点Aのとりかたによらない定点であることを示せ。ただし，$x_1 \neq 0$ とする。

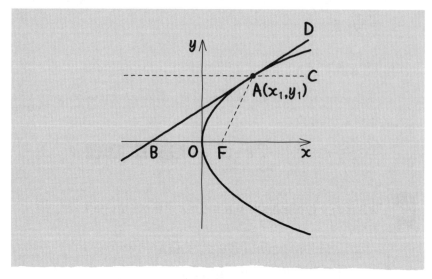

ミサキさん，(1)は解けるんじゃないかな？　やってみて。

「解答　(1)　$A(x_1,\ y_1)$ をとると，

Aは放物線 $y^2 = 4px$ 上にあるので

$y_1{}^2 = 4px_1$ ……①

また，Aにおける接線の方程式は

$y_1 y = 2p(x + x_1)$

で，x軸との交点を求めると

$0 = 2p(x + x_1)$

$p \neq 0$ より，両辺を $2p$ で割ると

$x + x_1 = 0$

$x = -x_1$

よって，**B$(-x_1,\ 0)$**　 例題 **3-12** (1)」

そうだね。 **3-5** の接線の公式を使えばいいね。

じゃあ，次の(2)だが，求めたいFはx軸上の点だから，$F(x_2,\ 0)$ とおこうか。

そして，わかっていることを図にかき込もう。まず，問題文に

∠CAD＝∠FAB とある。さらに，AC∥BF なので，同位角より，

∠CAD＝∠FBA　つまり，∠FAB＝∠FBA ということになるね。

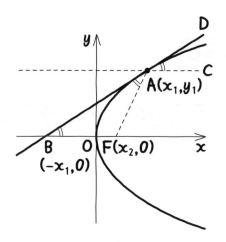

「△ABFは二等辺三角形ということか。」

そうだね。次のようになる。

解答 (2) AC∥BFより, ∠CAD＝∠FBA

よって, ∠CAD＝∠FABより, ∠FBA＝∠FABだから

FB＝FA

$F(x_2, 0)$ とおくと

$$x_2-(-x_1)=\sqrt{(x_1-x_2)^2+y_1{}^2}$$

$$x_2+x_1=\sqrt{(x_1-x_2)^2+y_1{}^2}$$

両辺を2乗すると

$$(x_2+x_1)^2=(x_1-x_2)^2+y_1{}^2$$

$$x_1{}^2+2x_1x_2+x_2{}^2=x_1{}^2-2x_1x_2+x_2{}^2+y_1{}^2$$

$$4x_1x_2=y_1{}^2$$

①より, $4x_1x_2=4px_1$

$x_1≠0$より, 両辺を$4x_1$で割ると

$x_2=p$

よって, Fの座標は $(p, 0)$ となり, 点Aのとりかたによらない定点である。

← **答え** 例題 **3-12** (2)

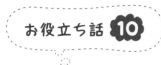

なぜ，「焦点」という名前？

　例えば，ビリヤードとか，ゲームセンターの
エアホッケーをイメージしてみよう。台の縁に
ぶつかったボール（やパック）は，右の図のよ
うに，同じ角度で跳ね返ってくるはずだ。

　ここで，縁の線が曲線だったとする。

　「そんな台，見たことない（笑）。」

　もしもの話だよ（笑）。曲線の場合も同じ
角度で跳ね返るんだ。曲線上のボールがぶ
つかったところに接線を引くと，右図のよ
うに同じ角度になるよ。

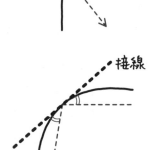

接線

　さて，**例題 3-12** の(2)を振り返ってみよう。点Fは点Aのとりかたによ
らない定点になるので，x軸に平行になるようにぶつければ，どこにぶつけ
ても，必ずFに集まってくるってことなんだ。

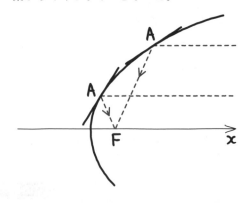

「あっ！　今，気づいたんですけど，F(p, 0) ということは，Fは焦点ですか？」

　今，それを言おうとしていたんだけどね（笑）。

　光や電波を放ったときも，同じような現象が起こるよ。

　"焦点" という名前はそこからきているんだ。

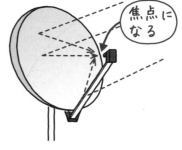

　パラボラアンテナはこの方法で衛星からの電波を1点に集めているよ。パラボラとは「放物線」という意味だ。

数C　3章

「棒状の受信機の先端のところが焦点になるんですね。」

　そうだね。その部分で電波を変換しているんだ。

「楕円や双曲線の焦点もそういった意味があるんですか？」

　楕円は，一方の焦点からボールや光を放つと，楕円のどこにぶつかって跳ね返っても，必ずもう一方の焦点に届くんだ。

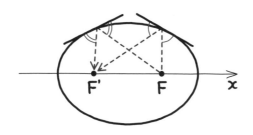

　双曲線では，一方の焦点Fから出た光は，双曲線上の点Pで跳ね返る。この光は，もう一方の焦点F′から出て点Pを通って直進する光の方向に進むんだ。

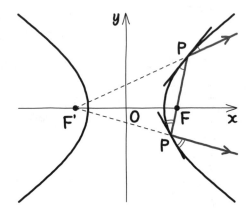

3-7 頂点が原点でない放物線

『数学Ⅰ・A編』の 3-7 で扱って以来，グラフをやるたびに登場してきた"平行移動"。
しつこいけど，ここでも出てくるよ。

例題 3-13

定期テスト 出題度 !!!　　共通テスト 出題度 !!!

次の放物線の頂点，焦点，準線の方程式を求め，概形をかけ。

$$4x + y^2 - 6y + 17 = 0$$

「えっ？　これって，放物線になるんですか？」

x，y の混じった式で，x，y のうち，一方が1次，他方が2次になってい

るものは放物線になる と考えていいよ。次の手順で整理しよう。

コツ 16 　x，y の混じった式の整理のしかた

❶ 平方完成する。

❷ （　　）^{2}＝〜の形にする。

❸ 右辺を係数でくくる。

「y は2乗と1乗があるから平方完成できますけど，x は1乗しかない
から平方完成できないですよね。」

そうだね。y のほうだけ平方完成すればいい。

解答　$4x+y^2-6y+17=0$

$4x+(y-3)^2-9+17=0$

$(y-3)^2=-4x-8$

$(y-3)^2=-4(x+2)$

さて，この式の形を見て，何か，思いつかない？

✧「平行移動？」

そうだね。放物線のときは，ほぼ毎回登場しているもんね。

「xのところが$x+2$，yのところが$y-3$になっているということは，放物線$y^2=-4x$を，x軸方向に-2，y軸方向に3だけ平行移動したものですね。」

その通り。じゃあ，まず，**放物線$y^2=-4x$の頂点，焦点，準線の方程式を求めるんだ**。そして，**放物線がずれるということは，頂点，焦点，準線もずれる**。

　これは放物線$y^2=-4x$を

x軸方向に-2，y軸方向に3だけ平行移動したものである。

放物線$y^2=-4x$は頂点$(0, 0)$，焦点$(-1, 0)$，準線$x=1$より

頂点$(-2, 3)$，焦点$(-3, 3)$，準線$x=-1$

⇦答え　 例題 3-13

ということになるね。

「放物線はどんな感じになるんですか？」

今までとかきかたは変わらない。頂点$(-2, 3)$で，焦点を包み込むようにかけばいいよ。

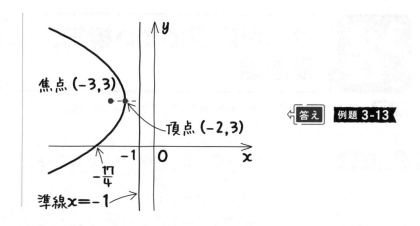

x 軸との共有点の x 座標は，$4x+y^2-6y+17=0$ に $y=0$ を代入して

$$4x+17=0,\ \ x=-\frac{17}{4}$$

のように求められるよ。

中心が原点でない楕円，双曲線

3-7 と同じく平行移動だ。どれだけ中心がずれているかがポイントになるよ。

例題 3-14

定期テスト 出題度 **! ! !**　　共通テスト 出題度 **! ! !**

次の楕円の中心，頂点，焦点を求め，概形をかけ。

$$x^2 - 8x + 5y^2 + 20y + 31 = 0$$

x，yの混じった式で，ともに2次になっているものは楕円や双曲線になっている可能性がある よ。

「今回は，x，yともに平方完成できそうですね。」

うん。**平方完成した後は，$\dfrac{x^2}{a^2} + \dfrac{y^2}{b^2} = 1$の形に直そう。**

どんな図形をどれだけ平行移動したかがわかって，放物線のときと同じように求められると思う。ハルトくん，解いてみて。

「解答

$$x^2 - 8x + 5y^2 + 20y + 31 = 0$$
$$x^2 - 8x + 5\{y^2 + 4y\} + 31 = 0$$
$$(x-4)^2 - 16 + 5\{(y+2)^2 - 4\} + 31 = 0$$
$$(x-4)^2 - 16 + 5(y+2)^2 - 20 + 31 = 0$$
$$(x-4)^2 + 5(y+2)^2 = 5$$
$$\dfrac{(x-4)^2}{5} + (y+2)^2 = 1$$

この楕円は，楕円$\dfrac{x^2}{5} + y^2 = 1$をx軸方向に4，y軸方向に−2だけ平行移動したものである。

楕円 $\dfrac{x^2}{5} + y^2 = 1$ の中心は，$(0, 0)$

x 軸方向に長い（横長の）楕円で，

頂点は，$(\pm\sqrt{5}, 0)$，$(0, \pm 1)$

焦点は $(\pm\sqrt{(\sqrt{5})^2 - 1^2}, 0)$ より，$(\pm 2, 0)$

求めるものは，それらを x 軸方向に4，y 軸方向に -2 だけ平

行移動したものなので

<u>中心 $(4, -2)$，頂点 $(4\pm\sqrt{5}, -2)$，$(4, -1)$，$(4, -3)$</u>

<u>焦点 $(6, -2)$，$(2, -2)$</u> ←答え 例題 3-14 」

そう，正解。完ペキだね。概形を図示すると，次のようになるよ。

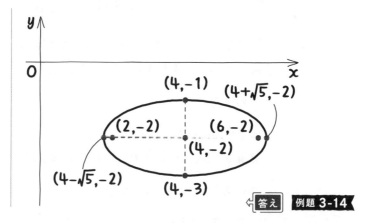

←答え 例題 3-14

数C 3章

例題 **3-15**　定期テスト 出題度 ❗❗❗　共通テスト 出題度 ❗❗❗

　次の双曲線の中心，頂点，焦点と漸近線の方程式を求め，概形を

かけ。

$$-x^2 - 2x + 4y^2 - 32y + 59 = 0$$

これも同じだよ。**平方完成した後に、$\dfrac{x^2}{a^2}-\dfrac{y^2}{b^2}=1$　または**

$\dfrac{x^2}{a^2}-\dfrac{y^2}{b^2}=-1$ **の形に直せばいい。**ミサキさん，まず，中心，頂点，焦点と

漸近線の方程式を求めてみよう。

「解答

$$-x^2-2x+4y^2-32y+59=0$$
$$-\{x^2+2x\}+4\{y^2-8y\}+59=0$$
$$-\{(x+1)^2-1\}+4\{(y-4)^2-16\}+59=0$$
$$-(x+1)^2+1+4(y-4)^2-64+59=0$$
$$-(x+1)^2+4(y-4)^2=4$$
$$\frac{(x+1)^2}{4}-(y-4)^2=-1$$

この双曲線は，双曲線 $\dfrac{x^2}{4}-y^2=-1$ を x 軸方向に -1，

y 軸方向に4だけ平行移動したものである。

　双曲線 $\dfrac{x^2}{4}-y^2=-1$ の中心は，$(0,\ 0)$

　上下に開く双曲線で頂点は，$(0,\ \pm1)$

　焦点は，$(0,\ \pm\sqrt{2^2+1^2})$ より，$(0,\ \pm\sqrt{5})$

　漸近線の方程式は，$y=\pm\dfrac{1}{2}x$

よって，求めるものは，

<u>中心 $(-1,\ 4)$</u>

<u>頂点 $(-1,\ 5)$，$(-1,\ 3)$</u>

<u>焦点 $(-1,\ 4\pm\sqrt{5})$</u>

<u>漸近線の方程式</u>は，$y-4=\pm\dfrac{1}{2}(x+1)$ より

<u>$y=\dfrac{1}{2}x+\dfrac{9}{2},\ y=-\dfrac{1}{2}x+\dfrac{7}{2}$</u>　⇦ 答え　**例題 3-15**」

よくできました。概形をかくときは, まず, 中心, 焦点, 漸近線をかいて, 頂点が $(-1, 5)$, $(-1, 3)$ で, 上下に開くように双曲線をかけばいい。

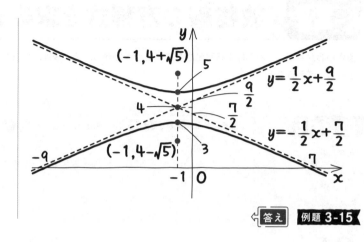

$\Leftarrow$ 答え 例題 **3-15**

「あれっ？ y軸との共有点は求めないんですか？」

y軸との共有点のy座標を求めてみると

$$4y^2 - 32y + 59 = 0 \quad \leftarrow y = \frac{-(-16) \pm \sqrt{(-16)^2 - 4 \times 59}}{4}$$

$$y = \frac{8 \pm \sqrt{5}}{2} \qquad = \frac{16 \pm \sqrt{20}}{4}$$

となるけど, 値が簡単に求められなかったり, 複雑な値になるときは, 図に書き込まなくてもいいんだ。これは, 『数学Ⅰ・A編』の **3-6** で説明していることだよ。

ちなみに, x軸との共有点のx座標は, もとの式に$y=0$を代入して

$$-x^2 - 2x + 59 = 0$$

$$x^2 + 2x - 59 = 0$$

$$x = -1 \pm \sqrt{60}$$

$$= -1 \pm 2\sqrt{15}$$

となるけれど, これも図には書き込まなくていいよ。

頂点が原点でないときの放物線の方程式を求める

頂点がわかれば，どれだけ平行移動されているかがわかる。その後は，焦点も準線も全部ずらして考えるよ！

例題 3-16

定期テスト 出題度 ❶❶❶　　共通テスト 出題度 ❶❶❶

　　焦点が $(-4, 3)$，準線の方程式が $y=1$ である放物線の方程式を求めよ。

「あれっ？ 『焦点の座標 $(p, 0)$，準線 $x=-p$』や『焦点の座標 $(0, p)$，準線 $y=-p$』といった放物線の条件にあてはまらないですよ。」

　それは，頂点が原点にある場合なんだ。 **3-7** のように，頂点が原点からはずれた位置にあることもあるよ。まず，

❶ **放物線の頂点（楕円，双曲線の場合は，「中心」）の位置を調べ，原点からどれだけ平行移動しているかを考える。**

「頂点は，焦点と準線の真ん中だな。」

うん。正確にいえば，『焦点から準線に下ろした垂線の中点』ということだ。どこになる？

「$(-4, 2)$ です。」

　その通り。$y=1$ は x 軸に平行な直線だからね。

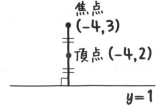

真ん中だから，頂点は（−4，2）というわけだ。次に，

❷ **放物線の頂点（楕円，双曲線の場合は，「中心」）が原点になるように**
ずらし，そのときの焦点などを調べ，図形の方程式を求める。

x軸方向に4，y軸方向に−2だけずらせばいいね。焦点や準線はどこになる？

「焦点が（0，1），準線が$y=−1$です。」

そうだね。じゃあ，放物線の方程式は？

「$x^2=4py$で$p=1$だから，$x^2=4y$です。」

そう，正解。そして，

❸ **再び元の位置に戻し，図形の方程式を求める。**

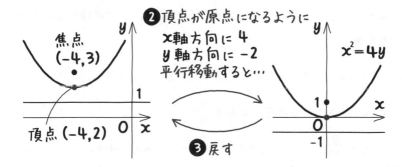

数C 3章

解答 頂点は，焦点（−4，3）から準線$y=1$に下ろした垂線の中点だから，

（−4，2）

よって，x軸方向に4，y軸方向に−2だけ平行移動すると，

焦点は（0，1），準線は$y=−1$なので，方程式は$x^2=4y$

求める方程式は，これをx軸方向に−4，y軸方向に2だけ平行移動し
たものだから

$$(x+4)^2=4(y−2)$$ ◁答え 例題 **3-16**

中心が原点でないときの楕円，双曲線の方程式を求める

放物線のときと同様のことを，楕円や双曲線でやってみよう。今回は中心の座標を見つけるんだよ。

例題 3-17　（定期テスト 出題度 !!!）　（共通テスト 出題度 !!!）

　　焦点が $(2,\ 1)$，$(2,\ -7)$ で，点 $(-1,\ 2)$ を通る楕円の方程式を求めよ。

3-9 と手順は変わらないよ。まず，

❶　**楕円の中心の位置を調べ，原点からどれだけ平行移動しているかを考える。**

「中心は2つの焦点の真ん中だから，$(2,\ -3)$ ですね。」

❷　**中心が原点になるようにずらす。**

「x 軸方向に -2，y 軸方向に 3 だけずらすから，焦点は，
　　$(0,\ 4)$，$(0,\ -4)$ です。」

通る点は？

「あっ，そうか。通る点もずらすのか！　$(-3,\ 5)$ です。」

通る点もずらして，ずらした状態で楕円の方程式を求めるんだ。 3-2 でやった方法で，中心が原点の楕円の方程式を求めたら，最後に，

❸　**再び元の位置に戻し，図形の方程式を求める。**

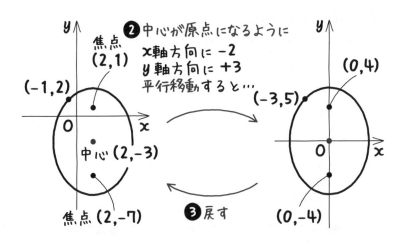

解答 中心は，2つの焦点 (2, 1)，(2, −7) の中点より，(2, −3)

中心が原点になるように，x 軸方向に−2，y 軸方向に+3だけ平行移動

すると，焦点が (0, 4)，(0, −4) で，点 (−3, 5) を通る楕円になる。

まず，この楕円の方程式を求める。

焦点の位置から，y 軸方向に長い（縦長の）楕円であるので，この楕円

の方程式を

$$\frac{x^2}{a^2}+\frac{y^2}{b^2}=1 \ (b>a>0)$$

とおく。

焦点の座標は $(0, \ \pm\sqrt{b^2-a^2})$ より

$$\sqrt{b^2-a^2}=4$$

$$b^2-a^2=16 \quad \cdots\cdots①$$

また，点 (−3, 5) を通るから

$$\frac{9}{a^2}+\frac{25}{b^2}=1 \quad \cdots\cdots②$$

①より，$b^2=a^2+16 \quad \cdots\cdots①'$

これを②に代入すると

$$\frac{9}{a^2}+\frac{25}{a^2+16}=1$$

数C 3章

両辺に $a^2(a^2+16)$ を掛けると

$9(a^2+16)+25a^2=a^2(a^2+16)$

$9a^2+144+25a^2=a^4+16a^2$

$a^4-18a^2-144=0$

$(a^2+6)(a^2-24)=0$

$a^2>0$ より, $a^2=24$

①′に代入すると, $b^2=40$

よって, この楕円の方程式は, $\dfrac{x^2}{24}+\dfrac{y^2}{40}=1$

求める楕円の方程式は, これを x 軸方向に $+2$, y 軸方向に -3 だけ平行移動したものだから

$$\underline{\dfrac{(x-2)^2}{24}+\dfrac{(y+3)^2}{40}=1}$$ ⇦ 答え　例題 3-17

例題 3-18　（定期テスト 出題度 ❗❗❗）　（共通テスト 出題度 ❗❗❗）

漸近線が $y=x+4$, $y=-x+6$ であり, 焦点の1つが $(1+3\sqrt{2},\ 5)$ である双曲線の方程式を求めよ。

「まず, ❶ 双曲線の中心の位置を調べるけど, 焦点が1つだけしか書いていないし……, どうすればいいのかなあ?」

中心は, 2つの漸近線の交点になるんだよね。

「あっ, たしかに, そうだ!　思いつかなかった。」

結果からいってしまうと，2つの漸近線の交点は (1, 5) になるよ。

「❷　中心を原点になるようにずらすということは，x 軸方向に
　　　-1，y 軸方向に -5 だけずらせばいいんですね。」

「ずらしたあとの焦点の1つは，$(3\sqrt{2}, 0)$ ですね。」

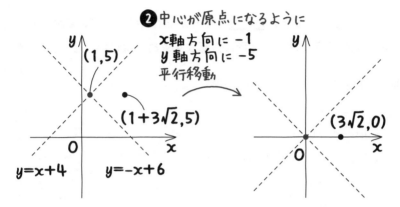

じゃあ，もう1つの焦点はわかる？

「わかった！　2つの焦点は原点をはさんで対称な位置にあるから，
　　　$(-3\sqrt{2}, 0)$ だ。」

その通り。そして，漸近線もずれることを忘れちゃダメだよ。

「x 軸方向に -1，y 軸方向に -5 だけ平行移動させるわけだから，
　　　x を $x+1$ に，y を $y+5$ に変えればいいんですね。
　　　$y = x + 4$ なら，
　　　　　$(y + 5) = (x + 1) + 4$
　　　より，$y = x$ で……。」

うん。それでもいいけど，例えば，$y = x + 4$ は平行移動させても傾きは変
わらないよね。

　原点を通り，傾きが1だから，$y=x$

と考えるといいよ。

「あっ，そうか。そっちのほうがラクですね。」

「じゃあ，$y=-x+6$ のほうは，$y=-x$ になるのか。」

　うん。そして，そのあとは 3-3 のやりかたで，中心が原点の双曲線を求め，

❸　**再び元の位置に戻し，図形の方程式を求めればいい**，ということだ。

| 解答 | 双曲線の中心は，2つの漸近線 |

　　$y=x+4$　　……①

　　$y=-x+6$　……②

の交点より，①，②を連立させると

　　$x+4=-x+6$

　　　$2x=2$

　　　　$x=1$

①に代入すると，$y=5$

よって，双曲線の中心は $(1, 5)$

中心を原点にするために，x軸方向に-1，y軸方向に-5だけ平行移動

すると，焦点 $(1+3\sqrt{2}, 5)$ は $(3\sqrt{2}, 0)$ になるから，

もう1つの焦点は　$(-3\sqrt{2}, 0)$

漸近線の方程式は，原点を通り，傾きが1，-1だから

　　$y=x, y=-x$

まず，この双曲線の方程式を求める。

焦点の位置より，左右に開く双曲線であるから，この双曲線の方程式を

$$\frac{x^2}{a^2}-\frac{y^2}{b^2}=1 \ (a>0, \ b>0)$$

とおく。

焦点の座標は $(\pm\sqrt{a^2+b^2},\ 0)$ より

$$\sqrt{a^2+b^2}=3\sqrt{2}$$

$$a^2+b^2=18 \quad \cdots\cdots ③$$

漸近線の方程式は $y=\pm\dfrac{b}{a}x$ と比べて

$$\frac{b}{a}=1$$

$$a=b \quad \cdots\cdots ④$$

④を③に代入すると

$$2a^2=18$$

$$a^2=9$$

③より, $b^2=9$

よって, この双曲線の方程式は, $\dfrac{x^2}{9}-\dfrac{y^2}{9}=1$

求める双曲線の方程式は, これを x 軸方向に $+1$, y 軸方向に $+5$ だけ平行移動したものだから

$$\frac{(x-1)^2}{9}-\frac{(y-5)^2}{9}=1$$

⇐答え 例題 3-18

数C 3章

3-11 2次曲線を使った軌跡の問題

「数学Ⅱの軌跡のところでやったから，もうやらなくてもいいかな。」といいたいけれど，
残念なことに忘れている人も多い。ちゃんとおさらいするよ。

例題 3-19

定期テスト 出題度 !!! 共通テスト 出題度 !!!

　　　座標平面上に長さが9の線分 AB があり，2点 A，B がそれぞれ
x 軸，y 軸上を動いている。このとき，線分 AB を $2:7$ の比に内分
する点 P のえがく図形を求めよ。

『えがく図形を求めよ。』とか『どんな図形上にあるか？』というのは軌跡の
問題だったよね。

「何か，難しそうだな……。」

いや，いや，これははじめて習う内容じゃないよ。『数学Ⅱ・B編』の 3-22
でも登場したよね。

「でも，点が動くタイプの軌跡の問題は自信がないです。」

うーん……しようがないな。 例題 3-1 でもやったけど，じゃあ，あらた
めて軌跡の解きかたを振り返っておこう。

❶　軌跡を求めたい点を (X, Y) とおく。

P(X, Y) でいいね。

A，B の座標も決めておく必要があるね。

A は x 軸上にあるから，$(a, 0)$，

B は y 軸上にあるから，$(0, b)$

としよう。

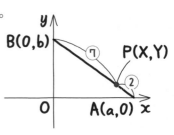

❷　**与えられた条件を満たす式を作り，それをX，Yを使った式にする。**

まず，線分ABの長さが9なので，図より

$$\sqrt{a^2+b^2}=9$$

$$a^2+b^2=81 \quad \cdots\cdots①$$

となる。

さらに，Pは線分ABを2：7に内分する点ということで，

$$P\left(\frac{7\cdot a+2\cdot 0}{9},\ \frac{7\cdot 0+2\cdot b}{9}\right) より，\ P\left(\frac{7a}{9},\ \frac{2b}{9}\right)$$

Pは，最初にP(X，Y)とおいたよね。それと見比べると，

$$X=\frac{7a}{9} \quad \cdots\cdots②$$

$$Y=\frac{2b}{9} \quad \cdots\cdots③$$

 「あっ，同じ点を2通りに表して比較するというのですね。思い出して
きました。」

そう？　じゃあ，その後も大丈夫かな？

❸　**計算し，どんな図形かわかるように式を変形する。**

今回は，"X，Y以外の変数"を消去するんだよね。

 「ここでは，a，bのことですね。」

そうだね。"消したい文字＝〜"の形にして代入すればいいよ。

❹　**x，yに直して答える。**

それで終わりだ。最初からやってみるよ。

解答　P(X，Y)，A(a，0)，B(0，b)とおくと，

まず，線分ABの長さが9より

$$\sqrt{a^2+b^2}=9$$

$$a^2+b^2=81 \quad \cdots\cdots①$$

さらに，Pは線分ABを2：7に内分する点だから，

$P\left(\dfrac{7 \cdot a + 2 \cdot 0}{9}, \dfrac{7 \cdot 0 + 2 \cdot b}{9}\right)$ より，$P\left(\dfrac{7a}{9}, \dfrac{2b}{9}\right)$

よって，$X = \dfrac{7a}{9}$　……②

$\qquad\quad Y = \dfrac{2b}{9}$　……③

②より，$a = \dfrac{9X}{7}$　……②´

③より，$b = \dfrac{9Y}{2}$　……③´

②´，③´を①に代入すると

$$\dfrac{81X^2}{49} + \dfrac{81Y^2}{4} = 81$$

$$\dfrac{X^2}{49} + \dfrac{Y^2}{4} = 1$$

（逆に，点Pがこの楕円上にあれば条件を満たす。）

よって，求める軌跡は

楕円 $\dfrac{x^2}{49} + \dfrac{y^2}{4} = 1$ 例題 3-19

例題 3-20　　（定期テスト 出題度 **!!!**）　（共通テスト 出題度 **!!!**）

　　点 $A(-12, 8)$ がある。点 P が楕円 $\dfrac{x^2}{64} + \dfrac{y^2}{16} = 1$ 上を動くとき，

線分 AP を $1 : 3$ に内分する点 Q の軌跡を求めよ。

「この問題もたしか，以前やりましたよね。」

　『数学Ⅱ・B編』の **3-23** で登場した問題とほぼ同じだよ。そのときは円だったけど，今回は楕円になっただけだ。

解答　Q(X, Y), P(a, b) とおくと,

P(a, b) が楕円 $\dfrac{x^2}{64}+\dfrac{y^2}{16}=1$ 上にあるので

$$\dfrac{a^2}{64}+\dfrac{b^2}{16}=1 \qquad \cdots\cdots ①$$

さらに, Qは線分APを1：3に内分する点だから,

Q$\left(\dfrac{3\cdot(-12)+1\cdot a}{4},\ \dfrac{3\cdot 8+1\cdot b}{4}\right)$ より, Q$\left(\dfrac{-36+a}{4},\ \dfrac{24+b}{4}\right)$

よって, $X=\dfrac{-36+a}{4}$ $\cdots\cdots ②$

$Y=\dfrac{24+b}{4}$ $\cdots\cdots ③$

②より, $4X=-36+a$

$a=4X+36$ $\cdots\cdots ②'$

③より, $4Y=24+b$

$b=4Y-24$ $\cdots\cdots ③'$

②′, ③′を①に代入すると

$$\dfrac{(4X+36)^2}{64}+\dfrac{(4Y-24)^2}{16}=1$$

$$\dfrac{(X+9)^2}{4}+(Y-6)^2=1$$

(逆に, 点Qがこの楕円上にあれば条件を満たす。)

よって, 求める軌跡は

楕円　$\dfrac{(x+9)^2}{4}+(y-6)^2=1$　⇐**答え**　**例題 3-20**

変形は大丈夫かな？　$\dfrac{(4X+36)^2}{64}$ は （　）^{2} の中を4で割った。結果, 分子を16で割ったことになるから, 分母も16で割るんだ。$\dfrac{(4Y-24)^2}{16}$ のほうも同じだよ。

離心率 $e=\dfrac{\text{点Fからの距離}}{\text{直線}\ell\text{からの距離}}$ と紹介している本もある。いっていることは同じだよ。

　ここでは，**点Fと直線 ℓ からの距離の比が $e:1$ にある点Qの軌跡**を考えてみよう。この e を**離心率**というんだ。

「点と直線からの距離が関係する軌跡なんて，**例題 3-1** と似ていますよね。」

　うん。$e=1$ のときは，点Fと直線 ℓ からの距離の比が $1:1$ だ。つまり，『点Fと直線 ℓ から等距離にある』点の軌跡だから，ミサキさんのいうように，放物線になるね。

　離心率 e と2次曲線の形の関係は次のようになるんだ。

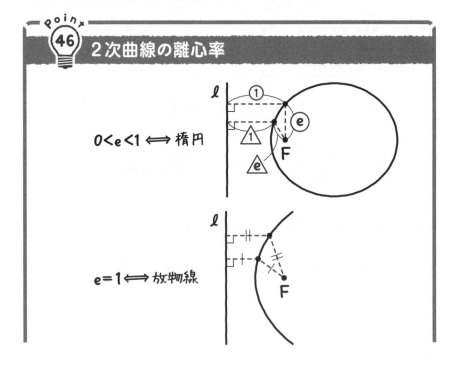

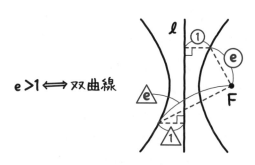

$$e > 1 \iff 双曲線$$

 「つまり，点からの距離が，直線からの距離より短ければ，軌跡は楕円になるし，長ければ双曲線になるということですか？」

そういうことだね。そして，もちろん，このときの点Fが**焦点**，直線ℓが**準線**と呼ばれるよ。

 「えっ？　楕円や双曲線にも準線があるということですか？　知らなかった……。」

ちなみに，eを0に近づけると，楕円が限りなく円に近づくんだ。

例題 3-21

定期テスト 出題度 ❗❗　　共通テスト 出題度 ❗❗

　点 $F(6, 0)$ と直線 $x = -6$ からの距離の比が $e : 1$ である点 Q がある。e が次の値になるとき，点 Q の軌跡を求めよ。

(1) $e = \dfrac{1}{2}$　　　(2) $e = 2$

ミサキさん，(1)は解ける？

 「**解答** (1)　$Q(X, Y)$ とおくと

$QF : (Q と直線 x = -6 の距離) = \underset{1:2}{\underline{\dfrac{1}{2} : 1}}$

数C 3章

$$\sqrt{(X-6)^2+Y^2} : |X+6| = 1 : 2$$

$$\sqrt{X^2-12X+36+Y^2} : |X+6| = 1 : 2$$

$$2\sqrt{X^2-12X+36+Y^2} = |X+6|$$

両辺を2乗すると

$$4(X^2-12X+36+Y^2) = (X+6)^2$$

$$4X^2-48X+144+4Y^2 = X^2+12X+36$$

$$3X^2-60X+4Y^2 = -108$$

$$3\{X^2-20X\}+4Y^2 = -108$$

$$3\{(X-10)^2-100\}+4Y^2 = -108$$

$$3(X-10)^2-300+4Y^2 = -108$$

$$3(X-10)^2+4Y^2 = 192$$

$$\frac{(X-10)^2}{64}+\frac{Y^2}{48} = 1$$

(逆に，点Qがこの楕円上にあれば条件を満たす。)

よって，楕円 $\dfrac{(x-10)^2}{64}+\dfrac{y^2}{48} = 1$

⇦ 答え　例題 **3-21** (1)」

そうだね。同様に(2)は次のようになる。

解答　(2)　Q(X, Y) とおくと

QF：(Qと直線$x=-6$の距離)＝2：1

$$\sqrt{(X-6)^2+Y^2} : |X+6| = 2 : 1$$

$$\sqrt{X^2-12X+36+Y^2} : |X+6| = 2 : 1$$

$$\sqrt{X^2-12X+36+Y^2} = 2|X+6|$$

両辺を2乗すると

$$X^2-12X+36+Y^2 = 4(X+6)^2$$

$$X^2-12X+36+Y^2 = 4(X^2+12X+36)$$

$$X^2-12X+36+Y^2 = 4X^2+48X+144$$

$$3X^2+60X-Y^2 = -108$$

$$3\{X^2+20X\}-Y^2=-108$$

$$3\{(X+10)^2-100\}-Y^2=-108$$

$$3(X+10)^2-300-Y^2=-108$$

$$3(X+10)^2-Y^2=192$$

$$\frac{(X+10)^2}{64}-\frac{Y^2}{192}=1$$

（逆に，点Qがこの双曲線上にあれば条件を満たす。）

よって，双曲線 $\dfrac{(x+10)^2}{64}-\dfrac{y^2}{192}=1$ 　⇐ 答え　例題 3-21 (2)

数C 3章

コツ 17　楕円，双曲線の準線

焦点1つにつき準線が1つある。

横長の楕円や，左右に広がる双曲線なら，$x=k$（kは定数），縦長の楕円や，上下に広がる双曲線なら，$y=k$（kは定数）の式で表され，中心より焦点側で，図形と共有点をもたないところにある。

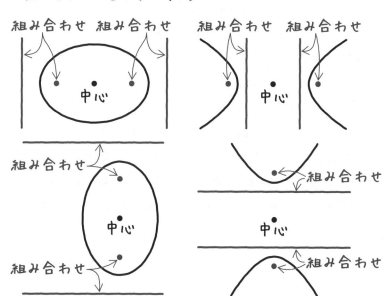

今度は逆に式から準線を求めてみよう。

例題 3-22
定期テスト 出題度 ❗❗ 共通テスト 出題度 ❗❗

双曲線 $16x^2 - 9y^2 = 144$ の離心率 e の値を求めよ。

また，x 座標が正の焦点に対する準線の方程式を求めよ。

解答　双曲線上の任意の点を $P(x_1,\ y_1)$ とおくと，この点は双曲線上にある

ので，

$16x_1^2 - 9y_1^2 = 144$　……①

$16x^2 - 9y^2 = 144$ の両辺を144で割ると，

$\dfrac{x^2}{9} - \dfrac{y^2}{16} = 1$ より，左右に広がる双曲線で，

焦点は $(\pm\sqrt{9+16},\ 0)$ つまり，$(\pm 5,\ 0)$

焦点を $F(5,\ 0)$，準線の方程式を $x = k$（k は $0 < k < 3$ の定数）とすると，

　　$PF : (点Pと準線の距離) = e : 1\ (e > 1)$

$\sqrt{(x_1-5)^2 + y_1^2} : |x_1 - k| = e : 1$

　　$\sqrt{(x_1-5)^2 + y_1^2} = e|x_1 - k|$

両辺を2乗すると

$(x_1-5)^2 + y_1^2 = e^2(x_1-k)^2$　……②

①＋②×9より，

　　　　$16x_1^2 + 9(x_1-5)^2 = 144 + 9e^2(x_1-k)^2$

$16x_1^2 + 9(x_1^2 - 10x_1 + 25) = 144 + 9e^2(x_1^2 - 2kx_1 + k^2)$

　$16x_1^2 + 9x_1^2 - 90x_1 + 225 = 144 + 9e^2x_1^2 - 18e^2kx_1 + 9e^2k^2$

$(25 - 9e^2)x_1^2 + (-90 + 18e^2k)x_1 - 9e^2k^2 + 81 = 0$　……③

x_1 は任意の実数より，③は x_1 の恒等式だから，

$25-9e^2=0$ より，

$$e^2=\frac{25}{9}$$

$e>1$ より，

$$e=\frac{5}{3} \qquad \cdots\cdots ④$$

$-90+18e^2k=0$ より，

$$e^2k=5 \qquad \cdots\cdots ⑤$$

$-9e^2k^2+81=0$ より，

$$e^2k^2=9 \qquad \cdots\cdots ⑥$$

④を⑤に代入すると，

$$\frac{25}{9}k=5$$

$$k=\frac{9}{5}$$

$e=\dfrac{5}{3}$，$k=\dfrac{9}{5}$ は⑥を満たす。

よって，**準線の方程式は $x=\dfrac{9}{5}$，離心率 $e=\dfrac{5}{3}$**

⇐ 答え   例題 **3-22**

Pが任意の点だから，x_1 は任意の実数，つまり，どんな実数でも③が成り立つということだよね。

「ということは，x_1 の恒等式（『数学Ⅱ・B編』の 1-15 ）。だから係数比較できるということか……，なるほど。」

『$e=\dfrac{5}{3}$，$k=\dfrac{9}{5}$ は⑥を満たす。』の意味は， 1-26 で説明したからもういいよね。

コツ⑱ 楕円，双曲線の離心率と準線の方程式（裏公式）

楕円 $\dfrac{x^2}{a^2} + \dfrac{y^2}{b^2} = 1 \ (a > b > 0)$ は，

離心率 $e = \dfrac{\sqrt{a^2 - b^2}}{a}$

準線の方程式は $x = \pm \dfrac{a^2}{\sqrt{a^2 - b^2}}$

楕円 $\dfrac{x^2}{a^2} + \dfrac{y^2}{b^2} = 1 \ (b > a > 0)$ は，上記の a, b を入れ

替えたもので，

離心率 $e = \dfrac{\sqrt{b^2 - a^2}}{b}$，準線の方程式は $x = \pm \dfrac{b^2}{\sqrt{b^2 - a^2}}$

双曲線 $\dfrac{x^2}{a^2} - \dfrac{y^2}{b^2} = 1 \ (a > 0, \ b > 0)$ は，

離心率 $e = \dfrac{\sqrt{a^2 + b^2}}{a}$

準線の方程式は $x = \pm \dfrac{a^2}{\sqrt{a^2 + b^2}}$

双曲線 $\dfrac{x^2}{a^2} - \dfrac{y^2}{b^2} = -1 \ (a > 0, \ b > 0)$ は，上記の a, b

を入れ替えたもので，離心率 $e = \dfrac{\sqrt{b^2 + a^2}}{b}$，準線の方程

式は $x = \pm \dfrac{b^2}{\sqrt{b^2 + a^2}}$

例題 3-22 は，$a = 3$, $b = 4$ で，これを代入すればすぐに求まる。でも，裏公式だから記述では使えないよ。答えのみの問題や，検算で使おう。

円，楕円，双曲線上に点をとる

2次曲線には個性的な点のとりかたがあるよ。

円，楕円，双曲線のように，"$y=\sim$"の形でない方程式で表される場合は，$(x_1,\ y_1)$などととる以外に方法があるよ。

数C **3**章

Point 47 三角比を使った点のとりかた

円 $x^2+y^2=r^2$ 上の点は，$(r\cos\theta,\ r\sin\theta)$

楕円 $\dfrac{x^2}{a^2}+\dfrac{y^2}{b^2}=1$ 上の点は，$(a\cos\theta,\ b\sin\theta)$

双曲線上の点は

$\dfrac{x^2}{a^2}-\dfrac{y^2}{b^2}=1$ ならば，$\left(\dfrac{a}{\cos\theta},\ b\tan\theta\right)$

$\dfrac{x^2}{a^2}-\dfrac{y^2}{b^2}=-1$ ならば，$\left(a\tan\theta,\ \dfrac{b}{\cos\theta}\right)$

例えば，$x=a\cos\theta,\ y=b\sin\theta$ を $\dfrac{x^2}{a^2}+\dfrac{y^2}{b^2}=1$ に代入すると

$\cos^2\theta+\sin^2\theta=1$

となり成り立つ。点 $(a\cos\theta,\ b\sin\theta)$ は楕円 $\dfrac{x^2}{a^2}+\dfrac{y^2}{b^2}=1$ 上にあるということだ。

「θ は x 軸の正の方向とのなす角ですよね。」

なす角？ えっ？ どこの角のこと？

「下の図の∠AOPです。

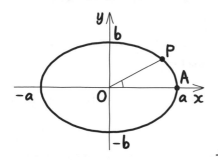

いや。そうじゃないよ。 3-6 で出てきた話だけど，楕円って，円を拡大・縮小したものだよね。

　例えば，原点を中心とする，半径1の円の状態で点をとると，P′($\cos\theta$，$\sin\theta$)になるし，∠A′OP′＝θだ。それをx軸方向にa倍，y軸方向にb倍してごらん。∠AOP＝θにならないよね。だから，**このθは楕円の図には登場しないから，書き込まないんだ。**

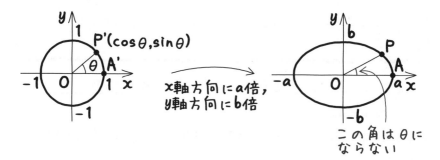

「双曲線の場合もですか？ $x=\dfrac{a}{\cos\theta}$，$y=b\tan\theta$を

$$\dfrac{x^2}{a^2}-\dfrac{y^2}{b^2}=1 \text{に代入したら，} \dfrac{1}{\cos^2\theta}-\tan^2\theta=1 \quad \cdots\cdots\text{。}$$

うん，成り立っているよ。『数学Ⅰ・A編』の 4-5 で　$1+\tan^2\theta=\dfrac{1}{\cos^2\theta}$
という公式があった。それを変形したものだからね。このθも図には出てこない。

例題 **3-23**

定期テスト 出題度 ❗❗❗　　共通テスト 出題度 ❗❗

次の楕円，双曲線上の点を角度θを使って表せ。

(1)　$\dfrac{x^2}{9}+\dfrac{y^2}{25}=1$　　　　　(2)　$-2x^2+y^2=2$

(3)　$\dfrac{(x+3)^2}{16}-\dfrac{(y-2)^2}{4}=1$

ミサキさん，(1)は解ける？

「解答　(1)　楕円だから，$\underline{(3\cos\theta,\ 5\sin\theta)}$　⇐答え　例題 **3-23**（1）」

そう，正解だね。aを3，bを5とみなせるからね。ハルトくん，(2)は解ける？

「解答　(2)　$-2x^2+y^2=2$
$x^2-\dfrac{y^2}{2}=-1$
$\underline{\left(\tan\theta,\ \dfrac{\sqrt{2}}{\cos\theta}\right)}$　⇐答え　例題 **3-23**（2）」

よくできました。両辺を-2で割ったのはすごくいい。 **3- 3** でやった考えかただね。$\dfrac{x^2}{a^2}-\dfrac{y^2}{b^2}=-1$の形になって，$a$を1，$b$を$\sqrt{2}$とみなせる。

「(3)はどうすればいいんですか？」

もし，$\dfrac{x^2}{16}-\dfrac{y^2}{4}=1$なら，$a$を4，$b$を2とみなせるから，

$(x,\ y)=\left(\dfrac{4}{\cos\theta},\ 2\tan\theta\right)$になるはずだ。$\dfrac{(x+3)^2}{16}-\dfrac{(y-2)^2}{4}=1$の場合は

それをx軸方向に-3，y軸方向に2だけ平行移動したものだから， **例題 3-18**

でもやったように点も移動して……。

「解答　(3)　$\underline{\left(\dfrac{4}{\cos\theta}-3,\ 2\tan\theta+2\right)}$　⇐答え　例題 **3-23**（3）」

媒介変数を使って表された関数

数学Ⅲ，数学Cでは，初めから媒介変数を使った式で登場することも多いんだ。

例題 3-24

定期テスト 出題度 ❗❗❗　　共通テスト 出題度 ❗❗

次の式の媒介変数 t を消去して，x と y の関係式を求めよ。

(1) $\begin{cases} x = 2t - 1 \\ y = 4t^2 + 6t - 5 \end{cases}$

(2) $\begin{cases} x = t - \dfrac{3}{t} \\ y = t^2 + \dfrac{9}{t^2} \end{cases}$

「なんか，ずっと昔にやったような記憶が……。」

『数学Ⅱ・B編』の 3-23 で登場したよ。**tを消去して，x，yの直接の関係を求める**んだよね。

(1)は，t を消したいので，一方の式を "$t = \sim$" の形にして，他方の式に代入すればいい。

解答　(1) $\begin{cases} x = 2t - 1 & \cdots\cdots① \\ y = 4t^2 + 6t - 5 & \cdots\cdots② \end{cases}$

①より，$2t = x + 1$

$$t = \frac{1}{2}x + \frac{1}{2} \quad \cdots\cdots ①'$$

①′を②に代入すると

$$y = 4\left(\frac{1}{2}x + \frac{1}{2}\right)^2 + 6\left(\frac{1}{2}x + \frac{1}{2}\right) - 5$$

$$= 4\left(\frac{1}{4}x^2 + \frac{1}{2}x + \frac{1}{4}\right) + 6\left(\frac{1}{2}x + \frac{1}{2}\right) - 5$$

$$= x^2 + 2x + 1 + 3x + 3 - 5$$

$$= x^2 + 5x - 1$$

よって，$\underline{\boldsymbol{y = x^2 + 5x - 1}}$　⇦答え　例題 3-24 (1)

数C 3章

この関数のグラフは放物線だったね。

「(2)は，どっちの式も"$t = \sim$"の形にできないですよね？」

これは，『数学Ⅰ・A編』の 1-17 で扱っているよ。そのときは $x - \dfrac{1}{x}$ だっ

たけど，まあ，似たようなものだ。$\boldsymbol{t - \dfrac{3}{t}}$ **を2乗して展開すれば，**$\boldsymbol{t^2 + \dfrac{9}{t^2}}$

に似たものが現れるよ。ハルトくん，やってみて。

解答

$(2)\quad \begin{cases} x = t - \dfrac{3}{t} & \cdots\cdots① \\[2mm] y = t^2 + \dfrac{9}{t^2} & \cdots\cdots② \end{cases}$

①の両辺を2乗すると

$$x^2 = t^2 - 6 + \frac{9}{t^2}$$

$$t^2 + \frac{9}{t^2} = x^2 + 6$$

これに，②を代入すると

$$\underline{y = x^2 + 6}$$　⇦答え　例題 3-24 (2)」

そうだね。これも，放物線になったね。

例題 **3-25**　定期テスト 出題度 **❗❗❗**　共通テスト 出題度 **❗❗**

次の式の媒介変数 θ を消去して，x と y の関係式を求めよ。

(1) $\begin{cases} x = 2\cos\theta + 5 \\ y = \sin\theta - 3 \end{cases}$

(2) $\begin{cases} x = 7\tan\theta - 4 \\ y = \dfrac{3}{\cos\theta} + 2 \end{cases}$

「(1)は，まず，$\cos\theta = \sim$ の形にすると

$$2\cos\theta = x - 5$$

$$\cos\theta = \frac{x-5}{2}$$

これをもう一方の式に代入？　できないですよねぇ……。」

うん。だから，もう一方の式 $y = \sin\theta - 3$ も，"$\sin\theta = \sim$" の形にしよう。そして，**$\sin^2\theta + \cos^2\theta = 1$ の公式に代入すればいいよ。**

「あっ，そうか！　うまいやりかただな！」

初めて出た話じゃないよ。『数学Ⅰ・A編』**4-8** で扱っているよ。じゃあ，ミサキさん，解いてみて。

「**解答**

(1) $\begin{cases} x = 2\cos\theta + 5 & \cdots\cdots① \\ y = \sin\theta - 3 & \cdots\cdots② \end{cases}$

①より，$2\cos\theta = x - 5$

$$\cos\theta = \frac{x-5}{2} \quad \cdots\cdots①'$$

②より，$\sin\theta = y + 3 \quad \cdots\cdots②'$

①'，②'を公式 $\sin^2\theta + \cos^2\theta = 1$ に代入すると

$$\left(\frac{x-5}{2}\right)^2 + (y+3)^2 = 1$$

$$\frac{(x-5)^2}{4} + (y+3)^2 = 1$$ ⇐ 答え 例題 **3-25** (1)

　楕円ですね。」

　うん，正解だよ。じゃあ，ハルトくん，(2)を解いてみて。今回は，"$\tan\theta=$ ～"の形と "$\frac{1}{\cos\theta}=$～"の形にして，$1+\tan^2\theta = \frac{1}{\cos^2\theta}$ の公式に代入しよう。

「解答

(2) $\begin{cases} x = 7\tan\theta - 4 & \cdots\cdots① \\ y = \dfrac{3}{\cos\theta} + 2 & \cdots\cdots② \end{cases}$

①より，$7\tan\theta = x+4$

$$\tan\theta = \frac{x+4}{7} \quad \cdots\cdots①'$$

②より，$\dfrac{3}{\cos\theta} = y-2$

$$\frac{1}{\cos\theta} = \frac{y-2}{3} \quad \cdots\cdots②'$$

①'，②'を公式 $1+\tan^2\theta = \dfrac{1}{\cos^2\theta}$ に代入すると

$$1 + \left(\frac{x+4}{7}\right)^2 = \left(\frac{y-2}{3}\right)^2$$

$$1 + \frac{(x+4)^2}{49} = \frac{(y-2)^2}{9}$$

$$\frac{(x+4)^2}{49} - \frac{(y-2)^2}{9} = -1$$ ⇐ 答え 例題 **3-25** (2)」

　うん。正解だね。今回は，双曲線になった。

サイクロイド

自転車のタイヤにシールを貼って走ったら、シールの軌道はどんな図形をえがくだろうか？このときの曲線をサイクロイドというんだ。

例題 3-26

定期テスト 出題度 **!**　　共通テスト 出題度 **! !**

円 $x^2 + (y-r)^2 = r^2$（ただし，$r>0$）を x 軸の正の方向に滑らないように転がすと，それにともない円周上の各点も動く。最初に点 P を原点にとって，円を角 θ（ラジアン）だけ転がしたときの P の x 座標，y 座標を r，θ を用いてそれぞれ表せ。

円を角 θ だけ転がすと，次の図のようになるね。円と x 軸との接点を A，円の中心を C とする。まず，$\overset{\frown}{PA}$ の長さはいくつ？

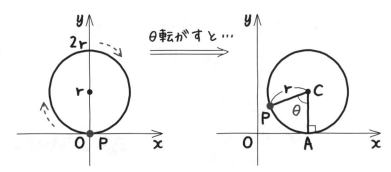

「円周は $2\pi r$ ですよね。中心角 θ ということは，$\dfrac{\theta}{2\pi}$ 倍だから，

$$2\pi r \times \frac{\theta}{2\pi} = r\theta$$ですね。」

うん。それでもいいし，『数学Ⅱ・B編』の **お役立ち話 8** で登場した，

> 半径 r，中心角 θ（ラジアン）の扇形の弧の長さは $r\theta$

の公式を使ってもいいよ。じゃあ，次の質問。OAの長さはいくつ？

「うーん……。」

ゴロっと転がしたときに，OAと密着していた部分はどこかを考えてみれば
いいよ。

「OAと密着していたのは$\overset{\frown}{PA}$だから……。あっ，そうか！　同じ長さ
だから，$r\theta$だ！」

そうだね。じゃあ，円の中心Cの座標はわかる？

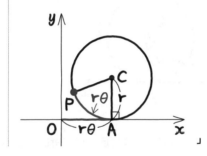「解答　CAの長さは半径rだから，C$(r\theta,\ r)$

そう，正解だね。じゃあ，次に，ベクトル$\overrightarrow{CP}$の成分を求めてみよう。

「ベクトルの成分かぁ……。『CからPまで座標がいくつ増えるか？』
ということですよね。」

そうだね。 1-2 でやったもんね。

『数学Ⅰ・A編』の 4-2 で出てきた話だけど，原点を中心とする半径1の
円があり，x軸の正の方向から，その円周上を，反時計回りにαだけ回転させ
た点の座標は $(\cos\alpha,\ \sin\alpha)$ になるよね。

半径rの円で同様に移動した点をMとすると，M$(r\cos\alpha,\ r\sin\alpha)$ になる。
$\overrightarrow{OM}=(r\cos\alpha,\ r\sin\alpha)$ ということだ。

さらに，ベクトルは向きと大きさを変えなければ同じものだから，始点が原点でない場所に動かした $\overrightarrow{CP}$ も，$\overrightarrow{CP}=(r\cos\alpha,\ r\sin\alpha)$ ということになる。

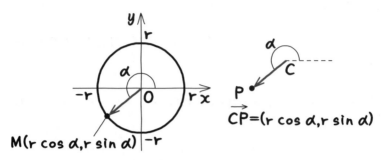

ところで，今の α って何と表せる？　下の図で考えてみて。

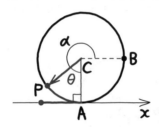

「……あっ，わかった！　Bから反時計回りに $\dfrac{3}{2}\pi$ 回転させてAだから，

$\dfrac{3}{2}\pi-\theta$ だ！」

その通り。$\overrightarrow{CP}=\left(r\cos\left(\dfrac{3}{2}\pi-\theta\right),\ r\sin\left(\dfrac{3}{2}\pi-\theta\right)\right)$ ということになる。

「$\cos\left(\dfrac{3}{2}\pi-\theta\right)$ とか，どう計算すればいいのですか？」

$\dfrac{3}{2}\pi-\theta$ って，$270°-\theta$ だよね。$180°+(90°-\theta)$ と変えればいい。『数学Ⅱ・B編』の **4-5** で出てきた $\cos(180°+\theta)=-\cos\theta$，$\cos(90°-\theta)=\sin\theta$ 等の公式を使えば，

$\qquad \cos\{180°+(90°-\theta)\}=-\cos(90°-\theta)=-\sin\theta$

と直せる。度に直さず π のまま計算できればそれに越したことはないよ。

「加法定理（『数学Ⅱ・B編』の 4-10 ）でやってもいいんですよね？」

うん。それでもいい。じゃあ，それでやろうか。続きはこうなる。

$$\overrightarrow{OP}=\overrightarrow{OC}+\overrightarrow{CP}$$

$$=(r\theta, \ r)+\left(r\cos\left(\frac{3}{2}\pi-\theta\right), \ r\sin\left(\frac{3}{2}\pi-\theta\right)\right)$$

ここで，$\cos\left(\frac{3}{2}\pi-\theta\right)=\cos\frac{3}{2}\pi\cdot\cos\theta+\sin\frac{3}{2}\pi\cdot\sin\theta$

$$=0\cdot\cos\theta+(-1)\cdot\sin\theta$$

$$=-\sin\theta$$

$$\sin\left(\frac{3}{2}\pi-\theta\right)=\sin\frac{3}{2}\pi\cdot\cos\theta-\cos\frac{3}{2}\pi\cdot\sin\theta$$

$$=(-1)\cdot\cos\theta-0\cdot\sin\theta$$

$$=-\cos\theta \quad \text{より，}$$

$$\overrightarrow{OP}=(r\theta-r\sin\theta, \ r-r\cos\theta)=(r(\theta-\sin\theta), \ r(1-\cos\theta))$$

$$\underline{x=r(\theta-\sin\theta)}, \ \underline{y=r(1-\cos\theta)} \quad \Leftarrow 答え \quad \boxed{例題 3-26}$$

実際にPのえがく図形をかくと，下の図のようになる。これは**サイクロイ**ドと呼ばれる曲線なんだ。

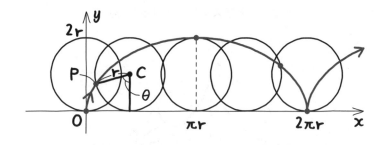

円が, 円周上を転がるとき

「 3-15 で, 円を直線上で転がしたけど, いろいろなところで転が せば, もっと変な (?) 図形ができそう。」

うん。例えば, 円を円に接するように転がしてみよう。

〈例1〉 大きな円の内側に小さい円を転がす。

　中心が原点で半径 a の円に, 点 $(a, 0)$ で内接するように半径 $\dfrac{a}{4}$ の円を

かき, 点Pを最初に $(a, 0)$ の位置にとる。そして, 滑らないように反時計

回りに円に接するように転がすと,

$$x = a\cos^3\theta$$
$$y = a\sin^3\theta$$

という式になる。えがく図形を**アステロイド (星芒形)** という。

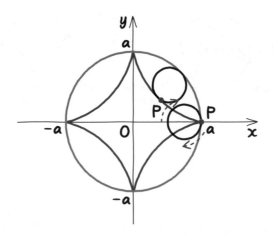

「『星芒』っていうことば，生まれてはじめて聞いたな……。」

　"星の輝き"という意味だよ。ホント，それっぽいネーミングだね。他には，こんなものもあるよ。

〈例2〉　円の外側に同じ大きさの円を転がす。

　中心が原点で半径 a の円に，点 $(a, 0)$ で外接するように半径 a の円をかき，やはり，点 P を最初に $(a, 0)$ の位置にとる。そして，滑らないように反時計回りに円に接するように転がすと，

$$x = a(2\cos\theta - 2\cos^2\theta + 1)$$
$$y = 2a(1 - \cos\theta)\sin\theta$$

という式になる。えがく図形を**カージオイド（心臓形）**という。

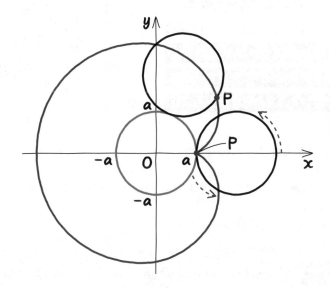

3-16 極座標

平面上の点を表すのに,『原点から, 左右, 上下にどれだけ進んだところか?』の考えを使ったのがxy座標だった。それに対し,『どこから, どれだけ回転したところか?』の発想で作られたのが極座標なんだ。

　みんなのよく知っているxy座標は**直交座標**と呼ばれることもあるよ。実は, それ以外にも, 座標には**極座標**という表しかたもあるんだ。

「どういう表しかたなんですか?」

　まず, 極座標では, 原点を**極**とすることが多く, x軸の正の部分を**始線**とするから覚えておこう。そして, 右の図のように, **始線上の$(r, 0)$の点から, 左回り（反時計回り）に角θだけ回転してたどりつく点Pの極座標を(r, θ)と表す** んだ。

このときのθを**偏角**というよ。

「θは"度"ではなく, "ラジアン"のほうで表すんですか?」

　そうだよ。ちょっと練習してみよう。

例題 3-27　定期テスト 出題度 !!!　共通テスト 出題度 !!!

　　次の直交座標を, 極座標(r, θ)で表せ。ただし, $0 \leqq \theta < 2\pi$とする。
　　(1)　$(1, \sqrt{3})$　　　(2)　$(-7, 0)$

(1)で，極つまり原点との距離は，

$$\sqrt{1^2+(\sqrt{3})^2}=2$$

だよね。ということは，点 (2, 0) から回転してたどりついた点ということになる。ミサキさん，角 θ はわかる？

 「直角三角形で考えると，辺の比が $1:\sqrt{3}:2$ になるから，$60°$ ということで，$\theta=\dfrac{\pi}{3}$ です。」

その通り。よって，この点は極座標では $\left(2, \dfrac{\pi}{3}\right)$ と表せるんだ。

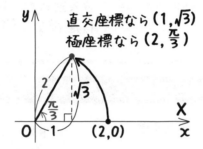

 「点 (2, 0) から，$-300°$ つまり $-\dfrac{5}{3}\pi$ だけ回転した点と考えて，$\left(2, -\dfrac{5}{3}\pi\right)$ とも表せないですか？」

「ダメよ。問題文に，『$0\leqq\theta<2\pi$』と書いてあるじゃない。」

「あっ，そうか。よく見てなかった（笑）。えっ？　じゃあ，もし書いてなかったら，$\left(2, -\dfrac{5}{3}\pi\right)$ でも正解になるんですか？」

うん，いいよ。1周してから $60°$ 進んだと考えれば，$60°+360°=420°$，つまり $\dfrac{7}{3}\pi$ ということで，$\left(2, \dfrac{7}{3}\pi\right)$ とも表せるし，いろいろ考えられるね。

「(2)は『x軸上の点$(-7, 0)$から，回転していない点』だから，

$(-7, 0)$ではダメなんですか？」

　残念ながらダメなんだ。

　極座標で答えるときは$r \geqq 0$で考えるという数学のルールがあるんだ。

『x軸上の点$(7, 0)$から，πだけ回転した点』とみなして，$(7, \pi)$と答えるのが正解なんだ。

　さて，直交座標を極座標に直すには，次の関係を使ってもいいよ。

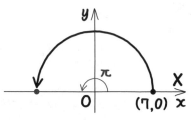

直交座標なら$(-7, 0)$
極座標なら$(7, \pi)$

Point
48
点Pの直交座標(x, y)と極座標(r, θ)の関係

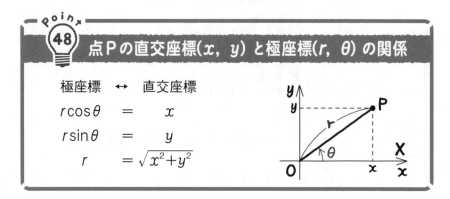

極座標 ↔ 直交座標
$$r\cos\theta = x$$
$$r\sin\theta = y$$
$$r = \sqrt{x^2+y^2}$$

　今回は，直交座標が$(1, \sqrt{3})$ということは，

x座標が1，y座標が$\sqrt{3}$ということだよね。だから，

解答　(1)　$r\cos\theta=1$　　　……①

　　　　$r\sin\theta=\sqrt{3}$　　　……②

　　　　$r=\sqrt{1^2+(\sqrt{3})^2}=2$　……③

　　　③を①，②に代入すると

　　　　$\cos\theta=\dfrac{1}{2}$

$$\sin\theta = \frac{\sqrt{3}}{2}$$

$0 \leqq \theta < 2\pi$ より，$\theta = \dfrac{\pi}{3}$

よって，$\left(2, \ \dfrac{\pi}{3}\right)$ ←答え 例題 **3-27** (1)

というふうにしてもいい。ミサキさん，(2)を解いてみて。

「解答 (2) $r\cos\theta = -7$ ……①

$r\sin\theta = 0$ ……②

$r = \sqrt{(-7)^2 + 0^2} = 7$ ……③

③を①，②に代入すると

$\cos\theta = -1$

$\sin\theta = 0$

$0 \leqq \theta < 2\pi$ より，$\theta = \pi$

よって，$\underline{(7, \ \pi)}$ ←答え 例題 **3-27** (2)」

そうだね。正解。

例題 **3-28**　定期テスト 出題度 !!!　共通テスト 出題度 !!!

次の極座標を，直交座標で表せ。

(1) $\left(3\sqrt{2}, \ \dfrac{5}{4}\pi\right)$　(2) $\left(8, \ \dfrac{7}{12}\pi\right)$

今回は，極座標が $\left(3\sqrt{2}, \ \dfrac{5}{4}\pi\right)$ ということは，r が $3\sqrt{2}$，θ が $\dfrac{5}{4}\pi$ ということだ。48 を使えば，x, y が求められるよ。

数C **3**章

解答　(1)　$x = 3\sqrt{2}\cos\dfrac{5}{4}\pi = 3\sqrt{2}\cdot\left(-\dfrac{1}{\sqrt{2}}\right) = -3$

　　　　　　　$\underbrace{\phantom{3\sqrt{2}\cos\dfrac{5}{4}\pi}}_{r\cos\theta}$

　　　　　$y = 3\sqrt{2}\sin\dfrac{5}{4}\pi = 3\sqrt{2}\cdot\left(-\dfrac{1}{\sqrt{2}}\right) = -3$

　　　　　　$\underbrace{\phantom{3\sqrt{2}\sin\dfrac{5}{4}\pi}}_{r\sin\theta}$

　　よって，**(-3，-3)**　　⇦ 答え　例題 **3-28** (1)

ハルトくん，(2)は解ける？

「$x = 8\cos\dfrac{7}{12}\pi$

あれっ？　$\cos\dfrac{7}{12}\pi$ということは，$\cos 105°$……

どうやって求めればいいのかな？」

$105°$ は，$45° + 60°$ だ。$\dfrac{7}{12}\pi$ を，$\dfrac{1}{4}\pi + \dfrac{1}{3}\pi$ と考えればいいね。

そして，『数学Ⅱ・B編』の **4-10** で登場した，加法定理を使えばいいよ。

「あっ，そうか。その手があったか……。

解答　(2)　$x = 8\cos\dfrac{7}{12}\pi$

　　　　　$= 8\cos\left(\dfrac{1}{4}\pi + \dfrac{1}{3}\pi\right)$

　　　　　$= 8\left(\cos\dfrac{1}{4}\pi\cos\dfrac{1}{3}\pi - \sin\dfrac{1}{4}\pi\sin\dfrac{1}{3}\pi\right)$

　　　　　$= 8\left(\dfrac{1}{\sqrt{2}}\cdot\dfrac{1}{2} - \dfrac{1}{\sqrt{2}}\cdot\dfrac{\sqrt{3}}{2}\right)$

　　　　　$= 8\cdot\dfrac{1-\sqrt{3}}{2\sqrt{2}}$

　　　　　$= 8\cdot\dfrac{\sqrt{2}-\sqrt{6}}{4}$

　　　　　$= 2\sqrt{2} - 2\sqrt{6}$

$$y = 8\sin\frac{7}{12}\pi$$

$$= 8\sin\left(\frac{1}{4}\pi + \frac{1}{3}\pi\right)$$

$$= 8\left(\sin\frac{1}{4}\pi\cos\frac{1}{3}\pi + \cos\frac{1}{4}\pi\sin\frac{1}{3}\pi\right)$$

$$= 8\left(\frac{1}{\sqrt{2}}\cdot\frac{1}{2} + \frac{1}{\sqrt{2}}\cdot\frac{\sqrt{3}}{2}\right)$$

$$= 8\cdot\frac{1+\sqrt{3}}{2\sqrt{2}}$$

$$= 8\cdot\frac{\sqrt{2}+\sqrt{6}}{4}$$

$$= 2\sqrt{2} + 2\sqrt{6}$$

よって，$\underline{\underline{(2\sqrt{2} - 2\sqrt{6},\ 2\sqrt{2} + 2\sqrt{6})}}$

⟨|答え| **例題 3-28** (2)」

数C **3** 章

うん，正解だね。

極座標の2点間の距離

極座標の2点間の距離を求めるのにいちいち直交座標に直す人が多いんだけど，そんな必要はないよ。

例題 3-29

定期テスト 出題度 **❗❗❗**　　共通テスト 出題度 **❗❗**

極座標で表された2点 $A\left(3, \dfrac{\pi}{4}\right)$，$B\left(6, \dfrac{7}{12}\pi\right)$ 間の距離を求めよ。

まず，A, Bの点をとり，図示しよう。

∠AOBの大きさっていくつ？

「∠AOBは，

$\dfrac{7}{12}\pi - \dfrac{\pi}{4} = \dfrac{\pi}{3}$ です。

図示すると，AB間の距離は，

余弦定理でいけそうですね。

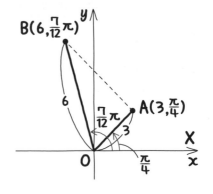

解答　△OABで，余弦定理

より

$$AB^2 = OA^2 + OB^2 - 2 \cdot OA \cdot OB \cos \angle AOB$$

$$= 3^2 + 6^2 - 2 \cdot 3 \cdot 6 \cos \dfrac{\pi}{3}$$

$$= 3^2 + 6^2 - 2 \cdot 3 \cdot 6 \cdot \dfrac{1}{2} = 27$$

AB＞0より，AB＝$\underline{3\sqrt{3}}$　⇐ 答え 例題 **3-29**」

そうだね。余弦定理は，『数学Ⅰ・A編』の **4-11** で登場したね。また，今回は，OA：OB＝1：2，∠AOB＝60°より，90°，60°，30°の直角三角形になることを使ってもいいよ。

3-18 直交座標の方程式と極方程式

1-18 で，ベクトル方程式を図形の方程式に直すことができた。極方程式も図形の方程式に直せるよ。

極座標のr，θの関係を使って表した式を**極方程式**という。まず，直交座標の方程式を極方程式に直してみよう。

例題 3-30

定期テスト 出題度 ❗❗❗　　共通テスト 出題度 ❗❗❗

次の直交座標の方程式を極方程式に直せ。
$$x^2 - 8xy + y^2 = 3$$

3-16 の 48 のようなおき換えをすれば，直交座標の方程式を極方程式に直すことができるんだ。正解は，次のようになるよ。

解答　方程式 $x^2 - 8xy + y^2 = 3$ に $x = r\cos\theta$，$y = r\sin\theta$，$x^2 + y^2 = r^2$ を代入すると

$$r^2 - 8r\cos\theta \cdot r\sin\theta = 3$$
$$r^2 - 8r^2\sin\theta\cos\theta = 3$$
$$\underline{r^2 - 4r^2\sin 2\theta = 3} \Longleftarrow \boxed{\text{答え}} \quad \blacktriangleright 例題 3\text{-}30 \blacktriangleleft$$

「解答 の4行目から5行目はどのように変形したのですか？」

「『数学Ⅱ・B編』の 4-12 で登場した"2倍角の公式"じゃない？」

その通り。$\sin 2\theta = 2\sin\theta\cos\theta$ という公式があったね。
$\sin\theta\cos\theta = \dfrac{1}{2}\sin 2\theta$ として使ったんだ。

さて次は，逆に，極方程式を直交座標の方程式に直そう。これもおき換えをするよ。

例題 3-31

定期テスト 出題度 **!!!**　　共通テスト 出題度 **!!!**

次の極方程式の表す図形を図示せよ。

(1)　$r=7$

(2)　$r=2\cos\theta$

(3)　$6=r\cos\left(\theta-\dfrac{2}{3}\pi\right)$

「直交座標に直すってことは $r\cos\theta = x$ や $r\sin\theta = y$ を使うんですよね。でも，(1)は，$r\cos\theta$ も，$r\sin\theta$ も，r^2 もないですよ。」

うん。最初に**両辺を2乗**すればいい。

解答　(1)　$r=7$

$r^2=49$

$r^2=x^2+y^2$ だから，

$x^2+y^2=49$ より，

直交座標で，点 $(0,\ 0)$ を中心とする半径7の円である。

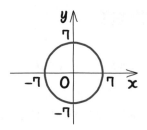

⇐答え　例題 3-31 (1)

$r^2 = x^2 + y^2$ ということは

$r = \sqrt{x^2 + y^2}$ なので

$$\sqrt{x^2 + y^2} = 7$$

としてから両辺を2乗してもいいよ。

 「(2)はどうすればいいんですか？」

両辺に r を掛ければいいよ。やってみて。

 「解答

(2)　$r = 2\cos\theta$

$r^2 = 2r\cos\theta$

$r^2 = x^2 + y^2$, $r\cos\theta = x$ だから

$x^2 + y^2 = 2x$

$x^2 + y^2 - 2x = 0$

$(x-1)^2 - 1 + y^2 = 0$

$(x-1)^2 + y^2 = 1$

よって、直交座標で、点 $(1, 0)$ を中心とする、半径1の円である。

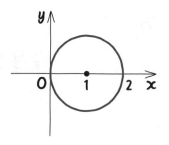

⇦ 答え　**例題 3-31** (2)」

その通り。

 「(3)はどう変形するんですか？」

式の形を見て思いつかないかな？　**3-16** でも登場した加法定理だよ。ハルトくん、解いてみて。

「解答 (3) $6 = r\cos\left(\theta - \dfrac{2}{3}\pi\right)$

$$6 = r\left(\cos\theta\cos\dfrac{2}{3}\pi + \sin\theta\sin\dfrac{2}{3}\pi\right)$$

$$6 = r\left(-\dfrac{1}{2}\cos\theta + \dfrac{\sqrt{3}}{2}\sin\theta\right)$$

$$6 = -\dfrac{1}{2}r\cos\theta + \dfrac{\sqrt{3}}{2}r\sin\theta$$

$r\cos\theta = x,\ r\sin\theta = y$ だから

$$6 = -\dfrac{1}{2}x + \dfrac{\sqrt{3}}{2}y$$

$$12 = -x + \sqrt{3}y$$

$$y = \dfrac{\sqrt{3}}{3}x + 4\sqrt{3}$$

よって，下の図のような直線である。

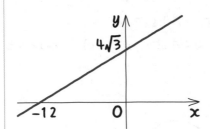

 答え　例題 **3-31** (3)」

極方程式を作る

ベクトル方程式も，よく出てくるものは覚えて，そうでないものはその場で作ればよかった。
極方程式も同じだよ。

1-17 で，ベクトル方程式を作ったね。ここでは，極方程式を作ってみよう。

「作りかたは一緒ですか？」

ほぼ同じなんだけど，今回は極方程式なんだから，当然，**動点を P(r, θ) とおいて作るよ。** それが図形上のどの場所にあっても常に成り立つことを式
にすればいいんだ。よく出てくるものとして以下のようなものがある。

❶ 極 O を中心とする，半径 a_0 の円

$$r = a_0$$

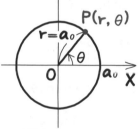

まず，図にしてみよう。

そして，動点を P(r, θ) とおく。このとき，
極 O と P を結んで，図の中に r と θ をかくんだ
よ。さて，P がどの位置にあっても必ずいえることって何？

「r は半径と同じ値になるから，$r = a_0$ ですね。」

うん，そうだね。

❷　$A(a_0,\ 0)$ を中心とする，半径 a_0 の円

$$r = 2a_0\cos\theta$$

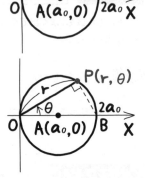

 「図にすると，こんな感じか！

　　Pの位置に関係なく，常に成り立つこ

　　とは？」

　直径のもう一方のはしをBとして，BとPを
結んでみよう。∠OPBは？

 「直角ですね！」

　そうだね。中学校で習った「直径に対する円周角は必ず90°」だね。

　そして，直角三角形になるわけだから，『数学I・A編』の **4-1** で登場し
た三角比が使える。

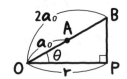

 「$\dfrac{OP}{OB} = \cos\theta$

　　$\dfrac{r}{2a_0} = \cos\theta$

　　$r = 2a_0\cos\theta$

　　ということか。」

　ちなみに $\theta < 0$ のときはPが第4象限にきて，
∠AOP $= -\theta$ になる。

　　$r = 2a_0\cos(-\theta)$

になるが『数学II・B編』の **4-5** の ㉝ の ⑭，
$\cos(-\theta) = \cos\theta$ の公式を使えば
やはり，$r = 2a_0\cos\theta$ になる。

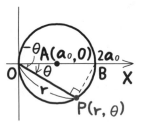

❸　$C(r_0,\ \theta_0)$ を中心とする，半径 a_0 の円

$$a_0{}^2 = r_0{}^2 + r^2 - 2 \cdot r_0 \cdot r \cdot \cos(\theta - \theta_0)$$

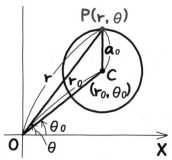

　「CとPを結ぶと，こんな感じで
　　すか？」

そうだね。

△OCP で余弦定理が使える。

　「$CP^2 = OC^2 + OP^2 - 2 \cdot OC \cdot OP \cdot \cos(\theta - \theta_0)$

　　$a_0{}^2 = r_0{}^2 + r^2 - 2 \cdot r_0 \cdot r \cdot \cos(\theta - \theta_0)$

　　になりますね。」

　「でも，Pが上のほうにあるとは限
　　らないし。」

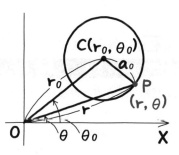

そうだよね。その場合は，式は，

$$a_0{}^2 - r_0{}^2 + r^2 - 2 \cdot r_0 \cdot r \cdot \cos(\theta_0 - \theta)$$

になる。

　　$\cos(-\alpha) = \cos\alpha$ だから

　　$a_0{}^2 = r_0{}^2 + r^2 - 2 \cdot r_0 \cdot r \cdot \cos(\theta - \theta_0)$

の式になるんだ。

数C
3章

❹　極Oを通り，始線が極Oを中心としてθ_0回転した直線

$$\theta=\theta_0$$

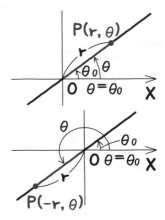

「あっ，これは余裕だ。図にすると，
$\theta=\theta_0$とわかる。」

「えっ？　でも，直線上で極の反対
側に点P(r, θ)をとったときは，
$\theta=\theta_0+\pi$になってしまいますよ
ね。」

　3-16 で極座標は$r\geqq0$で考えるというルールがあったけど，実は，**極方程式を求めるときは$r<0$でもいいんだ。**実軸の負のところに$(r, 0)$をとってθ回転させた点とみなせばいいよ。

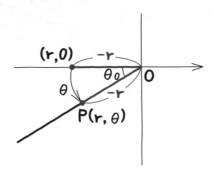

「$r<0$のとき，原点と点$(r, 0)$の距離は$-r$だから，OとPの距離
も$-r$ですね。」

うん，点の場所によって$-r$の値は変わるけど$\theta=\theta_0$は常に成り立つね。

❺　$C(r_0,\ \theta_0)$ を通り，OC に垂直な直線

$$r_0 = r\cos(\theta - \theta_0)$$

「これも，三角比でいけますね。

$$\frac{OC}{OP} = \cos(\theta - \theta_0)$$

$$\frac{r_0}{r} = \cos(\theta - \theta_0)$$

$$r_0 = r\cos(\theta - \theta_0)$$

ですね。」

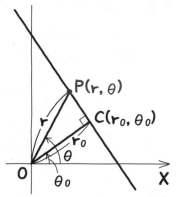

そうだね。もし，P が C より下側にあったら，$\dfrac{OC}{OP} = \cos(\theta_0 - \theta)$ になるんだけど，❸でも説明したように，$\cos(\theta_0 - \theta)$ は $\cos(\theta - \theta_0)$ と等しいから，同じ結果になる。

さて，p.336 の 例題 3-31 を，極方程式を使って求めてみよう。

例題 3-31　　定期テスト 出題度 ❗❗❗　　共通テスト 出題度 ❗❗❗

次の極方程式の表す図形を図示せよ。

(1)　$r = 7$

(2)　$r = 2\cos\theta$

(3)　$6 = r\cos\left(\theta - \dfrac{2}{3}\pi\right)$

(1)は❶を知っていたら余裕だね。

解答　(1)　極O を中心とする，半径7の円だから，

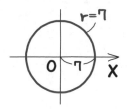

答え　例題 3-31 (1)

「(2)は❷と同じ形ですね。

a_0にあたる数が1ということは,

解答　(2)　極座標が $(1,\ 0)$ の点を中心とする, 半径1の円だから,

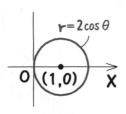

⇐答え　例題 3-31 (2)」

「(3)は❺だ。r_0にあたる数が6,

θ_0にあたる数が$\dfrac{2}{3}\pi$ということは,

解答　(3)　極座標が $\left(6,\ \dfrac{2}{3}\pi\right)$ の点Aを通り, OAに垂直な直線だから,

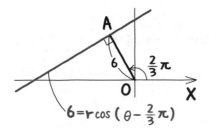

$$6 = r\cos\left(\theta - \frac{2}{3}\pi\right)$$

⇐答え　例題 3-31 (3)」

例題 3-32

定期テスト 出題度 **!!!** 　　共通テスト 出題度 **!!**

次の図形を表す極方程式を求めよ。

(1)　極Oを通り, 始線が極Oを中心として $\dfrac{5}{6}\pi$ 回転した直線

(2)　$B\left(3,\ \dfrac{\pi}{4}\right)$ を中心とする, 半径2の円

「(1)は，❹でいいんですね。

解答 (1) $\theta=\dfrac{5}{6}\pi$ ◁ 答え 例題 3-32 (1)」

そうだね。さらに，(2)は，❸を使えばいい。

解答 (2) B$(r_0,\ \theta_0)$ を中心とする，半径a_0の円なら

$a_0{}^2=r_0{}^2+r^2-2\cdot r_0\cdot r\cdot\cos(\theta-\theta_0)$ だから

$r_0=3,\ \theta_0=\dfrac{\pi}{4},\ a_0=2$ を代入すると

$2^2=3^2+r^2-2\cdot3\cdot r\cdot\cos\left(\theta-\dfrac{\pi}{4}\right)$

$\underline{r^2-6r\cos\left(\theta-\dfrac{\pi}{4}\right)+5=0}$ ◁ 答え 例題 3-32 (2)

「うーん。やっぱり，❸だけが群を抜いて覚えるの大変だな。これ以外は覚えられるんだけど……。」

❸に限らず，❶〜❺のすべてそうなんだけど，万が一，覚えられなかった場合は，実際に図をかいて，その場で極方程式を作れればいいんだ。

(2)なら，下の図のようになり，P$(r,\ \theta)$がどの位置にあっても成り立つ式を作る。

解答 (2) Pが直線OBより上にあるとき

△OBPで余弦定理より，

$BP^2=OB^2+OP^2-2\cdot OB\cdot OP\cdot\cos\left(\theta-\dfrac{\pi}{4}\right)$

$2^2=3^2+r^2-2\cdot3\cdot r\cdot\cos\left(\theta-\dfrac{\pi}{4}\right)$

$r^2-6r\cos\left(\theta-\dfrac{\pi}{4}\right)+5=0$

Pが直線OBより下にあるとき

$r^2-6r\cos\left(\dfrac{\pi}{4}-\theta\right)+5=0$になるが，

$\cos\left(\dfrac{\pi}{4}-\theta\right)=\cos\left(\theta-\dfrac{\pi}{4}\right)$より同じ。

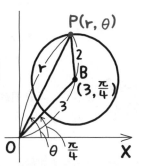

よって

$$r^2 - 6r\cos\left(\theta - \frac{\pi}{4}\right) + 5 = 0$$　⇐ 答え　例題 **3-32** (2)

となって求められたよね。

「これなら忘れちゃっても大丈夫ですね。安心しました（笑）。」

　また，**まず直交座標の方程式を作って，それを極方程式に変えてもい**いと思う。

解答 (2)　直交座標なら，中心$\left(\dfrac{3}{\sqrt{2}},\ \dfrac{3}{\sqrt{2}}\right)$，半径2の円より，

$$\left(x - \frac{3}{\sqrt{2}}\right)^2 + \left(y - \frac{3}{\sqrt{2}}\right)^2 = 4$$

$$x^2 - 3\sqrt{2}\,x + \frac{9}{2} + y^2 - 3\sqrt{2}\,y + \frac{9}{2} = 4$$

$$x^2 + y^2 - 3\sqrt{2}\,x - 3\sqrt{2}\,y + 5 = 0$$

極方程式に直すと，

$$r^2 - 3\sqrt{2}\,r\cos\theta - 3\sqrt{2}\,r\sin\theta + 5 = 0$$

$$r^2 - 3\sqrt{2}\,r(\sin\theta + \cos\theta) + 5 = 0$$

$$r^2 - 3\sqrt{2}\,r\cdot\sqrt{2}\sin\left(\theta + \frac{\pi}{4}\right) + 5 = 0$$

$$r^2 - 6r\sin\left(\theta + \frac{\pi}{4}\right) + 5 = 0$$　⇐ 答え　例題 **3-32** (2)

「最後は，三角関数の合成（『数学Ⅱ・B編』の **4-14** ）を使ったのですね。あれっ？　でも，さっきと答えが違いますけど……。」

　いや。これでも正解になるよ。$\sin\left(\theta + \dfrac{\pi}{4}\right)$を$\sin\left\{\left(\theta - \dfrac{\pi}{4}\right) + \dfrac{\pi}{2}\right\}$と考えて，

『数学Ⅱ・B編』の **4-5** の ④，$\sin\left(\alpha + \dfrac{\pi}{2}\right) = \cos\alpha$の公式を使えば，

$\cos\left(\theta - \dfrac{\pi}{4}\right)$と同じものとわかるよ。

3-20 焦点を極とした2次曲線の極方程式

この章は，前半で2次曲線，後半で極座標と極方程式を学んできた。両方の知識を組み合わせて解く問題もあるよ。

数C 3章

例題 3-33

定期テスト 出題度 ❗ 共通テスト 出題度 ❗

2次曲線（放物線，楕円，双曲線）が次の2つの条件を満たしている。

条件1：焦点 F に対する準線が焦点の右側（x 座標が大きい側）にあり，その距離が d

条件2：離心率が e

以下の問いに答えよ。

(1) 焦点 F を極とした極方程式は，

$$r(1 + e\cos\theta) = ed$$

で表されることを示せ。

(2) 楕円の焦点 F を通る直線と，楕円との2つの交点を S，T とするとき，その場所によらず，$\dfrac{1}{\mathrm{FS}} + \dfrac{1}{\mathrm{FT}}$ の値が一定になることを示せ。

「えっ？　原点以外の点を極にすることって，あるのですか？」

まれにあるよ。ほとんどの問題は特に指定がないので，原点を極にすればいいが，この問題はちょっと特殊なんだ。

さて，求め方は 3-19 と変わらない。図形上の動点を P$(r,~\theta)$ とし，極とつないで，$r,~\theta$ を書き込み，常に成り立つことを式にすればいい。

解答　(1)　図形上の動点を P $(r,\ \theta)$ とすると,

（Pと焦点Fの距離）:（Pと準線の距離）$=e:1$

ここで, 焦点を通り準線に垂直な直線を考え, Pからその直線に下した垂線の足をHとすると,

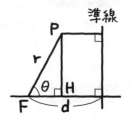

Hが焦点より右側にあるなら,

$FH=r\cos\theta$ より,

Pと準線の距離は $d-FH=d-r\cos\theta$

Hが焦点より左側にあるなら,

$FH=r\cos(\pi-\theta)=-r\cos\theta$ より,

Pと準線の距離は $d+FH=d-r\cos\theta$ で同じ。

$$r:(d-r\cos\theta)=e:1$$
$$r=e(d-r\cos\theta)$$
$$r=ed-re\cos\theta$$
$$r+re\cos\theta=ed$$

$r(1+e\cos\theta)=ed$　⇐ 答え　**例題 3-33** (1)

ちなみに, **準線が焦点の左側にあるときは,**

$$r(1-e\cos\theta)=ed$$

になる。面倒だから, もう計算しないけどね。(笑)

「(2)は, 楕円の式を $\dfrac{x^2}{a^2}+\dfrac{y^2}{b^2}=1$ とおいて,

焦点 $F(\sqrt{a^2-b^2},\ 0)$ を通る直線は, 傾きを k とすると,

$y=k(x-\sqrt{a^2-b^2})$ で, 連立させて解くと…あーっ面倒くさい！」

そうだね。とても大変だ。これは(1)の結果を使い, 極方程式で解けばいいよ。

解答 (2) (1)の極座標において，FS$=r_1$，FT$=r_2$とすると，

S$(r_1,\ \theta_1)$，T$(r_2,\ \theta_1+\pi)$とおけて，ともに(1)の図形上にあるので，

$r_1(1+e\cos\theta_1)=ed$　　より，

$$r_1=\dfrac{ed}{1+e\cos\theta_1}\quad\cdots\cdots①$$

$r_2\{1+e\cos(\theta_1+\pi)\}=ed$　　より，

$r_2(1-e\cos\theta_1)=ed$

$$r_2=\dfrac{ed}{1-e\cos\theta_1}\quad\cdots\cdots②$$

①，②を与式に代入すると，

$$\dfrac{1}{\text{FS}}+\dfrac{1}{\text{FT}}=\dfrac{1}{r_1}+\dfrac{1}{r_2}$$

$$=\dfrac{1+e\cos\theta_1}{ed}+\dfrac{1-e\cos\theta_1}{ed}$$

$$=\dfrac{2}{ed}\ \text{より，一定になる}$$

◁ **答え** **例題 3-33** (2)

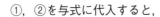

さて，これで高校数学はすべて完結だ。最後に，感想を一言。

「終わったーっていう気持ち（笑）。始めたころは，数学が苦手だったけど，わかってくるにつれて，問題が解けるのが面白く感じました。この調子で入試も頑張りたい！」

「もっと，色々な問題を解いて，模試もいっぱい受けて，忘れていた所は復習して……とやっていけば，さらに力がつきそう。入試が来るのが楽しみなくらい。絶対いい結果を残します！」

4月には嬉しい気持ちで桜が見られるといいね。

「長い間，ありがとうございました。」

「私も！　ありがとうございました。」

 さくいん

やさしい高校シリーズのご紹介
わかりやすい解説で大好評！

やさしい高校シリーズ最新のラインナップを紹介しています。
お持ちのデバイスでQRコードを読み取ってください。
弊社Webサイト「学研出版サイト」にアクセスします。
（※2021年以前発売の商品は旧課程となりますのでご注意ください）

STAFF

著者	きさらぎひろし
ブックデザイン	野崎二郎 (Studio Give)
キャラクターイラスト	あきばさやか
編集協力	高木直子，能塚泰秋
データ作成	株式会社四国写研
企画	宮﨑純

やさしい高校数学（数学C）

掲載問題集

——————⟶
この冊子はとりはずせます。
矢印の方向にゆっくり引っぱってください。

1章 ベクトル

例題 1-1
定期テスト 出題度 ❗❗❗　共通テスト 出題度 ❗❗❗

AD と BC が平行で，AD = 3，BC = 5である台形 ABCD において，辺 BC 上に BE = 2になるように点 E をとる。$\overrightarrow{AB} = \vec{b}$，$\overrightarrow{AD} = \vec{d}$ とするとき，次のベクトルを $\vec{b}$，$\vec{d}$ を用いて表せ。

(1) $\overrightarrow{DB}$　　(2) $\overrightarrow{AE}$　　(3) $\overrightarrow{CA}$

→略解は p.28，解説は本冊 p.11

例題 1-2
定期テスト 出題度 ❗❗❗　共通テスト 出題度 ❗❗❗

点 A，B，C の座標が，A(3, −7)，B(−1, 4)，C(5, 8) であるとき，次のベクトルを成分で表せ。

(1) $\overrightarrow{AB}$　　(2) $\overrightarrow{AC}$　　(3) $3\overrightarrow{AB} - \overrightarrow{AC}$

→略解は p.28，解説は本冊 p.13

例題 1-3
定期テスト 出題度 ❗❗❗　共通テスト 出題度 ❗❗❗

$\vec{a} = (5, -2)$，$\vec{b} = (4, 1)$，$\vec{c} = (-7, -5)$ とするとき，$\vec{c}$ を $\vec{a}$，$\vec{b}$ を用いて表せ。

→略解は p.28，解説は本冊 p.15

例題 1-4
定期テスト 出題度 ❗❗❗　共通テスト 出題度 ❗❗❗

$\vec{a} = (-7, 4)$，$\vec{b} = (2, 1)$，$\vec{c} = \vec{a} + t\vec{b}$ とするとき，$|\vec{c}|$ の最小値とそのときの t の値を求めよ。

→略解は p.28，解説は本冊 p.16

例題 1-5

定期テスト 出題度 !!!　共通テスト 出題度 !!!

$\vec{a} = (-5, 12)$ について，次の問いに答えよ。
(1) $\vec{a}$ と同じ向きで大きさが4のベクトルを求めよ。
(2) $\vec{a}$ に平行な単位ベクトルを求めよ。

→略解は p.28，解説は本冊 p.18

例題 1-6

定期テスト 出題度 !!!　共通テスト 出題度 !!!

$\vec{a} = (8, -2)$，$\vec{b} = (x, 3)$ が平行なとき，定数 x の値を求めよ。

→略解は p.28，解説は本冊 p.19

例題 1-7

定期テスト 出題度 !!!　共通テスト 出題度 !!!

3点 A$(-4, 2)$，B$(-1, -3)$，C$(x, 7)$ が同じ直線上にあるとき，定数 x の値を求めよ。

→略解は p.28，解説は本冊 p.21

例題 1-8

定期テスト 出題度 !!　共通テスト 出題度 !!

4点 A$(-3, 7)$，B$(-2, -5)$，C$(9, 1)$，D を頂点とする四角形が平行四辺形になるとき，点 D の座標を求めよ。

→略解は p.28，解説は本冊 p.23

例題 1-9

定期テスト 出題度 !!!　共通テスト 出題度 !!!

1辺の長さが2の正六角形 ABCDEF の向かい合う頂点どうしを結んだ3本の対角線の交点を O とするとき，次の内積の値を求めよ。
(1) $\overrightarrow{AB} \cdot \overrightarrow{AO}$　(2) $\overrightarrow{AD} \cdot \overrightarrow{AE}$　(3) $\overrightarrow{AF} \cdot \overrightarrow{FC}$

→略解は p.28，解説は本冊 p.26

3

例題 1-10
定期テスト 出題度 ❗❗❗   共通テスト 出題度 ❗❗❗

次の $\vec{a}$, $\vec{b}$ のなす角 θ を求めよ。ただし，$0 \leqq \theta \leqq \pi$ とする。
(1) $\vec{a} = (2, -1)$, $\vec{b} = (-1, 3)$
(2) $\vec{a} = (9, 6)$, $\vec{b} = (2, -3)$

→略解は p.28，解説は本冊 p.30

例題 1-11
定期テスト 出題度 ❗❗❗   共通テスト 出題度 ❗❗❗

$\vec{a} = (1, -7)$, $\vec{b} = (-4, -9)$ で，$\vec{a} - \vec{b}$ と $t\vec{a} + \vec{b}$ が垂直であるとき，定数 t の値を求めよ。

→略解は p.28，解説は本冊 p.31

例題 1-12
定期テスト 出題度 ❗❗❗   共通テスト 出題度 ❗❗❗

$\vec{a} = (-5, 12)$ と垂直な単位ベクトルを求めよ。

→略解は p.28，解説は本冊 p.32

例題 1-13
定期テスト 出題度 ❗❗❗   共通テスト 出題度 ❗❗❗

3点 A$(4, -1)$, B$(7, 3)$, C$(2, 0)$ とするとき，次の問いに答えよ。
(1) $\cos \angle \mathrm{BAC}$ を求めよ。   (2) $\triangle \mathrm{ABC}$ の面積を求めよ。

→略解は p.28，解説は本冊 p.34

例題 1-14
定期テスト 出題度 ❗❗❗   共通テスト 出題度 ❗❗❗

2つのベクトル $\vec{a}$, $\vec{b}$ が，$|\vec{a}| = 2$, $|\vec{b}| = 3$, $|\vec{a} + \vec{b}| = \sqrt{7}$ を満たすとき，次の問いに答えよ。
(1) $\vec{a}$, $\vec{b}$ のなす角 θ_1 を求めよ。
(2) $2\vec{a} - \vec{b}$ の大きさを求めよ。
(3) $2\vec{a} - \vec{b}$ と $\vec{a} + \vec{b}$ のなす角を θ_2 とするとき，$\cos \theta_2$ の値を求めよ。

→略解は p.28，解説は本冊 p.39

4

例題 1-15　定期テスト 出題度 !!!　共通テスト 出題度 !!!

△OAB において，線分 OA を 2：1 の比に内分する点を P，線分 OB を
1：3 の比に内分する点を Q，線分 AB を 1：6 の比に外分する点を R とする。
$\overrightarrow{OA}=\vec{a}$，$\overrightarrow{OB}=\vec{b}$ とするとき，次の問いに答えよ。
(1)　$\overrightarrow{OP}$，$\overrightarrow{OQ}$，$\overrightarrow{OR}$ を $\vec{a}$，$\vec{b}$ を用いて表せ。
(2)　3 点 P，Q，R が同じ直線上にあることを示せ。
(3)　PQ：PR を求めよ。

→略解は p.28，解説は本冊 p.45

例題 1-16　定期テスト 出題度 !!!　共通テスト 出題度 !!!

△ABC において，$\overrightarrow{AB}=\vec{b}$，$\overrightarrow{AC}=\vec{c}$ とする。辺 AB を 3：2 の比に内分する
点を D，辺 AC の中点を E，線分 BE と線分 CD の交点を P，直線 AP と辺
BC の交点を Q とするとき，次の問いに答えよ。
(1)　$\overrightarrow{AP}$ を $\vec{b}$，$\vec{c}$ を用いて表せ。また，BP：PE を求めよ。
(2)　$\overrightarrow{AQ}$ を $\vec{b}$，$\vec{c}$ を用いて表せ。
(3)　AP：PQ を求めよ。

→略解は p.28，解説は本冊 p.49

例題 1-17　定期テスト 出題度 !!!　共通テスト 出題度 !!!

平行四辺形 ABCD において，線分 AD を 5：4 の比に内分する点を E，線
分 BC を 7：2 の比に内分する点を F とし，線分 EF と線分 BD の交点を G と
するとき，次のベクトルを $\overrightarrow{AB}$，$\overrightarrow{AD}$ を用いて表せ。
(1)　$\overrightarrow{AE}$　　(2)　$\overrightarrow{AF}$　　(3)　$\overrightarrow{AG}$

→略解は p.28，解説は本冊 p.60

例題 1-18　定期テスト 出題度 !!　共通テスト 出題度 !!

AB＝5，BC＝8，CA＝6 である △ABC において，$\overrightarrow{AB}=\vec{b}$，$\overrightarrow{AC}=\vec{c}$ とする
とき，$\vec{b}\cdot\vec{c}$ を求めよ。

→略解は p.28，解説は本冊 p.68

例題 1-19

定期テスト 出題度 !!! 共通テスト 出題度 !!

△ABC と同一平面上に点 P を，$7\overrightarrow{PA}+2\overrightarrow{PB}+3\overrightarrow{PC}=\vec{0}$ を満たすようにとる。直線 AP と辺 BC の交点を D とするとき，次の問いに答えよ。

(1) BD : DC および AP : PD を求めよ。

(2) △PAB，△PBC，△PCA の面積の比を求めよ。

→略解は p.28, 解説は本冊 p.70

例題 1-20

定期テスト 出題度 !! 共通テスト 出題度 !

次のベクトル方程式はどのような図形を表すか答えよ。ただし，点 O を基準とし，$A(\vec{a})$ とする。

(1) $|3\vec{p}-\vec{a}|=6$ (2) $|\vec{p}-\vec{a}|=|\vec{a}|$ (3) $|\vec{p}-\vec{a}|=|-2\vec{p}-4\vec{a}|$

→略解は p.28, 解説は本冊 p.80

例題 1-21

定期テスト 出題度 !! 共通テスト 出題度 !

次の図形の方程式を求めよ。

(1) 点 $(-3,\ -4)$ を通り，$\vec{u}=(-5,\ 2)$ に平行な直線

(2) 点 $(8,\ -1)$ を通り，$\vec{n}=(7,\ 4)$ に垂直な直線

→略解は p.28, 解説は本冊 p.85

例題 1-22

定期テスト 出題度 !!! 共通テスト 出題度 !!

$\overrightarrow{OA}=(3,\ 0)$，$\overrightarrow{OB}=(1,\ 2)$ で，$\overrightarrow{OP}=s\overrightarrow{OA}+t\overrightarrow{OB}$ の式が成り立つとする。$s,\ t$ が次の条件を満たすとき，点 P の存在範囲を図示せよ。

(1) $0\leqq s\leqq 2,\ -1\leqq t\leqq\dfrac{1}{2}$

(2) $s+t\leqq 2,\ 0\leqq s$

(3) $2s+3t\leqq 6,\ 0\leqq s,\ 0\leqq t$

→略解は p.28, 解説は本冊 p.91

例題 1-23

定期テスト 出題度 !! 共通テスト 出題度 !!

2直線 $\ell_1 : 5x-y-8=0$，$\ell_2 : -2x+3y+4=0$ のなす角を求めよ。

→略解は p.28, 解説は本冊 p.95

6

例題 1-24
定期テスト 出題度 ❗❗❗　　共通テスト 出題度 ❗❗

空間座標上の点 A(5, 1, −7) を次のように移動させた点の座標を求めよ。
(1) zx 平面に関して対称移動
(2) y 軸に関して対称移動
(3) 原点に関して対称移動

→略解は p.28, 解説は本冊 p.100

例題 1-25
定期テスト 出題度 ❗❗❗　　共通テスト 出題度 ❗❗❗

2点 A(−2, 9, −1), B(−5, 8, 3) 間の距離を求めよ。

→略解は p.28, 解説は本冊 p.102

例題 1-26
定期テスト 出題度 ❗❗　　共通テスト 出題度 ❗❗

点 (−3, 8, −7) から yz 平面に下ろした垂線の足の座標を求めよ。また、点と yz 平面の距離を求めよ。

→略解は p.29, 解説は本冊 p.103

例題 1-27
定期テスト 出題度 ❗❗❗　　共通テスト 出題度 ❗❗❗

2つのベクトル $\vec{a} = (3, 4, 2)$, $\vec{b} = (−4, −1, 6)$ に垂直な単位ベクトルを求めよ。

→略解は p.29, 解説は本冊 p.105

例題 1-28
定期テスト 出題度 ❗❗❗　　共通テスト 出題度 ❗❗❗

3点 A(−8, −1, 7), B(5, s, 1), C(t, −6, 4) が同じ直線上にあるとき、定数 s, t の値を求めよ。

→略解は p.29, 解説は本冊 p.107

例題 1-29 定期テスト 出題度 ❶❶❶ 共通テスト 出題度 ❶❶❶

4点 A$(1,\ -6,\ 3)$, B$(-1,\ 2,\ -2)$, C$(2,\ -7,\ 5)$, D$(5,\ t,\ 8)$ が同じ平面上にあるとき，定数 t の値を求めよ。

→略解は p.29, 解説は本冊 p.110

例題 1-30 定期テスト 出題度 ❶❶❶ 共通テスト 出題度 ❶❶❶

四面体 OABC において，線分 OA の中点を P，線分 AB を $2:3$ の比に内分する点を Q，線分 BC を $3:1$ の比に内分する点を R，線分 OC を $2:1$ の比に内分する点を S とするとき，

(1) $\overrightarrow{PQ}$, $\overrightarrow{PR}$, $\overrightarrow{PS}$ を $\overrightarrow{OA}$, $\overrightarrow{OB}$, $\overrightarrow{OC}$ を用いて表せ。

(2) 4点 P，Q，R，S が同じ平面上にあることを示せ。

→略解は p.29, 解説は本冊 p.112

例題 1-31 定期テスト 出題度 ❶❶❶ 共通テスト 出題度 ❶❶❶

平行六面体 ABCD－EFGH は，AB$=3$，AD$=1$，AE$=2$，$\angle$BAD$=90°$，$\angle$BAE$=\angle$DAE$=60°$ を満たし，△CFG の重心を I とする。□ にあてはまる数を答えよ。

ただし，$\overrightarrow{AB}=\vec{b}$，$\overrightarrow{AD}=\vec{d}$，$\overrightarrow{AE}=\vec{e}$ とする。

(1) $\overrightarrow{AI}=\vec{b}+\dfrac{\boxed{\ \text{ア}\ }}{\boxed{\ \text{イ}\ }}\vec{d}+\dfrac{\boxed{\ \text{ウ}\ }}{\boxed{\ \text{エ}\ }}\vec{e}$ である。

(2) 直線 AI と平面 BDE の交点を J とすると，

$\overrightarrow{AJ}=\dfrac{\boxed{\ \text{オ}\ }}{\boxed{\ \text{カ}\ }}\vec{b}+\dfrac{\boxed{\ \text{キ}\ }}{\boxed{\ \text{ク}\ }}\vec{d}+\dfrac{\boxed{\ \text{ケ}\ }}{\boxed{\ \text{コ}\ }}\vec{e}$ である。

(3) (2)のとき，線分 AJ の長さは，AJ$=\dfrac{\sqrt{\boxed{\ \text{サシス}\ }}}{\boxed{\ \text{セ}\ }}$ である。

→略解は p.29, 解説は本冊 p.116

例題 1-32　　定期テスト 出題度 **!**!**!**　　共通テスト 出題度 **!**!**!**

空間における4点の座標を A$(-3,\ 5,\ -4)$，B$(1,\ 2,\ -5)$，C$(-1,\ 4,\ -3)$，D$(5,\ 2,\ 17)$ とするとき，次の問いに答えよ。

(1) cos∠BAC の値を求めよ。

(2) △ABC の面積を求めよ。

(3) 点 D から3点 A，B，C を含む平面に下ろした垂線の足を P とするとき，P の座標を求めよ。

(4) 四面体 ABCD の体積を求めよ。

→略解は p.29，解説は本冊 p.124

例題 1-33　　定期テスト 出題度 **!**!**!**　　共通テスト 出題度 **!**!

点 A$(-6,\ 2,\ 9)$ を通り，方向ベクトルが $\vec{u} = (3,\ 1,\ -4)$ の直線の方程式を媒介変数を使わない形で答えよ。

→略解は p.29，解説は本冊 p.129

例題 1-34　　定期テスト 出題度 **!**!**!**　　共通テスト 出題度 **!**!

2点 A$(-1,\ 4,\ -2)$，B$(7,\ 4,\ -5)$ を通る直線の方程式を媒介変数を使わない形で答えよ。

→略解は p.29，解説は本冊 p.130

例題 1-35　　定期テスト 出題度 **!**!**!**　　共通テスト 出題度 **!**!

点 A$(7,\ 4,\ -2)$ を通り，x 軸に平行な直線の方程式を求めよ。

→略解は p.29，解説は本冊 p.132

9

例題 1-36　定期テスト 出題度 ❗❗　共通テスト 出題度 ❗❗

2直線 $\ell_1 : \dfrac{x-5}{2} = \dfrac{-y-8}{2} = -z$, $\ell_2 : x=6$, $\dfrac{y+5}{4} = \dfrac{-z+9}{3}$ について, 次の問いに答えよ。

(1) 2直線がねじれの位置にあることを示せ。

(2) 2直線のなす角を $\theta \left(\text{ただし, } 0 \le \theta \le \dfrac{\pi}{2}\right)$ とするとき, $\cos\theta$ の値を求めよ。

(3) 2直線の距離を求めよ。

→略解は p.29, 解説は本冊 p.133

例題 1-37　定期テスト 出題度 ❗❗❗　共通テスト 出題度 ❗❗

点 A(6, −7, 4) を通り, 法線ベクトルが $\vec{n} = (2, 5, -1)$ の平面について, 次の問いに答えよ。

(1) 平面の方程式を求めよ。

(2) 点 B(−10, 4, −3) から平面に下ろした垂線の足 H の座標を求めよ。

(3) 点 B と平面の距離を求めよ。

→略解は p.29, 解説は本冊 p.138

例題 1-38　定期テスト 出題度 ❗❗❗　共通テスト 出題度 ❗❗❗

2つの平面 $n_1 : -x+y+2z-5=0$, $n_2 : 2x+y-z+3=0$ のなす角を求めよ。

→略解は p.29, 解説は本冊 p.141

例題 1-39　定期テスト 出題度 ❗❗❗　共通テスト 出題度 ❗

次の球面の方程式を求めよ。

(1) 中心が (−3, 8, 2) で xy 平面に接する球面

(2) 2点 A(5, −2, 6), B(−7, 6, 4) を直径の両端とする球面

→略解は p.29, 解説は本冊 p.143

例題 1-40 定期テスト 出題度 **❗❗❗** 共通テスト 出題度 **❗**

　4点 A$(5, -1, 1)$, B$(7, 1, -1)$, C$(6, 1, -4)$, D$(3, 0, 0)$ を通る球面の方程式を求めよ。

→略解は p.29, 解説は本冊 p.144

例題 1-41 定期テスト 出題度 **❗❗❗** 共通テスト 出題度 **❗**

　点 A$(4, 5, 1)$ を通り，xy 平面，yz 平面，zx 平面に接する球面の方程式を求めよ。

→略解は p.29, 解説は本冊 p.147

例題 1-42 定期テスト 出題度 **❗❗** 共通テスト 出題度 **❗**

　球面 $S : x^2 + y^2 + z^2 - 4x + 8y - 2z - 17 = 0$ について，次の問いに答えよ。

(1)　中心と半径を求めよ。

(2)　球面 S と，

　　直線：$\begin{cases} x = 1 + 2t \\ y = -t \qquad (t \text{ は変数}) \\ z = 4 + t \end{cases}$

　　の交点を求めよ。

(3)　球面 S と zx 平面が交わってできる円の，中心と半径を求めよ。

→略解は p.29, 解説は本冊 p.149

2章 複素数平面

例題 2-1

定期テスト 出題度 !!! 　　共通テスト 出題度 !!!

複素数平面上において，0，$\alpha = 3 + 2i$，$\beta = 7 + mi$（ただし，m は実数）の表す3点が同一直線上にあるとき，m の値を求めよ。

→略解は p.29，解説は本冊 p.155

例題 2-2

定期テスト 出題度 !!! 　　共通テスト 出題度 !!

複素数 α，β それぞれの表す点 A，B が下の複素数平面上の図の位置にあるとき，次の複素数の表す点を図示せよ。

(1) $\alpha + \beta$ が表す点 C

(2) $\alpha - \beta$ が表す点 D

(3) $-2\alpha + \dfrac{3}{2}\beta$ が表す点 E

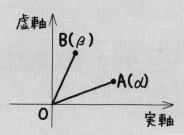

→略解は p.29，解説は本冊 p.156

例題 2-3

定期テスト 出題度 !! 　　共通テスト 出題度 !

複素数 α，β に対して，次の等式が成り立つことを証明せよ。

(1) $\overline{\overline{\alpha} + \overline{\beta}} = \overline{\alpha} + \overline{\beta}$

(2) $\overline{\dfrac{\alpha}{\beta}} = \overline{\left(\dfrac{\alpha}{\beta}\right)}$

→略解は p.29，解説は本冊 p.159

例題 2-4

定期テスト 出題度 ❗❗❗ 共通テスト 出題度 ❗

複素数 z の実部，虚部を z, $\bar{z}$ を用いて表せ。

→略解は p.29, 解説は本冊 p.162

例題 2-5

定期テスト 出題度 ❗❗❗ 共通テスト 出題度 ❗

複素数 α, β に対して，次の等式が成り立つことを証明せよ。
(1) $|\alpha||\beta| = |\alpha\beta|$
(2) $\dfrac{|\alpha|}{|\beta|} = \left|\dfrac{\alpha}{\beta}\right|$

→略解は p.29, 解説は本冊 p.165

例題 2-6

定期テスト 出題度 ❗❗ 共通テスト 出題度 ❗

複素数 α, β に対して，等式
$$|\alpha+\beta|^2 + |\alpha-\beta|^2 = 2(|\alpha|^2 + |\beta|^2)$$
が成り立つことを証明せよ。

→略解は p.29, 解説は本冊 p.168

例題 2-7

定期テスト 出題度 ❗❗❗ 共通テスト 出題度 ❗❗❗

2点 $A(-6-2i)$, $B(1-5i)$ 間の距離を求めよ。

→略解は p.29, 解説は本冊 p.173

例題 2-8

定期テスト 出題度 ❗❗❗ 共通テスト 出題度 ❗❗❗

3点 $A(-3+8i)$, $B(-1+2i)$, $C(5+4i)$ について，次の点を表す複素数を求めよ。
(1) 線分 AB を $3:1$ の比に内分する点
(2) 線分 AC の中点
(3) 四角形 ABCD が平行四辺形になるときの点 D

→略解は p.29, 解説は本冊 p.175

例題 2-9　定期テスト 出題度 ❗❗❗　共通テスト 出題度 ❗❗❗

$z = -1 + i$ を極形式で表し，絶対値，偏角を答えよ。

→略解は p.29，解説は本冊 p.178

例題 2-10　定期テスト 出題度 ❗❗❗　共通テスト 出題度 ❗❗❗

複素数 α が，$|\alpha| = 7$，$\arg \alpha = \dfrac{2}{5}\pi$ を満たすとき，次の問いに答えよ。ただし，偏角はすべて $-\pi$ 以上 π 未満とする。

(1) α を極形式で表せ。

(2) $|\overline{\alpha}|$，$\arg \overline{\alpha}$ を求めよ。

→略解は p.29，解説は本冊 p.180

例題 2-11　定期テスト 出題度 ❗❗❗　共通テスト 出題度 ❗❗❗

2つの複素数 z_1，z_2 が，

$$|z_1| = 6, \quad \arg z_1 = \frac{\pi}{4}, \quad |z_2| = 2, \quad \arg z_2 = \frac{\pi}{6}$$

を満たすとき，次の問いに答えよ。ただし，偏角はすべて0以上 2π 未満とする。

(1) z_1，z_2 を極形式で表せ。

(2) $|z_1 z_2|$，$\arg(z_1 z_2)$ を求めよ。

(3) $\left| \dfrac{z_1}{z_2} \right|$，$\arg \dfrac{z_1}{z_2}$ を求めよ。

→略解は p.29，解説は本冊 p.183

例題 2-12　定期テスト 出題度 ❗❗❗　共通テスト 出題度 ❗❗❗

複素数平面上の点 $A(-2 + 4i)$ を，次のように移動したあとの点を表す複素数を求めよ。

(1) 原点を中心に $\dfrac{\pi}{2}$ だけ回転し，原点からの距離を3倍にした点

(2) 原点を中心に $\dfrac{\pi}{4}$ だけ回転させた点

(3) 原点を中心に $\dfrac{\pi}{12}$ だけ回転させた点

→略解は p.30，解説は本冊 p.188

14

→略解は p.30, 解説は本冊 p.191

例題 2-13 | 定期テスト 出題度 **❗❗❗** | 共通テスト 出題度 **❗❗❗**

$z = r(\cos\theta + i\sin\theta)$ $(r \geqq 0)$ のとき, iz を極形式で表せ。

→略解は p.30, 解説は本冊 p.191

例題 2-14 | 定期テスト 出題度 **❗❗❗** | 共通テスト 出題度 **❗❗❗**

複素数平面上の3点 A$(-3+6i)$, B$(1+4i)$, C があり, △ABC が正三角形であるとき, 点 C の表す複素数を求めよ。

→略解は p.30, 解説は本冊 p.193

例題 2-15 | 定期テスト 出題度 **❗❗**○ | 共通テスト 出題度 **❗❗❗**

$z = \dfrac{1+\sqrt{3}i}{1+i}$ のとき, 次の問いに答えよ。

(1) z^8 を求めよ。

(2) z^{p+2} が実数となる最小の自然数 p を求めよ。

(3) z^{p-7} が純虚数となる最小の自然数 p を求めよ。

→略解は p.30, 解説は本冊 p.200

例題 2-16 | 定期テスト 出題度 **❗❗**○ | 共通テスト 出題度 **❗❗**○

$z = \cos\dfrac{2}{5}\pi + i\sin\dfrac{2}{5}\pi$ のとき, 次の問いに答えよ。

(1) $1 + z + z^2 + z^3 + z^4$ の値を求めよ。

(2) $\cos\dfrac{2}{5}\pi$ の値を求めよ。

→略解は p.30, 解説は本冊 p.203

例題 2-17 | 定期テスト 出題度 **❗❗❗** | 共通テスト 出題度 **❗❗❗**

$z^4 = -\dfrac{1}{2} + \dfrac{\sqrt{3}}{2}i$ を満たす複素数 z を求めよ。

→略解は p.30, 解説は本冊 p.205

例題 2-18　定期テスト 出題度 ❗❗❗　共通テスト 出題度 ❗❗❗

複素数平面上に3点 A$(3+i)$, B$(4-i)$, C(6) があるとき, 次の問いに答えよ。

(1)　∠BAC の大きさを求めよ。

(2)　△ABC はどのような三角形か。

→略解は p.30, 解説は本冊 p.209

例題 2-19　定期テスト 出題度 ❗❗　共通テスト 出題度 ❗❗❗

複素数平面上に3点 A(α), B(β), C(γ) があり, 次の関係が成り立つとき, ∠ABC の大きさを求めよ。

$$(1-\sqrt{3}\,i)\alpha + (-3+\sqrt{3}\,i)\beta + 2\gamma = 0$$

→略解は p.30, 解説は本冊 p.212

例題 2-20　定期テスト 出題度 ❗❗　共通テスト 出題度 ❗❗❗

複素数平面上の原点でない2点 A(α), B(β) について, $\alpha^2 - 2\alpha\beta + 4\beta^2 = 0$ という関係が成り立つとき, 次の問いに答えよ。

(1)　$\dfrac{\alpha}{\beta}$ を求めよ。

(2)　△OAB の3つの内角の大きさを求めよ。

→略解は p.30, 解説は本冊 p.214

例題 2-21　定期テスト 出題度 ❗❗　共通テスト 出題度 ❗❗❗

複素数平面上の2点 A(α), B(β) を直径の両はしとする円周上に点 P(z) があり, $\dfrac{PB}{PA}=2$ のとき, $\dfrac{\beta-z}{\alpha-z}$ を求めよ。ただし, 偏角はすべて $-\pi$ 以上 π 未満とする。

→略解は p.30, 解説は本冊 p.216

例題 2-22　定期テスト 出題度 ❗❗❗　共通テスト 出題度 ❗❗❗

α, β を複素数とする。$|\alpha|=|\beta|=|\alpha+\beta|=1$ のとき，$\dfrac{\beta}{\alpha}$ の値を求めよ。

→略解は p.30，解説は本冊 p.218

例題 2-23　定期テスト 出題度 ❗❗❗　共通テスト 出題度 ❗❗❗

複素数平面上の3点 A$(-2+5i)$，B$(3+4i)$，C$(a-7i)$ が次の位置関係にあるとき，実数 a の値を求めよ。
(1)　3点 A，B，C が一直線上にある
(2)　BA⊥CA の位置関係にある

→略解は p.30，解説は本冊 p.220

例題 2-24　定期テスト 出題度 ❗❗❗　共通テスト 出題度 ❗❗❗

複素数 z が次のような図形上を動くとき，z が満たす方程式を求めよ。ただし，(1)は媒介変数として t を用いること。
(1)　2点 A$(-2-5i)$，B$(4-8i)$ を通る直線
(2)　2点 A$(3-i)$，B$(-1+7i)$ を直径の両端とする円

→略解は p.30，解説は本冊 p.226

例題 2-25　定期テスト 出題度 ❗❗❗　共通テスト 出題度 ❗❗❗

複素数 z について，次の方程式が成り立つとき，動点 P(z) はどのような図形を描くか。
(1)　$z\bar{z}=4$
(2)　$|z+5|=|\bar{z}-3+2i|$

→略解は p.30，解説は本冊 p.228

例題 2-26　定期テスト 出題度 !!➕　共通テスト 出題度 !!!

$|z-\alpha|=r$ を満たす複素数 z は，α の表す点を中心とする半径 r の円を描く。

これを利用して，$2|z-3i|=|z+6|$ を満たす z は，どのような図形を描くかを求めよ。

→略解は p.30，解説は本冊 p.229

例題 2-27　定期テスト 出題度 !!➕　共通テスト 出題度 !!!

$z+\dfrac{1}{z}$ が実数であるとき，複素数 z が描く図形を図示せよ。

→略解は p.30，解説は本冊 p.235

例題 2-28　定期テスト 出題度 !!　共通テスト 出題度 !!!

複素数平面上に点 $A(-1+4i)$ がある。$P(z)$ が原点を中心とする半径2の円周上を動くとき，線分 AP を $1:3$ の比に内分する点の描く図形を求めよ。

→略解は p.30，解説は本冊 p.237

例題 2-29　定期テスト 出題度 !!　共通テスト 出題度 !!!

複素数平面上で，$P(z)$ が点 $-i$ を中心とする半径 $\sqrt{2}$ の円の内側を動くとき，$w=\dfrac{2z-2}{z+1}$ の存在する領域を図示せよ。

→略解は p.30，解説は本冊 p.241

18

例題 2-30　定期テスト 出題度 ❗❗❗　共通テスト 出題度 ❗❗❗

複素数 z が，次の関係を満たすとき，z の描く図形を図示せよ。

(1) $z + \bar{z} = -6$

(2) $z - \bar{z} = 5i$

→略解は p.30，解説は本冊 p.243

例題 2-31　定期テスト 出題度 ❗❗❗　共通テスト 出題度 ❗❗❗

複素数 z が，次の関係を満たすとき，z の描く図形を図示せよ。

(1) $z + \bar{z} \leqq 7$

(2) $\dfrac{z - \bar{z}}{2i} > 4$

→略解は p.30，解説は本冊 p.245

3章 平面上の曲線

例題 3-1

定期テスト 出題度 **!!!**　共通テスト 出題度 **!!!**

点 $F(p, 0)$ と直線 $x = -p$ から等距離にある点 Q の軌跡の方程式を求めよ。

→略解は p.30，解説は本冊 p.248

例題 3-2

定期テスト 出題度 **!!!**　共通テスト 出題度 **!!!**

次の放物線の焦点，準線の方程式を求め，概形をかけ。

$$x^2 = -12y$$

→略解は p.30，解説は本冊 p.252

例題 3-3

定期テスト 出題度 **!!!**　共通テスト 出題度 **!!!**

点 $F(2, 0)$ と直線 $x = -2$ から等距離にある点 P の軌跡の方程式を求めよ。

→略解は p.30，解説は本冊 p.253

例題 3-4

定期テスト 出題度 **!!**　共通テスト 出題度 **!!!**

$a > b > 0$ とする。次の問いに答えよ。

(1)　$-\dfrac{a^2}{\sqrt{a^2 - b^2}}$ と $-a$ の大小を比較せよ。

(2)　平面上に2点 $F(\sqrt{a^2 - b^2}, 0)$，$F'(-\sqrt{a^2 - b^2}, 0)$ がある。その2点からの距離の和が $2a$ になる点 P の軌跡の方程式を求めよ。

→略解は p.30，解説は本冊 p.255

20

例題 3-5　定期テスト 出題度 ❗❗❗　共通テスト 出題度 ❗❗❗

次の楕円の焦点，頂点，長軸・短軸の長さを求め，概形をかけ。
(1)　$9x^2 + 4y^2 = 36$
(2)　$x^2 + 5y^2 = 1$

→略解は p.30，解説は本冊 p.259

例題 3-6　定期テスト 出題度 ❗❗❗　共通テスト 出題度 ❗❗❗

平面上に2点 F$(3,\ 0)$，F´$(-3,\ 0)$ がある。
その2点からの距離の和が10になる点 P の軌跡を求めよ。

→略解は p.31，解説は本冊 p.261

例題 3-7　定期テスト 出題度 ❗❗❗　共通テスト 出題度 ❗❗❗

次の双曲線の焦点，頂点，漸近線の方程式を求め，概形をかけ。
(1)　$7x^2 - 2y^2 = 14$
(2)　$-x^2 + 9y^2 = 1$

→略解は p.31，解説は本冊 p.266

例題 3-8　定期テスト 出題度 ❗❗❗　共通テスト 出題度 ❗❗❗

次の双曲線の方程式を求めよ。
(1)　焦点が $(0,\ 5)$，$(0,\ -5)$ で，2頂点間の距離が6である双曲線
(2)　漸近線が $y = \pm 2x$ であり，点 $(-5,\ 8)$ を通る双曲線

→略解は p.31，解説は本冊 p.269

例題 3-9 　定期テスト 出題度 **!!!** 　共通テスト 出題度 **!!!**

双曲線 $2x^2 - y^2 = -1$ と，直線 $4x - 3y + m = 0$ について，次の問いに答えよ。ただし，m は定数とする。

(1) 双曲線と直線の位置関係を調べよ。

(2) 双曲線と直線の共有点が2つあるとき，それらを A，B とすると，線分 AB の中点 M の座標を m を用いて表せ。

→略解は p.31，解説は本冊 p.273

例題 3-10 　定期テスト 出題度 **!!!** 　共通テスト 出題度 **!!!**

次の接線の方程式を求めよ。

(1) 放物線 $y^2 = -18x$ 上の点 $(-2,\ 6)$ における接線

(2) 楕円 $\dfrac{x^2}{32} + \dfrac{y^2}{18} = 1$ 上の点 $(4,\ -3)$ における接線

(3) 双曲線 $\dfrac{x^2}{48} - \dfrac{y^2}{75} = 1$ 上の点 $(-8,\ -5)$ における接線

→略解は p.31，解説は本冊 p.277

例題 3-11 　定期テスト 出題度 **!!** 　共通テスト 出題度 **!!**

楕円 $C : x^2 + 4y^2 = 100$ について，次の問いに答えよ。

(1) 楕円 C の接線のうち，点 P$(2,\ 7)$ を通るものの方程式と，その接点の座標を求めよ。

(2) (1)で求めた接点を A，B とするとき，線分 AB と楕円 C で囲まれる図形のうち小さいほうの部分の面積を求めよ。

→略解は p.31，解説は本冊 p.279

例題 3-12　定期テスト 出題度 !!!　共通テスト 出題度 !!!

放物線 $y^2 = 4px$ （p は正の定数）について，次の問いに答えよ。

(1) 放物線上の点 $A(x_1, y_1)$ における接線と x 軸との交点 B の座標を x_1 を用いて表せ。

(2) 次の図のように点 C，D をとり，$AC /\!/ BF$，かつ，$\angle CAD = \angle FAB$ になるように x 軸上に点 F をとる。このとき，F は点 A のとりかたによらない定点であることを示せ。ただし，$x_1 \neq 0$ とする。

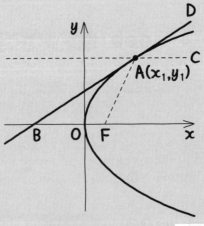

→略解は p.31，解説は本冊 p.283

例題 3-13　定期テスト 出題度 !!!　共通テスト 出題度 !!!

次の放物線の頂点，焦点，準線の方程式を求め，概形をかけ。
$$4x + y^2 - 6y + 17 = 0$$

→略解は p.31，解説は本冊 p.289

例題 3-14　定期テスト 出題度 !!!　共通テスト 出題度 !!!

次の楕円の中心，頂点，焦点を求め，概形をかけ。
$$x^2 - 8x + 5y^2 + 20y + 31 = 0$$

→略解は p.31，解説は本冊 p.292

23

例題 3-15　定期テスト 出題度 ❗❗❗　共通テスト 出題度 ❗❗❗

次の双曲線の中心, 頂点, 焦点と漸近線の方程式を求め, 概形をかけ。
$$-x^2 - 2x + 4y^2 - 32y + 59 = 0$$

→略解は p.31, 解説は本冊 p.293

例題 3-16　定期テスト 出題度 ❗❗❗　共通テスト 出題度 ❗❗❗

焦点が $(-4,\ 3)$, 準線の方程式が $y = 1$ である放物線の方程式を求めよ。

→略解は p.31, 解説は本冊 p.296

例題 3-17　定期テスト 出題度 ❗❗❗　共通テスト 出題度 ❗❗❗

焦点が $(2,\ 1)$, $(2,\ -7)$ で, 点 $(-1,\ 2)$ を通る楕円の方程式を求めよ。

→略解は p.31, 解説は本冊 p.298

例題 3-18　定期テスト 出題度 ❗❗❗　共通テスト 出題度 ❗❗❗

漸近線が $y = x + 4$, $y = -x + 6$ であり, 焦点の1つが $(1 + 3\sqrt{2},\ 5)$ である双曲線の方程式を求めよ。

→略解は p.31, 解説は本冊 p.300

例題 3-19　定期テスト 出題度 ❗❗❗　共通テスト 出題度 ❗❗❗

座標平面上に長さが9の線分 AB があり, 2点 A, B がそれぞれ x 軸, y 軸上を動いている。このとき, 線分 AB を $2:7$ の比に内分する点 P のえがく図形を求めよ。

→略解は p.31, 解説は本冊 p.304

例題 **3-20**

定期テスト 出題度 **❶❶❶** 共通テスト 出題度 **❶❶❶**

点 A$(-12, 8)$ がある。点 P が楕円 $\dfrac{x^2}{64}+\dfrac{y^2}{16}=1$ 上を動くとき，線分 AP を $1:3$ に内分する点 Q の軌跡を求めよ。

→略解は p.31，解説は本冊 p.306

例題 **3-21**

定期テスト 出題度 **❶❶❶** 共通テスト 出題度 **❶❶**

点 F$(6, 0)$ と直線 $x=-6$ からの距離の比が $e:1$ である点 Q がある。e が次の値になるとき，点 Q の軌跡を求めよ。

(1) $e=\dfrac{1}{2}$　　　(2) $e=2$

→略解は p.31，解説は本冊 p.309

例題 **3-22**

定期テスト 出題度 **❶❶** 共通テスト 出題度 **❶❶**

双曲線 $16x^2-9y^2=144$ の離心率 e の値を求めよ。
また，x 座標が正の焦点に対する準線の方程式を求めよ。

→略解は p.32，解説は本冊 p.312

例題 **3-23**

定期テスト 出題度 **❶❶❶** 共通テスト 出題度 **❶❶**

次の楕円，双曲線上の点を角度θを使って表せ。

(1) $\dfrac{x^2}{9}+\dfrac{y^2}{25}=1$　　　(2) $-2x^2+y^2=2$

(3) $\dfrac{(x+3)^2}{16}-\dfrac{(y-2)^2}{4}=1$

→略解は p.32，解説は本冊 p.317

例題 3-24 （定期テスト 出題度 !!! ）（共通テスト 出題度 !! ）

次の式の媒介変数 t を消去して，x と y の関係式を求めよ。

(1) $\begin{cases} x = 2t - 1 \\ y = 4t^2 + 6t - 5 \end{cases}$

(2) $\begin{cases} x = t - \dfrac{3}{t} \\ y = t^2 + \dfrac{9}{t^2} \end{cases}$

→略解は p.32，解説は本冊 p.318

例題 3-25 （定期テスト 出題度 !!! ）（共通テスト 出題度 !! ）

次の式の媒介変数 θ を消去して，x と y の関係式を求めよ。

(1) $\begin{cases} x = 2\cos\theta + 5 \\ y = \sin\theta - 3 \end{cases}$

(2) $\begin{cases} x = 7\tan\theta - 4 \\ y = \dfrac{3}{\cos\theta} + 2 \end{cases}$

→略解は p.32，解説は本冊 p.320

例題 3-26 （定期テスト 出題度 ! ）（共通テスト 出題度 !! ）

円 $x^2 + (y-r)^2 = r^2$（ただし，$r>0$）を x 軸の正の方向に滑らないように転がすと，それにともない円周上の各点も動く。最初に点 P を原点にとって，円を角 θ（ラジアン）だけ転がしたときの P の x 座標，y 座標を r, θ を用いてそれぞれ表せ。

→略解は p.32，解説は本冊 p.322

例題 3-27 （定期テスト 出題度 !!! ）（共通テスト 出題度 !!! ）

次の直交座標を，極座標 (r, θ) で表せ。ただし，$0 \leq \theta < 2\pi$ とする。

(1) $(1, \sqrt{3})$　　(2) $(-7, 0)$

→略解は p.32，解説は本冊 p.328

例題 3-28 定期テスト 出題度 !!! 共通テスト 出題度 !!!

次の極座標を，直交座標で表せ。

(1) $\left(3\sqrt{2}, \dfrac{5}{4}\pi\right)$ (2) $\left(8, \dfrac{7}{12}\pi\right)$

→略解は p.32，解説は本冊 p.331

例題 3-29 定期テスト 出題度 !!! 共通テスト 出題度 !!

極座標で表された2点 $\mathrm{A}\left(3, \dfrac{\pi}{4}\right)$, $\mathrm{B}\left(6, \dfrac{7}{12}\pi\right)$ 間の距離を求めよ。

→略解は p.32，解説は本冊 p.334

例題 3-30 定期テスト 出題度 !!! 共通テスト 出題度 !!!

次の直交座標の方程式を極方程式に直せ。
$$x^2 - 8xy + y^2 = 3$$

→略解は p.32，解説は本冊 p.335

例題 3-31 定期テスト 出題度 !!! 共通テスト 出題度 !!!

次の極方程式の表す図形を図示せよ。

(1) $r = 7$

(2) $r = 2\cos\theta$

(3) $6 = r\cos\left(\theta - \dfrac{2}{3}\pi\right)$

→略解は p.32，解説は本冊 p.336

例題 3-32　定期テスト 出題度 **❶❶❶**　共通テスト 出題度 **❶❶**

次の図形を表す極方程式を求めよ。

(1) 極 O を通り，始線が極 O を中心として $\dfrac{5}{6}\pi$ 回転した直線

(2) $B\left(3,\ \dfrac{\pi}{4}\right)$ を中心とする，半径2の円

→略解は p.32, 解説は本冊 p.344

例題 3-33　定期テスト 出題度 **❶**❶❶　共通テスト 出題度 **❶**❶❶

2次曲線(放物線，楕円，双曲線)が次の2つの条件を満たしている。

条件1：焦点 F に対する準線が焦点の右側(x座標が大きい側)にあり，その距離が d

条件2：離心率が e

以下の問いに答えよ。

(1) 焦点 F を極とした極方程式は，

$r(1+e\cos\theta)=ed$

で表されることを示せ。

(2) 楕円の焦点 F を通る直線と，楕円との2つの交点を S，T とするとき，その場所によらず，$\dfrac{1}{FS}+\dfrac{1}{FT}$ の値が一定になることを示せ。

→略解は p.32, 解説は本冊 p.347

― 略 解 ―

例題 1-1
(1) $-\vec{a}+\vec{b}$
(2) $\vec{b}+\dfrac{2}{3}\vec{d}$
(3) $-\vec{b}-\dfrac{5}{3}\vec{d}$

例題 1-2
(1) $(-4,\ 11)$
(2) $(2,\ 15)$
(3) $(-14,\ 18)$

例題 1-3 $\vec{c}=\vec{a}-3\vec{b}$

例題 1-4 $t=2$ のとき，最小値 $3\sqrt{5}$

例題 1-5
(1) $\left(-\dfrac{20}{13},\ \dfrac{48}{13}\right)$
(2) $\left(-\dfrac{5}{13},\ \dfrac{12}{13}\right),\ \left(\dfrac{5}{13},\ -\dfrac{12}{13}\right)$

例題 1-6 $x=-12$

例題 1-7 $x=-7$

例題 1-8 $(8,\ 13),\ (10,\ -11),\ (-14,\ 1)$

例題 1-9
(1) 2
(2) 12
(3) -4

例題 1-10
(1) $\dfrac{3}{4}\pi$
(2) $\dfrac{\pi}{2}$

例題 1-11 $t=-\dfrac{38}{9}$

例題 1-12 $\left(\pm\dfrac{12}{13},\ \pm\dfrac{5}{13}\right)$ （複号同順）

例題 1-13
(1) $-\dfrac{2\sqrt{5}}{25}$
(2) $\dfrac{11}{2}$

例題 1-14
(1) $\dfrac{2}{3}\pi$
(2) $\sqrt{37}$
(3) $-\dfrac{4\sqrt{259}}{259}$

例題 1-15
(1) $\overrightarrow{OP}=\dfrac{2}{3}\vec{a},\ \overrightarrow{OQ}=\dfrac{1}{4}\vec{b},$
$\overrightarrow{OR}=\dfrac{6}{5}\vec{a}-\dfrac{1}{5}\vec{b}$
(2) （証明）略
(3) $5:4$

例題 1-16
(1) $\overrightarrow{AP}=\dfrac{3}{7}\vec{b}+\dfrac{2}{7}\vec{c},\ 4:3$
(2) $\overrightarrow{AQ}=\dfrac{3}{5}\vec{b}+\dfrac{2}{5}\vec{c}$
(3) $AP:PQ=5:2$

例題 1-17
(1) $\overrightarrow{AE}=\dfrac{5}{9}\overrightarrow{AD}$
(2) $\overrightarrow{AF}=\overrightarrow{AB}+\dfrac{7}{9}\overrightarrow{AD}$
(3) $\overrightarrow{AG}=\dfrac{4}{11}\overrightarrow{AB}+\dfrac{7}{11}\overrightarrow{AD}$

例題 1-18 $-\dfrac{3}{2}$

例題 1-19
(1) $BD:DC=3:2,\ AP:PD=5:7$
(2) $\triangle PAB:\triangle PBC:\triangle PCA=3:7:2$

例題 1-20
(1) 位置ベクトルが $\dfrac{1}{3}\vec{a}$ の点を中心とした，半径 2 の円
(2) （位置ベクトルが $\vec{a}$ の）点 A を中心とした，半径 $|\vec{a}|$ の円
(3) 位置ベクトルが $-3\vec{a}$ の点を中心とした，半径 $2|\vec{a}|$ の円

例題 1-21
(1) $2x+5y+26=0$
(2) $7x+4y-52=0$

例題 1-22
(1)

(2)
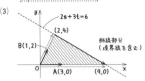
(3)

例題 1-23 $45°$

例題 1-24
(1) $(5,\ -1,\ -7)$
(2) $(-5,\ 1,\ 7)$
(3) $(-5,\ -1,\ 7)$

例題 1-25 $\sqrt{26}$

例題 1-26 $(0, 8, -7)$，距離は 3

例題 1-27 $\left(\dfrac{2}{3}, -\dfrac{2}{3}, \dfrac{1}{3}\right)$，$\left(-\dfrac{2}{3}, \dfrac{2}{3}, -\dfrac{1}{3}\right)$

例題 1-28 $t=-\dfrac{3}{2}$，$s=-11$

例題 1-29 $t=8$

例題 1-30
(1) $\overrightarrow{PQ}=\dfrac{1}{10}\overrightarrow{OA}+\dfrac{2}{5}\overrightarrow{OB}$

$\overrightarrow{PR}=-\dfrac{1}{2}\overrightarrow{OA}+\dfrac{1}{4}\overrightarrow{OB}+\dfrac{3}{4}\overrightarrow{OC}$

$\overrightarrow{PS}=-\dfrac{1}{2}\overrightarrow{OA}+\dfrac{2}{3}\overrightarrow{OC}$

(2) （証明）略

例題 1-31
(1) $\boxed{ア}$…2，$\boxed{イ}$…3，$\boxed{ウ}$…2，
$\boxed{エ}$…3
(2) $\boxed{オ}$…3，$\boxed{カ}$…7，$\boxed{キ}$…2，
$\boxed{ク}$…7，$\boxed{ケ}$…2，$\boxed{コ}$…7
(3) $\boxed{サシス}$…145，$\boxed{セ}$…7

例題 1-32
(1) $\dfrac{5\sqrt{39}}{39}$
(2) $\sqrt{14}$
(3) P(7, 5, 16)
(4) $\dfrac{14}{3}$

例題 1-33 $\dfrac{x+6}{3}=y-2=-\dfrac{z-9}{4}$

例題 1-34 $\dfrac{x+1}{8}=-\dfrac{z+2}{3}$，$y=4$

例題 1-35 $y=4$，$z=-2$

例題 1-36
(1) （証明）略
(2) $\dfrac{1}{3}$
(3) $5\sqrt{2}$

例題 1-37
(1) $2x+5y-z+27=0$
(2) H$(-12, -1, -2)$
(3) $\sqrt{30}$

例題 1-38 $\dfrac{1}{3}\pi$

例題 1-39
(1) $(x+3)^2+(y-8)^2+(z-2)^2=4$
(2) $(x+1)^2+(y-2)^2+(z-5)^2=53$

例題 1-40 $x^2+y^2+z^2-10x+2y+4z+21=0$

例題 1-41 $(x-3)^2+(y-3)^2+(z-3)^2=9$
$(x-7)^2+(y-7)^2+(z-7)^2=49$

例題 1-42
(1) 中心$(2, -4, 1)$，半径$\sqrt{38}$
(2) $(-1, 1, 3)$，$(5, -2, 6)$
(3) 中心$(2, 0, 1)$，半径$\sqrt{22}$

例題 2-1 $\dfrac{14}{3}$

例題 2-2
(1)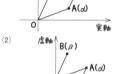

(2)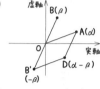

(3)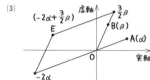

例題 2-3
(1) （証明）略
(2) （証明）略

例題 2-4 z の実部は $\dfrac{z+\bar{z}}{2}$，虚部は $\dfrac{z-\bar{z}}{2i}$

例題 2-5
(1) （証明）略
(2) （証明）略

例題 2-6 （証明）略

例題 2-7 $\sqrt{58}$

例題 2-8
(1) $\dfrac{-3+7i}{2}$
(2) $1+6i$
(3) $3+10i$

例題 2-9 極形式 $z=\sqrt{2}\left(\cos\dfrac{3}{4}\pi+i\sin\dfrac{3}{4}\pi\right)$

絶対値 $|z|=\sqrt{2}$

偏角 $\arg z=\dfrac{3}{4}\pi+2n\pi$ （nは整数）

例題 2-10
(1) $\alpha=7\left(\cos\dfrac{2}{5}\pi+i\sin\dfrac{2}{5}\pi\right)$
(2) $|\bar{\alpha}|=7$，$\arg\bar{\alpha}=-\dfrac{2}{5}\pi$

例題 2-11
(1) $z_1=6\left(\cos\dfrac{\pi}{4}+i\sin\dfrac{\pi}{4}\right)$

$z_2=2\left(\cos\dfrac{\pi}{6}+i\sin\dfrac{\pi}{6}\right)$

(2) $|z_1z_2|=12$，$\arg(z_1z_2)=\dfrac{5}{12}\pi$
(3) $\left|\dfrac{z_1}{z_2}\right|=3$，$\arg\dfrac{z_1}{z_2}=\dfrac{\pi}{12}$

例題 2-12
(1) $-12-6i$
(2) $-3\sqrt{2}+\sqrt{2}i$
(3) $\left(-\dfrac{3\sqrt{6}}{2}+\dfrac{\sqrt{2}}{2}\right)+\left(\dfrac{3\sqrt{2}}{2}+\dfrac{\sqrt{6}}{2}\right)i$

例題 2-13
$iz=r\left\{\cos\left(\dfrac{\pi}{2}+\theta\right)+i\sin\left(\dfrac{\pi}{2}+\theta\right)\right\}$

例題 2-14
$(-1\pm\sqrt{3})+(5\pm2\sqrt{3})i$ （複号同順）

例題 2-15
(1) $-8+8\sqrt{3}i$
(2) $p=10$
(3) $p=1$

例題 2-16
(1) 0
(2) $\dfrac{-1+\sqrt{5}}{4}$

例題 2-17
$n=0$ なら $\dfrac{\sqrt{3}}{2}+\dfrac{1}{2}i$

$n=1$ なら $-\dfrac{1}{2}+\dfrac{\sqrt{3}}{2}i$

$n=2$ なら $-\dfrac{\sqrt{3}}{2}-\dfrac{1}{2}i$

$n=3$ なら $\dfrac{1}{2}-\dfrac{\sqrt{3}}{2}i$

例題 2-18
(1) $\dfrac{\pi}{4}$
(2) AB＝BC の直角二等辺三角形

例題 2-19
$\dfrac{2}{3}\pi$

例題 2-20
(1) $1\pm\sqrt{3}i$
(2) $\angle A=\dfrac{\pi}{6}$, $\angle O=\dfrac{\pi}{3}$, $\angle B=\dfrac{\pi}{2}$

例題 2-21
$\pm2i$

例題 2-22
$-\dfrac{1}{2}\pm\dfrac{\sqrt{3}}{2}i$

例題 2-23
(1) $a=58$
(2) $a=-\dfrac{22}{5}$

例題 2-24
(1) $z=(4-6t)+(-8+3t)i$
(2) $|z-1-3i|=2\sqrt{5}$

例題 2-25
(1) 原点を中心とする半径2の円
(2) A(-5), B($3+2i$) とするとき, 線分 AB の垂直二等分線

例題 2-26 点2+4iを中心とする半径$2\sqrt{5}$の円

例題 2-27

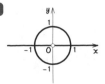

例題 2-28 点$-\dfrac{3}{4}+3i$を中心とする半径$\dfrac{1}{2}$の円

例題 2-29

斜線部分
（境界線は含まない）

例題 2-30
(1)

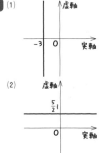

(2)

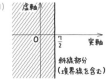

例題 2-31
(1)

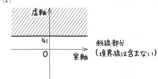

斜線部分
（境界線を含む）

(2)

斜線部分
（境界線は含まない）

例題 3-1 放物線 $y^2=4px$

例題 3-2 焦点(0, -3), 準線$y=3$

例題 3-3 $y^2=8x$

例題 3-4
(1) $-\dfrac{a^2}{\sqrt{a^2-b^2}}<-a$
(2) 楕円 $\dfrac{x^2}{a^2}+\dfrac{y^2}{b^2}=1$

例題 3-5
(1) 焦点(0, $\pm\sqrt{5}$)
頂点(±2, 0), (0, ±3)
長軸の長さ6
短軸の長さ4

(2) 焦点 $\left(\pm\dfrac{2}{\sqrt{5}},\ 0\right)$

頂点 $(\pm 1,\ 0),\ \left(0,\ \pm\dfrac{1}{\sqrt{5}}\right)$

長軸の長さ2

短軸の長さ $\dfrac{2}{\sqrt{5}}$

例題 3-6 楕円 $\dfrac{x^2}{25}+\dfrac{y^2}{16}=1$

例題 3-7 (1) 焦点 $(\pm 3,\ 0)$

頂点 $(\pm\sqrt{2},\ 0)$

漸近線の方程式 $y=\pm\sqrt{\dfrac{7}{2}}\,x$

(2) 焦点 $\left(0,\ \pm\dfrac{\sqrt{10}}{3}\right)$

頂点 $\left(0,\ \pm\dfrac{1}{3}\right)$

漸近線の方程式 $y=\pm\dfrac{1}{3}x$

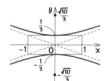

例題 3-8 (1) $\dfrac{x^2}{16}-\dfrac{y^2}{9}=-1$

(2) $\dfrac{x^2}{9}-\dfrac{y^2}{36}=1$

例題 3-9 (1) $m<-1,\ 1<m$ のとき, 異なる2点で交わる

$m=-1,\ 1$ のとき, 1点で接する

$-1<m<1$ のとき, 共有点なし

(2) $M(2m,\ 3m)$ (ただし, $m<-1,\ 1<m$)

例題 3-10 (1) $3x+2y=6$

(2) $3x-4y=24$

(3) $-5x+2y=30$

例題 3-11 (1) 接点 $(8,\ 3)$ で, $2x+3y=25$

接点 $(-6,\ 4)$ で, $-3x+8y=50$

(2) $\dfrac{25}{2}\pi-25$

例題 3-12 (1) $B(-x_1,\ 0)$

(2) (証明) 略

例題 3-13 頂点 $(-2,\ 3)$, 焦点 $(-3,\ 3)$,

準線 $x=-1$

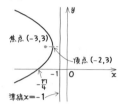

例題 3-14 中心 $(4,\ -2)$, 頂点 $(4\pm\sqrt{5},\ -2)$,

$(4,\ -1),\ (4,\ -3)$

焦点 $(6,\ -2),\ (2,\ -2)$

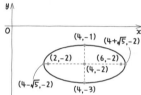

例題 3-15 $y=\dfrac{1}{2}x+\dfrac{9}{2},\ \ y=-\dfrac{1}{2}x+\dfrac{7}{2}$

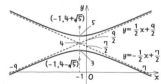

例題 3-16 $(x+4)^2=4(y-2)$

例題 3-17 $\dfrac{(x-2)^2}{24}+\dfrac{(y+3)^2}{40}=1$

例題 3-18 $\dfrac{(x-1)^2}{9}-\dfrac{(y-5)^2}{9}=1$

例題 3-19 楕円 $\dfrac{x^2}{49}+\dfrac{y^2}{4}=1$

例題 3-20 楕円 $\dfrac{(x+9)^2}{4}+(y-6)^2=1$

例題 3-21 (1) 楕円 $\dfrac{(x-10)^2}{64}+\dfrac{y^2}{48}=1$

(2) 双曲線 $\dfrac{(x+10)^2}{64}-\dfrac{y^2}{192}=1$

例題 3-22 準線の方程式は $x=\dfrac{9}{5}$，離心率 $e=\dfrac{5}{3}$

例題 3-23 (1) $(3\cos\theta,\ 5\sin\theta)$

(2) $\left(\tan\theta,\ \dfrac{\sqrt{2}}{\cos\theta}\right)$

(3) $\left(\dfrac{4}{\cos\theta}-3,\ 2\tan\theta+2\right)$

例題 3-24 (1) $y=x^2+5x-1$

(2) $y=x^2+6$

例題 3-25 (1) $\dfrac{(x-5)^2}{4}+(y+3)^2=1$

(2) $\dfrac{(x+4)^2}{49}-\dfrac{(y-2)^2}{9}=-1$

例題 3-26 $x=r(\theta-\sin\theta),\ y=r(1-\cos\theta)$

例題 3-27 (1) $\left(2,\ \dfrac{\pi}{3}\right)$

(2) $(7,\ \pi)$

例題 3-28 (1) $(-3,\ -3)$

(2) $(2\sqrt{2}-2\sqrt{6},\ 2\sqrt{2}+2\sqrt{6})$

例題 3-29 $3\sqrt{3}$

例題 3-30 $r^2-4r^2\sin2\theta=3$

例題 3-31 (1) 直行座標のとき

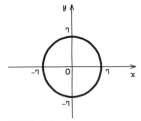

極座標のとき

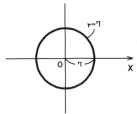

(2) 直行座標のとき

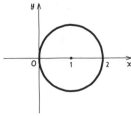

極座標のとき

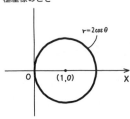

(3) 直行座標のとき

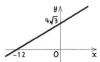

極座標のとき

例題 3-32 (1) $\theta=\dfrac{5}{6}\pi$

(2) $r^2-6r\cos\left(\theta-\dfrac{\pi}{4}\right)+5=0$

(3) $r(1+e\cos\theta)=ed$

例題 3-33 (1) $r(1+e\cos\theta)=ed$

(2) （証明）略